α型高强石膏应用和概述

主审 孙振平
主编 滕朝晖 张庆盈 张艳辉

中国建材工业出版社

北京

图书在版编目（CIP）数据

α型高强石膏应用和概述 / 滕朝晖，张庆盈，张艳辉主编． －北京：中国建材工业出版社，2023.6
ISBN 978-7-5160-3763-8

Ⅰ．①α… Ⅱ．①滕… ②张… ③张… Ⅲ．①氟化合物—石膏 Ⅳ．①TQ177.3

中国国家版本馆 CIP 数据核字（2023）第 102085 号

α型高强石膏应用和概述
α XING GAOQIANG SHIGAO YINGYONG HE GAISHU

主　审　孙振平
主　编　滕朝晖　张庆盈　张艳辉

出版发行：中国建材工业出版社
地　　址：北京市海淀区三里河路 11 号
邮　　编：100831
经　　销：全国各地新华书店
印　　刷：北京雁林吉兆印刷有限公司
开　　本：787mm×1092mm　1/16
印　　张：11.5
字　　数：300 千字
版　　次：2023 年 6 月第 1 版
印　　次：2023 年 6 月第 1 次
定　　价：78.00 元

本社网址：www.jccbs.com，微信公众号：zgjcgycbs
请选用正版图书，采购、销售盗版图书属违法行为
版权专有，盗版必究。本社法律顾问：北京天驰君泰律师事务所，张杰律师
举报信箱：zhangjie@tiantailaw.com　举报电话：(010)57811389
本书如有印装质量问题，由我社市场营销部负责调换，联系电话：(010)57811386

本书编委会

主　　审：孙振平
主　　编：滕朝晖　张庆盈　张艳辉
副 主 编：史静宇　耿　毅　鲍伟超
参　　编：（按姓氏笔画排序）
　　　　　王子骁　王志军　王培文　方　乐　占志明
　　　　　冯玉亮　安　然　李晓峰　杨再银　杨继华
　　　　　吴小缓　吴新国　张　豹　张子琦　张明权
　　　　　张彦鹏　张　鹏　陈长喜　陈玟潞　陈　鹏
　　　　　邵海津　国爱丽　罗永生　周子键　赵不琪
　　　　　赵兴胜　赵　恒　胡　楠　俞　涛　秦玉焕
　　　　　袁　鹏　麻海峰　崔同强　寇永嘉　管红卫
　　　　　滕　宇
参编单位：（排名不分先后）
　　　　　山东阿尔法石膏有限公司
　　　　　安徽东材材料科技有限公司
　　　　　山东浩宇建材科技有限公司
　　　　　湖北新洋丰新型建材科技有限公司
　　　　　深圳市冠亚技术科技有限公司
　　　　　茌平信源环保建材有限公司
　　　　　山西省建筑材料工业设计研究院有限公司
　　　　　北京弗特恩科技有限公司
　　　　　山西大地华基建材科技有限公司
　　　　　江西天宏新材料科技有限公司
　　　　　宁夏科竣环保科技有限公司
　　　　　深圳市青青源科技有限公司
　　　　　山西华建建筑工程检测有限公司
　　　　　北京建筑材料检验研究院股份有限公司
　　　　　平邑龙源石膏建材有限公司

序　言

我国天然石膏储量 800 亿 t，位居世界首位。长期以来，天然二水石膏和天然硬石膏除被用作水泥的调凝剂（占水泥质量的 3‰～5‰）外，天然二水石膏还被煅烧成为半水石膏，用以生产纸面石膏板、石膏装饰线条、石膏装饰配件、模型石膏等产品。

改革开放以后，石膏产业迎来大发展。我国水泥年产量从 1995 年的 4.1 亿 t 开始，几乎每年增加 1 亿 t，石膏在水泥中的用量从 1995 年的约 1200 万 t/a，增加到如今的约 1 亿 t/a。而半水石膏的需求量也因房地产的快速发展而逐年提升，每年可消耗 1.2 亿 t 各类石膏。这两个方面需求量的直线上升，使得天然石膏出现供不应求的局面。人们开始重视资源化利用工业副产石膏，以缓解天然石膏的供求矛盾，减少因工业副产石膏的大量堆存带来的耕地减少、环境污染和发生安全事故等方面的危害。

我国工业副产石膏包括烟气脱硫石膏、磷石膏、柠檬酸石膏、盐石膏、氟石膏、钛石膏、镍石膏、铬石膏、铜石膏、硼石膏、芒硝石膏、酒石酸石膏和乳酸石膏等。其中，烟气脱硫石膏和磷石膏的副产量最大，资源化利用的任务最艰巨。

2017 年我国工业界开始进行环境整治，尤其是要求燃煤电厂、钢铁厂实施烟气除硫以控制烟气向大气中排放的三氧化硫量，脱硫石膏的副产量从每年数百万吨，三年间就跃升到 8000 万 t/a。采用湿法脱硫工艺装置产生的脱硫石膏以二水石膏为主，资源化应用相对较容易。目前，烟气脱硫石膏实现了完全被消纳的良好局面。

磷石膏的资源化安全应用一直是很大的难题。我国是磷肥大国，磷肥年产量近 1700 万 t，云、贵、川、鄂等省为磷肥主要产地。每生产 1t 磷肥，副产 5t 磷石膏，我国磷肥行业每年副产磷石膏约 8000 万 t。由于磷石膏资源化处置率低（30%左右），除每年新增量外，尚有超过 8 亿 t 的堆存量。磷石膏的堆存不仅占用大量土地，对空气、水质和土壤产生一定程度的污染外，也很易因溃坝、山体滑坡等灾害给堆存地附近的居民带来安全隐患。

为落实《中共中央 国务院关于深入打好污染防治攻坚战的意见》和《"十四五"时期"无废城市"建设工作方案》，生态环境部会同有关部门，根据各省份推荐情况，综合考虑城市基础条件、工作积极性和国家相关重大战略安排等因素，确定了"十四五"时期开展"无废城市"建设的城市名单。云、贵、川、鄂等磷肥主要产地的城市几乎都在该名单中。"无废城市"的建设，加快了磷石膏资源化安全高效应用的步伐。

2021 年 1 月，中国建筑材料联合会发布"全力推进碳减排，提前实现碳达峰——推进建筑材料行业碳达峰、碳中和行动倡议书"。倡议书认为，建筑材料行业是我国碳排放较大的行业之一，采取切实有力措施，全力推进碳减排工作，提前实现碳达峰，为国家总体实现碳达峰预定目标和碳中和愿景作出积极贡献，是建筑材料行业必须履行的社会责任和应尽的义务。

  由于煅烧温度低，原材料在煅烧过程中不会分解出二氧化碳，石膏作为胶凝材料使用的碳排放量较低。据测算，石膏基建筑材料的碳排放量只有水泥基建筑材料的 1/4 左右。当然，石膏与水泥相比，强度较低、耐水性差，但石膏也因有表观密度较小、保温隔热性好、吸释水性好等特性，成为调节室内空气相对湿度不可替代的材料。再者，石膏行业的研究者正在通过煅烧工艺的改进和外加剂的研制，努力提高石膏基胶凝材料的强度和耐水性。

  当前，我国建筑材料行业"碳达峰"和"碳中和"目标任务的实现时间十分紧迫。工业副产石膏特别是磷石膏的资源化安全高效利用的任务亦十分紧迫。《α 型高强石膏应用和概述》一书的面世，必将助我国"双碳"目标任务的实现和磷石膏的资源化安全高效利用一臂之力。

同济大学材料科学与工程学院

孙振平

2023 年 3 月 1 日

目 录

上篇 α型高强石膏应用

1 α型石膏产品应用 ·· 2
  1.1 α型高强石膏 ·· 2
  1.2 高强石膏三维集成数字化装配式建筑建材 ·············· 2
  1.3 α型磷石膏陶瓷模具 ······································ 16
  1.4 α型磷石膏防火门芯填料 ································ 17
  1.5 α型石膏架空活动地板 ··································· 18
  1.6 α型磷石膏功能性填料 ··································· 19
  1.7 α型石膏型精密铸造 ······································ 20
  1.8 α型石膏基船舶电缆密封材料 ·························· 22
  1.9 α型磷石膏改性胶凝材料及充填技术 ·················· 23
  1.10 α型石膏制水泥 ··· 25
  1.11 α型石膏3D打印材料 ··································· 25
  1.12 α型磷石膏基充填骨料 ································· 26
  1.13 α型预铸式玻璃纤维增强石膏板（GRG） ············ 27
  1.14 α型石膏模袋 ·· 28
  1.15 α型石膏土壤固化剂水稳材料 ························ 29

2 α型高强石膏基材料 ··· 30
  2.1 α型高强石膏基保温材料 ································ 30
  2.2 α型高强石膏基耐水材料 ································ 32

3 α型高强石膏基材料试验测定 ······························· 36
  3.1 试验材料 ··· 36
  3.2 试验流程 ··· 36
  3.3 仪器设备与测试方法 ····································· 37

4 α型高强石膏耐水性与强度 ·································· 40
  4.1 可再分散乳胶粉的作用 ··································· 40
  4.2 有机硅防水剂的作用 ····································· 43
  4.3 STMP的作用 ··· 44
  4.4 石膏耐水机理 ··· 45

5 α型高强耐水复合石膏试验 ·································· 48
  5.1 概述 ·· 48
  5.2 原材料 ··· 48
  5.3 试验方法 ·· 48

  5.4 试验配合比设计及试验结果 ···················· 50
6 特殊耐水石膏 ························ 58
  6.1 概述 ···························· 58
  6.2 原材料 ·························· 58
  6.3 试验方法及步骤 ······················ 58
  6.4 试验结果及分析 ······················ 59
7 补强增韧耐水复合石膏 ····················· 63
  7.1 概述 ···························· 63
  7.2 原材料 ·························· 63
  7.3 试验方法 ························ 64
  7.4 试验结果与分析 ······················ 65
8 高耐水抹面复合石膏 ······················ 71
  8.1 概述 ···························· 71
  8.2 原材料 ·························· 71
  8.3 实验室配合比设计及试验结果 ················ 72
  8.4 工程应用 ·························· 73
  8.5 工程应用实况 ······················ 74

下篇 α 型高强石膏概述

9 磷石膏原料 ·························· 76
10 磷石膏净化处理 ······················· 79
  10.1 磷石膏预处理 ······················ 79
  10.2 磷石膏净化处理对形成 α 型高强石膏的影响 ·········· 80
  10.3 预处理对磷石膏相变过程的影响 ·············· 83
  10.4 预处理对 α 型高强石膏晶体形态的影响 ············ 83
  10.5 预处理对 α 型高强石膏形成与形态的影响机理 ········ 85
  10.6 磷石膏净化处理对 α 型高强石膏晶形的影响 ·········· 88
11 媒晶剂 ···························· 89
  11.1 无机盐类媒晶剂 ····················· 89
  11.2 有机酸（盐）类媒晶剂 ·················· 91
  11.3 表面活性剂类媒晶剂 ··················· 96
  11.4 预处理对 α 型高强石膏晶形调控的影响 ············ 98
  11.5 α 型高强石膏晶体形态与抗压强度的关系模拟 ········ 101
12 α 型高强石膏制备方法 ···················· 103
  12.1 常压水热法制备 α 型高强石膏 ··············· 103
  12.2 天然石膏制备 α 型高强石膏 ················ 105
  12.3 蒸压法制备 α 型高强石膏 ················· 106
  12.4 盐溶液法制备 α 型高强石膏 ················ 108
  12.5 液相法制备 α 型高强石膏 ················· 109

	12.6 α型高强石膏制备机理	110
	12.7 α型高强石膏的水化硬化	111
13	**α型高强磷石膏检测**	**114**
14	**杂质对磷石膏水化硬化性能的影响**	**116**
	14.1 不同酸对α型高强石膏水化硬化性能的影响	116
	14.2 微观机理分析	118
	14.3 影响α型高强石膏性能的因素分析	132
15	**α型磷石膏凝结膨胀性能研究测定**	**135**
16	**α型高强石膏凝结膨胀率系统研究**	**139**
	16.1 原材料	139
	16.2 试验仪器和设备	141
	16.3 试验方法	142
17	**粒度对α型高强石膏凝结膨胀性能的影响**	**145**
	17.1 试样中使用材料的粒度分布	145
	17.2 粒度对α型高强石膏基本性能的影响	146
	17.3 粒度对α型高强石膏凝结时间的影响	146
	17.4 粒度对α型高强石膏抗折强度的影响	147
	17.5 粒度对α型高强石膏凝结膨胀性能的影响	147
	17.6 粒度对α型高强石膏凝结膨胀的影响	148
18	**混水率对α型高强石膏的凝结膨胀性能的影响**	**151**
	18.1 混水率对α型石膏性能的影响研究	151
	18.2 混水率对α型高强石膏凝结膨胀率的影响机理	153
19	**外加剂对α型高强石膏凝结膨胀性能的影响**	**156**
	19.1 缓凝剂对α型高强石膏凝结膨胀性能的影响	156
	19.2 减水剂对α型高强石膏凝结膨胀性能的影响	164
参考文献		**168**

上 篇

α型高强石膏应用

1 α型石膏产品应用

1.1 α型高强石膏

石膏作为一种多功能气硬性胶凝材料，与水泥、石灰并称为三大胶凝材料。α型半水石膏（以下简称"α型高强石膏"）是一种广泛应用到建筑业和工业中的原材料，是一种高活性的高强度黏合剂，具有很高的抗折和抗压强度，并有一定的耐水性及表硬性能，易浇铸成型，易发泡，可与很多材料复合，形成具有较高强度及良好保温、隔热、隔声、吸声等性能的产品，并与水在极短的时间内发生反应。

α型高强石膏通过添加其他有效的骨料和添加剂生成一种黏合剂。在建筑行业可以制作各类建筑板材及浇铸制品，可以制作无缝地面石膏、石膏基自流平、高强度石膏板、玻璃纤维加强石膏板、双层地板、隧道建筑用砂浆、高品质模具石膏、陶瓷母模石膏、GRG材料、压力注浆及卫生陶瓷注浆用石膏等高档产品。在工业发展中，随着精密铸造和汽车、飞机、航空航天等复杂零件铸造发展，其应用越来越广泛。新拓展的应用领域包括低膨胀模、电缆密封材料、代木复合板材、粉刷材料、石膏晶须等。

工业副产石膏因生成工艺、成分不同，其纯度、杂质、种类、含量、晶型结构各不相同。不同工艺的产品所含杂质在不同应用领域中的影响不同，需要进行深入的基础研究，既找出共性，又找出个体特性，方能有针对性地做成α型高强石膏。

随着我国经济的飞速发展，如何有效地处理大量堆积的工业副产石膏已经成为我国一个迫在眉睫的难题，工业副产石膏的资源化利用是大势所趋，符合国家可持续发展、环境保护、绿色节能等产业政策的要求。α型高强石膏高值化应用是"碳达峰、碳中和"背景下发展的新机遇。

以下磷石膏高值化应用以α型高强石膏为主要代表进行介绍。

1.2 高强石膏三维集成数字化装配式建筑建材

1. 三维集成装配化石膏建材体系

三维集成装配化石膏建材体系（以下简称三维体系建材），是涵盖建筑物六面体的完整材料体系。该体系具有以下突出特点：

（1）该体系材料涵盖了建筑物结构材料、墙体材料、楼地面材料，包含了构成建筑物整个六面体及其内部结构的所有基本结构（墙体、楼板、楼梯、管廊、梁柱、电梯井、门窗节点等）材料，为建筑装修一体化设计带来极大便利。

（2）该体系内的全部材料是通过对单一建筑体整体设计要求和行业标准进行参数（如抗震、隔声、隔热、抗风压、防水、防潮等）倒推来确定其结构、强度、外观形态和其他相关技术参数，并加以优化提升后进行一体化设计的。

(3) 该体系材料的主要无机原材料成分取自工业副产石膏（磷石膏、脱硫石膏等工业副产石膏，将目前以高能耗的硅酸盐为主的建筑体系变革为以硫酸盐为主的低能耗建筑体系，这是一场真正的建筑体系革命），结构材料芯材为金属型材、有机复合型材、金属复合型材、木材等，以构成完整的建筑体系。

(4) 结构材料与其他填充材料、面装饰材料的连接方式全部采用工厂化全干法装配化方式生产（机械连接＋专用粘接剂粘接）。

(5) 具备高精度特征，外观尺寸误差比行业标准提高 1～2 个数量级。

(6) 具有轻量化特征，同样体量的地面建筑物，采用新体系建造将比普通钢筋混凝土建筑重量低 60%～70%，建筑费用可比建筑设计成本降低 50% 以上，建筑用钢量下降 20%～30%，抗震设防烈度提高 1～2 个等级，初步估算建筑装修施工工时消耗将降低 50%～70%，工期缩短 60% 以上。通过采用结构设计对比的方式，得到翔实的对比数据。

(7) 具备广泛的融合性特征，与几乎所有种类的内外表面装饰材料都能通过物理或化学方式进行稳定可靠连接。

(8) 信息化集中配送、集成化、装配式、专业化、自动化施工是建筑业的现实需要和未来必然的发展趋势。

(9) 销售模式全面创新并与传统模式相融合，设计提前介入、订单式生产、集成化配送、一体化施工（含装修）；离散、高消耗、低效率且不连贯的产业链将首次被一体化系统运作平台串联起来，爆发出巨大的生产力。

2. 三维体系建材的组成部分

三维体系建材由以下 5 个部分组成：

(1) 全工厂化数字化菜单式生产的、集成装配化、标准化墙体板材（含管线缆通道和预埋件植入）。

(2) 全工厂化菜单式生产的、集成装配化、标准化楼（地）面板、楼梯板（含管线缆通道和预埋件植入）。

(3) 全工厂化菜单式生产的、集成装配化、标准化的管道井、电梯井、楼梯、门窗框、风道等。

(4) 全工厂化菜单式生产的、集成装配化、标准化的结构梁、柱等。

(5) 全套标准化安装图和标准化安装零部件、辅料。

3. 市场核心技术及核心竞争力

(1) 市场具备长期研究积累并经过国家权威鉴定的应用型化学配方技术。

(2) 市场具备长期研发积累的石膏类建材全生产流程成套技术装备开发技术。

(3) 市场开发了适合本体系材料与各种面装饰材料、结构材料的专用胶粘剂生产调制、包装、施工成套技术。

(4) 具备建设先进信息化集成化配送中心的核心技术方案。

(5) 国内具有组建由掌握核心技术和关键技术的学科带头人和相关学科专家组成的超强核心技术团队的基础条件和可能性。

(6) 国内具备可依托的资源、横向合作的院校及科研机构的技术资源、产业内大型企业的市场资源。

4. 市场前景分析

（1）政策环境：新体系面临空前有利的国际国内环境，无论是碳中和节能减排、光伏建筑一体化、固废综合利用、循环经济、建筑装配化、BIM技术推广、高端制造业发展无一不是对新体系重大的利好。

（2）产业链与创新链融合发展环境：随着全球产业链的发展和我国对技术创新的坚决推进及产业链的全面升级，我们的新体系面临越来越有利的发展前景，随着国家对创新产业、基础科研的全方位支持和金融扶持力度的逐年加大，新体系将迎来千载难逢的发展机遇，产业链相关技术的创新也为我们迅速推出新体系创造了更好的技术条件（如国内外各种防水材料、各种新型外加剂、各种新开发的粘接剂以及标准化结构配件、板材、管材、电器配件、预埋件以及施工新设备、新工艺、新的管理方案等），这一产业链有望被打造成一条创新链。

（3）现有硫酸盐（石膏）类非体系化建材（砌块、条板等）的发展已经遭遇到严重的技术瓶颈、无序竞争和横向竞争障碍，加之劳动力成本的不断攀升，行业已经出现保本经营甚至局部亏损的局面。

（4）三维体系建材适用范围及市场细分：

第一，现有钢筋混凝土框架结构建筑。目前每年国内钢筋混凝土框架结构建筑占比仍然占有统治地位，约为75%，因此三维体系建材必须尽快适应这个大的市场，也就是钢筋混凝土局部装配化市场，这个市场未来会逐步萎缩，但会长期存在。

第二，装配化轻钢别墅市场。目前这个市场主要被混凝土发泡板、胶合刨花板、石棉板、聚苯乙烯复合板等板材产品所占据，但相比之下三维体系板材有明显的性价比优势。

第三，钢结构建筑市场。

（5）三维体系建材生产经营成本：人们常会认为，一个产品的升级、质量的提高、新产品的推广总是会带来生产成本的提高，但这绝不是技术进步和技术创新的必然结果。

具体到三维体系建材，技术进步和创新恰恰会为生产制造和经营带来诸多成本下降的因素：

① 以大型墙板生产线为例，它是最为重要的人力资源消耗成本，三维体系建材自动线成本仅仅是传统生产线材料成本的 $1/6 \sim 1/7$。

② 每平方米安装施工（含装修）成本将是市面上传统墙板的 $1/4 \sim 1/2$。

③ 原料生产成本仅仅是水泥生产成本的 $1/3$。

④ 销售成本，由于采用设计提前介入模式（除去其他不确定因素），三维体系建材的销售成本仅为传统材料的 $1/5$ 以下。

⑤ 运输成本，由于采用先进的包装转运模式，三维体系建材明显低于传统墙板的运输成本。

⑥ 施工现场损耗：由于采用订单化生产加工，三维体系建材材料的施工现场基本上没有切割，因此损耗极小。

⑦ 由于采用订单化制造，现场没有水泥砂浆，施工现场的除渣量将会很少。

⑧ 由于施工周期大大缩短，由此使整个建筑装修施工成本大幅度下降。

⑨ 由于整栋建筑物实现了轻量化，从地基、建设钢材消耗到现场转运成本等方面都会有明显下降，因而致使全行业工程建设成本全面下降。

⑩ 集中配送模式将建筑和装修这两个分离的施工阶段无缝连接起来，将大大降低施工直接成本，包括装修材料、辅料、配件采购成本和时间成本。

⑪ 施工组织成本和人力资源消耗都将大幅度下降，建筑和房地产业的很多其他隐性的产业链衔接成本都会大幅度下降。与传统现浇建筑相比，施工周期缩短25%～30%；水节约50%；砌筑抹灰砂浆节约60%；木材节约80%；施工能耗降低20%；建筑垃圾减少70%；施工粉尘降低80%；噪声降低50%。

5. 装配式建筑工业化技术体系与传统建筑体系的对比

装配式建筑工业化技术体系与传统建筑体系的对比详见表1-1，采用的预制品部件方案对比见表1-2～表1-4。

表1-1 装配式建筑工业化技术体系与传统建筑体系的对比

技术体系	装配式建筑工业化技术体系	传统建筑技术体系
品质	高	一般
	工业化方式的材质与PC结构在防水、防火、隔声、抗渗、抗震、防裂方面能做到更好，确保产品出厂品质	传统方式对工艺质量的管控较难，工人素质不一，手工作业品质监控难度高，容易出现渗水、开裂、空鼓等质量通病
工期	快	中等
	大部分构件部品在工厂流水线完成，不受天气影响，施工进度5d一层，水电安装与主体装修同步，进度大大提前，整体交付时间一般比传统施工方式快30%～50%	较成熟的施工队可达到一次结构工程5d一层，但还需要砌砖、抹灰等二次结构
成本	先高后低	中等
	标准产品，统一设计，统一采购；当大于10万平方米的建筑体量，价格基本与传统方式持平	规划设计反复，材料选型采购不一；项目成本测算差距大，目标成本难以准确制定，施工过程设计变化多，签证过多，过程成本控制难度大
节能环保	优	差
	工地干净整洁，节水、节能、节时、节材、节地，安全事故基本无	浪费资源，材料耗费量大，扬尘起灰，建筑垃圾多，噪声大，污水多，安全事故多发

表1-2 采用的预制品部件方案对比（一）

方案	方案一		方案二		方案三		方案四		方案五		方案六	
方案	预制剪力墙	—	预制外墙剪力墙（后贴保温）[a]	36%	预制剪力墙	—	预制剪力墙	—	预制三明治外墙剪力墙[a]	36%	预制剪力墙	—
采用的预制品部件	楼梯、板、阳台、空调板等构件[b]	81.8%	楼梯、板、阳台、空调板等构件[b]	75%	楼梯、板、阳台、空调板等构件[b]	81.7%	楼梯、板、阳台、空调板等构件[b]	81.8%	楼梯、板、阳台、空调板等构件[b]	75%	楼梯、板、阳台、空调板等构件[b]	81.8%

续表

方案	方案一		方案二		方案三		方案四		方案五		方案六	
方案	预制剪力墙	—	预制外墙剪力墙（后贴保温）[a]	36%	预制剪力墙	—	预制剪力墙	—	预制三明治外墙剪力墙[a]	36%	预制剪力墙	—
采用的预制品部件	非承重围护墙非砌筑[b]	81.7%	非承重围护墙非砌筑[b]	81.7%	非承重围护墙非砌筑[b]	81.7%	非承重围护墙非砌筑[b]	81.7%	非承重围护墙非砌筑[b]	81.7%	非承重围护墙非砌筑[b]	81.7%
	围护墙与保温、隔热、装饰一体化	—	围护墙与保温、隔热、装饰一体化	—	围护墙与保温、隔热、装饰一体化	—	围护墙与保温、隔热、装饰一体化	—	围护墙与保温、隔热、装饰一体化	—	围护墙与保温、隔热、装饰一体化	—
	内隔墙非砌筑[b]	53.5%	内隔墙非砌筑[b]	53.5%	内隔墙非砌筑[b]	58.5%	内隔墙非砌筑[b]	72.6%	内隔墙非砌筑[b]	53.5%	内隔墙非砌筑[b]	53.5%
	内隔墙与管线，装饰一体化	—	内隔墙与管线，装饰一体化	—	内隔墙与管线，装饰一体化[a]	—	内隔墙与管线，装饰一体化	72.8%	内隔墙与管线，装饰一体化	—	内隔墙与管线，装饰一体化	72.8%
	全装修[b]		全装修[b]		全装修[b]		全装修[b]		全装修[b]		全装修[b]	
	干式工法楼面、地面（悬空式）[a]	72.3%	干式工法楼面、地面（直铺式）	—	干式工法楼面、地面（直铺式）	—	干式工法楼面、地面	—	干式工法楼面、地面（直铺式）	—	干式工法楼面、地面（架空式）[a]	72.3%
	集成厨房	10%	集成厨房	—	集成厨房	86.1%	集成厨房	86.18%	集成厨房	—	集成厨房	—
	集成卫生间[b]	87.8%	集成卫生间[b]	—	集成卫生间[b]	87.8%	集成卫生间[b]	87.8%	集成卫生间[b]	—	集成卫生间[b]	—
	管线分离[c]	52.2%	管线分离	—	管线分离	51.2%	管线分离	—	管线分离	—	管线分离	58.2%

注：[a] 为差异项；[b] 为必做项；[c] 为选做项。

表1-3 采用的预制品部件方案对比（二）

方案	方案一	方案二	方案三	方案四	方案五	方案六
采用的预制品部件	叠合板、楼梯、空调板、预制非承重外围墙、ALC条板、集成厨房、架空干法施工楼地面	预制外墙剪力墙（后贴保温）、叠合板、楼梯、空调板、预制非承重外围墙、ALC条板	叠合板、楼梯、空调板、预制非承重外围墙、ALC条板、集成厨房、集成卫浴、直铺干法施工楼地面、边吊顶	叠合板、楼梯、空调板、预制非承重外围墙、内隔墙、内隔墙与管线一体化、集成厨房、集成卫浴	预制三明治剪力墙、叠合板、楼梯、空调板、预制非承重外围墙、ALC条板	叠合板、楼梯、空调板、预制非承重外围墙、ALC条板、内隔墙与管线一体化、架空干法施工楼地面、管线分离

续表

方案	方案一	方案二	方案三	方案四	方案五	方案六
预制剪力墙增量	—	200元/m²	—	—	约350元/m²	—
叠合板增量	150元/m²	120元/m²	150元/m²	150元/m²	120元/m²	150元/m²
预制外围护墙增量	200元/m²	120元/m²	200元/m²	200元/m²	150元/m²	200元/m²
ALC条板成本增量	25元/m²	25元/m²	25元/m²	40元/m²	25元/m²	40元/m²
集成厨房成本增量	30元/m²	—	30元/m²	30元/m²	—	—
集成卫生间成本增量	—	—	60元/m²	60元/m²	—	—
架空式干法楼面成本增量	90元/m²	—	—	—	—	90元/m²
直铺干式工法楼面成本增量	—	—	20元/m²	—	—	—
边吊顶成本增量	—	—	—	—	—	—
合计单方成本增量	约495元/m²	约465元/m²	约485元/m²	约480元/m²	约645元/m²	约450元/m²

表1-4 采用的预制品部件方案对比（三）

方案	方案一	方案二	方案三	方案四	方案五	方案六
优点	1. 架空干法楼面密度轻、安装维修便捷，工序简单，减少土建结构费用。2. 架空干法地面可做管线分离，为后期线路检修、更换提供便利	1. 预制剪力墙与叠合板安装，已经有很成熟的施工工人。2. 有落地项目	1. 直铺干法楼面密度轻，安装维修便捷，工序简单，减少土建结构费用。2. 直铺干式工法楼面无架空层，没有空响感。3. 管线分离，为后期线路检修、更换提供便利	1. 内隔墙与管线一体化能避免现场二次开槽工作，减少原材料的浪费，减少噪声、粉尘和建筑垃圾等污染	1. 预制三明治剪力墙与叠合板安装，已经有很成熟的施工工人。2. 有落地项目	1. 架空干法楼面密度轻、安装维修便捷，工序简单，减少土建结构费用。2. 架空干法地面可做管线分离，为后期线路检修、更换提供便利
缺点	1. 架空干法楼面有轻微空响感，集成厨卫侧墙采用干挂做法，有一定销售风险，销售应提前做好新工艺优点介绍工作。2. 管线分离对很多施工单位属于新工艺，施工单位不了解该工艺，易发生错误，应提前做好施工交底。3. 架空地面成本相比湿作业地面较高	1. 施工现场仍然有套筒漏灌、灌浆不饱满等风险。2. 单个标准层土建工期一般比只做水平预制结构构件的项目长2d左右。3. 剪力墙预制一般会使剪力墙布置相比传统施工图布墙率提高	1. 专家认为直铺式干式工法需要采用木地板（木地板方便拆装）才能实现管线分离。2. 直铺干式工法面层采用地砖时，因为后期检修、更换线路非常麻烦，不被认可为管线分离	1. 住宅建筑内隔墙与管线一体化无法采用轻钢龙骨内隔墙，业主接受度太低。2. 采用ALC（陶粒混凝土）墙板与管线一体化技术，需要增加额外点位，另外ALC墙板与管线一体化技术只有少量厂家做，产能有限。3. ALC（陶粒混凝土）墙板与管线一体化技术，安装误差也会导致现场仍然不可避免出现二次开槽问题，项目可能存在验收风险	1. 成本增量高，设计、生产、施工复杂、易出现外墙渗水、热桥、密封胶耐久性不明确、灌浆不密实等问题。2. 单个标准层土建工期一般比只做水平预制结构构件的项目长2.5d左右。3. 外墙拼缝影响项目外立面。4. 三明治外墙增加结构自重，结构成本也有增加	1. 架空干法楼面有轻微空响感，有一定销售风险，应提前做好新工艺优点介绍工作。2. 管线分离对很多施工单位属于新工艺，施工单位不了解该工艺，易发生错误，应提前做好施工交底。3. 架空地面成本相比湿作业地面较高

续表

方案	方案一	方案二	方案三	方案四	方案五	方案六
成本	约505元/m²	约465元/m²	约595元/m²	约490元/m²	约645元/m²	约480元/m²
项目	美的翰悦居、华夏幸福汇丰嘉园、禹洲嘉誉风华地块建设项目、东方鼎盛青莲雅苑项目、越秀臻悦府项目等	鸿宝地产鸿园银杏苑、康桥那云溪、正商·新港雅苑、奥园汇景园、世茂云境苑、中电洺悦华筑（二期）等	星联槭棠居、康桥项目、兴港和昌凌云筑	绿地公园城、郑州华信地产项目、碧桂园凤凰城项目（厨卫薄贴）、碧桂园时代城璟园项目（厨卫薄贴）	河南省医药创新转化基地高端人才楼项目、河南省省直青年人才公寓项目、金辉优步花园、正商湖西学府、和昌盛世城邦、电建洺悦华筑（一期）等	美的翰悦居、华夏幸福汇丰嘉园、禹洲嘉誉风华地块建设项目

6. 高强石膏建筑建材的性能优势

（1）优异的耐火性能

石膏基墙体材料的主要成分是二水石膏（$CaSO_4·2H_2O$），其中两个结晶水约占质量的21%。结晶水平时稳定地存在于石膏内，遇到高温，这些水分能迅速扩散到墙体表面的空气中，进而在墙体材料表面形成一层"水汽"。这样既可以降低墙体材料表面的温度，又能起到隔离氧气的作用，以此延缓和阻止墙体材料和建筑物的进一步燃烧。如墙厚100mm的石膏基墙体，火灾时每平方米要蒸发出约20kg水分，墙体才能进一步升温。

我国早在1998年颁布的《建筑材料燃烧性能分级方法》（GB 8624—1997）和《建筑材料难燃性试验方式》（GB 8625—1988）就已将石膏制品列为不燃体，属于A级不燃材料。

（2）保温、隔热、隔声性能

石膏基墙体材料优秀的隔声性能主要缘于石膏内部疏松多孔的结构。

石膏的导热系数为0.11~0.14W/(m·K)，一般150mm厚石膏空心砌块墙体相当于200mm厚实心砖墙体的保温隔热能力。

（3）高稳定性，不易开裂

水泥及各种硅酸盐基材料的水化产物以胶体为主，其本身收缩大，水化期通常比较长（可高达几十年），在水化期会产生一定的变形。

石膏基的水化产物为结晶体，水化期通常很短，水化期有一定变形，但水化结晶体形成网状后，基本不受外界温度的变化而变化，因此砌块本身基本不变形。其胀缩率在相同的条件下约为水泥及硅酸盐类产品的1/20。

（4）呼吸功能

石膏材料呼吸功能，即能调节室内空气湿度的功能。石膏拌和时的用水量远大于水化所需的用水量，多余的水分在其干燥过程中会逐渐蒸发到空气中，在内部形成许多毛细孔，当外界的湿度发生剧烈变化时这些毛细孔会吸收一部分水汽，起到调节空气湿度的作用。

当空气中湿度高时，石膏可以通过毛细孔结构吸收空气中的水分，储水率能达到7~17g/m²，比水泥砂浆多储存近一倍的水分。

因为石膏的水蒸气扩散阻力系数比水泥砂浆低得多,当空气湿度降低时,石膏毛细孔结构中的水分很容易蒸发到空气中,而不影响墙体的牢固程度。所以,石膏基墙体材料具有调节室内相对湿度的功能,可调节室内小气候。墙面在空气湿度较高时也无冷凝水,使人倍感舒适。

7. 高强石膏墙板

高强石膏基装配式轻质内墙板由α型半水石膏浆料进行发泡、用玻化微珠或陶粒填充,内部设置有波浪增强钢丝网片,经高精度连续式模具浇注而成。使用时按尺寸切割成墙板,基体上下左右四个面设有贯通的膨大凹槽口。安装时由上下射钉定位卡轨固定,高精度模块包覆膨大凹槽,由压浆机向膨大凹槽内灌注纤维增强石膏基砂浆,形成可快速拆模的高精度免抹灰抗裂墙体,板缝灌浆工艺可替代传统构造柱。其产品长度和高度的允许偏差在±1mm,厚度的允许偏差在±0.8mm,抗压强度10MPa以上,密度500~700kg/m³,材料性能优越,微量吸水,软化系数大于0.8,耐水性能远超行业标准。单点吊挂力大于1000N(图1-1~图1-3)。

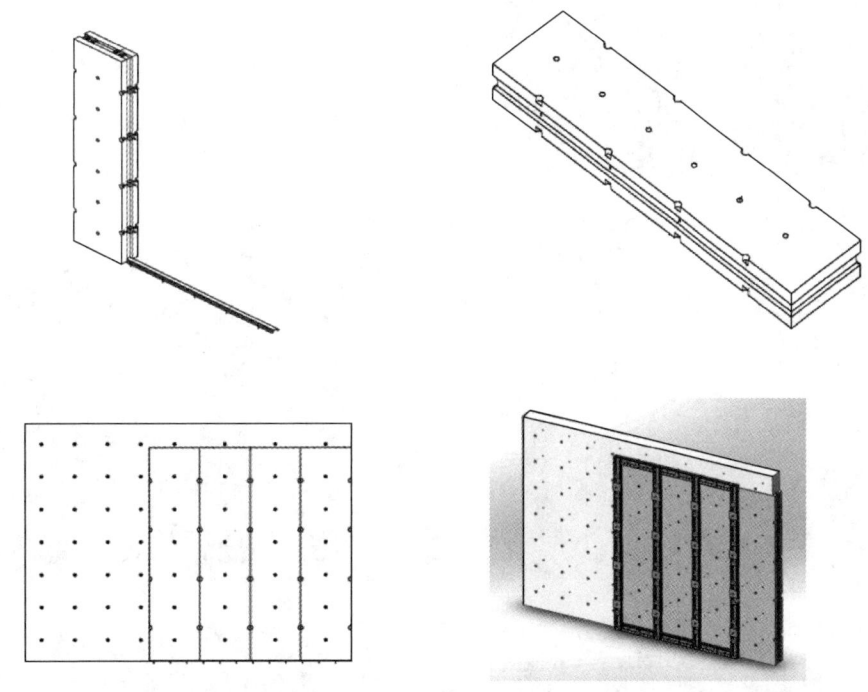

图1-1 带管线分离功能的高强石膏基装配式轻质内墙板安装方案

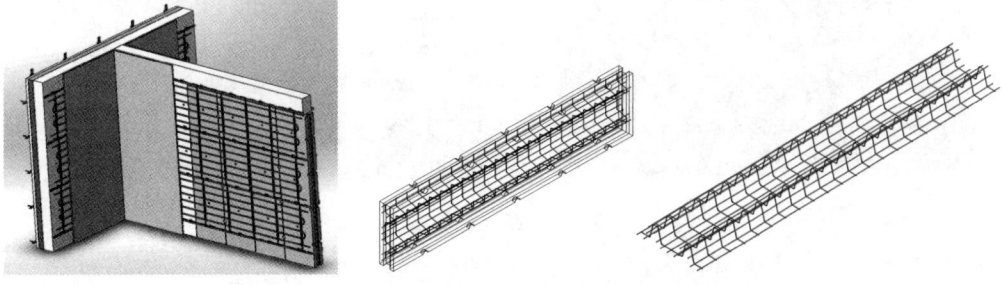

图1-2 连续式墙板与连续式压弯成型钢筋网片

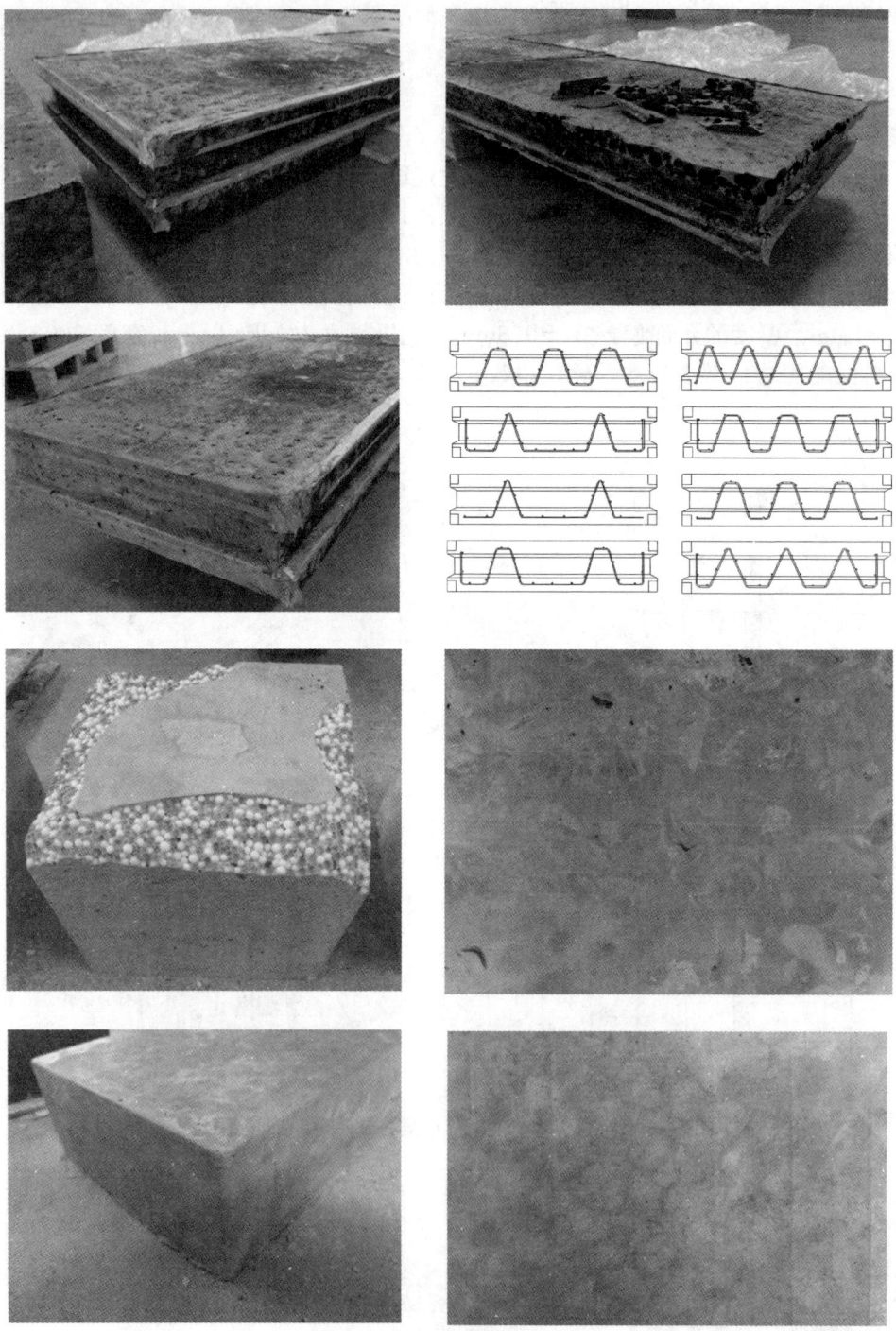

图 1-3 连续式墙板

8. 高强石膏建筑结构件

（1）干铺式模块

《装配式建筑评价标准》（GB/T 51129—2017），在"装修和设备管线"评分项中，明确给出"干式工法楼面、地面和管线分离"的分值分别占6分和4～6分。干法地面调平地暖及管线分离系统，一定程度上可确保两项得到12分，见表1-5和表1-6。

表1-5 装配式建筑评分表

评价项		评价要求	评价分值（分）	最低分值（分）
主体结构（50分）	柱、支撑、承重墙、延性墙板等竖向构件	35%≤比例＜80%	20～30*	20
	梁、板、楼梯、阳台空调板等构件	70%≤比例≤80%	10～20*	
围护墙和内隔墙（20分）	非承重围护墙非砌筑	比例≥80%	5	10
	围护墙与保温、隔热、装饰一体化	50%≤比例≤80%	2～5*	
	内隔墙非砌筑	比例≥50%	5	
	内隔墙与管线、装修一体化	50%≤比例≤80%	2～5	
装修和设备管线（30分）	全装修	—	6	6
	干式工法楼面、地面	比例≥70%	6	—
	集成厨房	70%≤比例≤90%	3～6*	
	集成卫生间	70%≤比例≤90%	3～6*	
	管线分离	50%≤比例≤70%	4～6*	

注：表中带"*"项的分值采用"内插法"计算，计算结果取小数点后1位。

某地装配式建筑评分标准部分内容见表1-6，仅供读者参考。

表1-6 高标准商品住宅建设方案评审内容和评分标准

评审项目			标准	分值（分）
第一部分：建筑品质（总分100）	绿色建筑（总分18分）		全面实施三星级绿色建筑	18
	装配式建筑（总分20分）	装配率（13分）	76%≤装配率≤90%	8
			装配率≥91%	13
		全面实施装配式装修		7
	超低能耗建筑（总分20分）		项目实施超低能耗建筑面积达到总面积的30%，且超低能耗面积不低于5万平方米	15
			项目实施超低能耗建筑面积达到总面积的50%，且超低能耗面积不低于10万平方米或总面积低于5万平方米时，全部实施超低能耗建筑	20
	健康建筑（总分6分）		项目实施健康建筑面积达到总面积的30%，且不低于5万平方米；或总面积低于5万平方米时，全部实施健康建筑	6
	宜居技术应用（总分16）	绿色建材应用（6分）	采用通过三星级绿色建材认证的预拌混凝土、预拌砂浆、保温材料、建筑门窗、防水卷材、防水涂料（每选用1类且100%使用得1分，满分4分）	4
			住宅小区内道路、园林绿化等公共设施项目建设所用路面砖、植草砖、道路无机料、路缘石等100%使用建筑垃圾再生产品	2

续表

评审项目		标准	分值（分）
第一部分：建筑品质（总分100）	宜居技术应用（总分16）	外墙保温工程、防水工程承诺质量保修期限不少于15年，屋面保温工程、建筑门窗承诺质量保修期限不少于8年	3
		至少1栋采用减震/隔震技术	3
		可变空间设计	2
		智能家居应用	2
	管理模式（总分20分）	采用工程总承包模式	5
		采取建筑师负责制	5
		投保绿色建筑性能责任保险，引入风险防控机制	5
		全生命周期（规划、勘察、设计、施工、运维）应用BIM技术	5

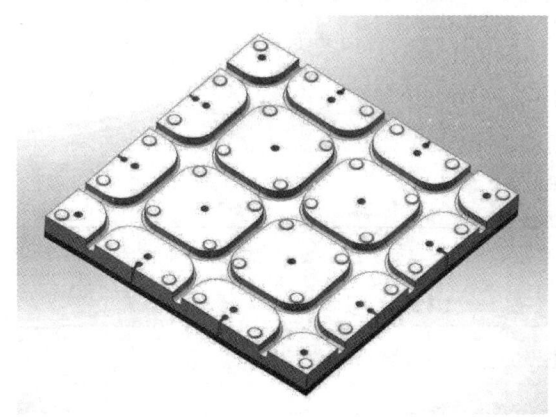

图1-4 装配式地面干铺模块

装配式地面干铺模块是一种符合装配式建筑理念的新型地面系统（图1-4）。通过上部调节多点支撑将基层模块架空于无须找平的自然浇注楼板结构层，在基层模块上层预制管槽内安装地暖系统及地面饰面，在基层模块下层设置有保温层与反射膜以提供地面保温功能，在模块与墙连接处设置管线专用模块用来安装水电管线，模块与楼板结构层之间的架空调节层间距空腔小并且设置泡沫隔声膜填充，踏空噪声低。全系统完全干法作业，无现场湿法作业，施工、维修简单，实现了建筑结构与地面设备管线（给排水管、强电和弱电管线、地暖加热管等）与地面基层结构分离，在不改变主体结构的前提下，进行设备管线更换、装修更新、建筑维护以及布局空间的调整。

装配式地面干铺模块是将50～60MPa级增硬纤维和增强高强石膏浆料复配再浇注而成，综合承压荷载在30MPa以上，标准模块尺寸有600mm×600mm和600mm×400mm两种，长度和高度的允许偏差在±1mm，厚度的允许偏差在±0.8mm，材料性能优越，微量吸水，软化系数大于0.8。标准模块面积为0.36m²，施工效率高。标准化模具生产表面超平无翘曲，安装后整体表面翘曲小于2mm/3m，单个模块最多支撑螺杆为13件，最小支撑螺杆为9件，可根据地面荷载需求安装支撑螺杆，完全满足室内地面荷载需求，模块上表面可粘接薄贴瓷砖或木地板，并且瓷砖可快速便捷拆卸，便于维修管线和更换地暖管路。由于高强石膏浆料具有快速凝固的特点，与石膏墙体搭配使用可充分调控并恒定室内湿度的作用。

装配式地面干铺模块的施工简图如图1-5所示。

（2）高强石膏楼梯

生产石膏楼梯的各类模具如图1-6所示。

图 1-5 装配式地面干铺模块

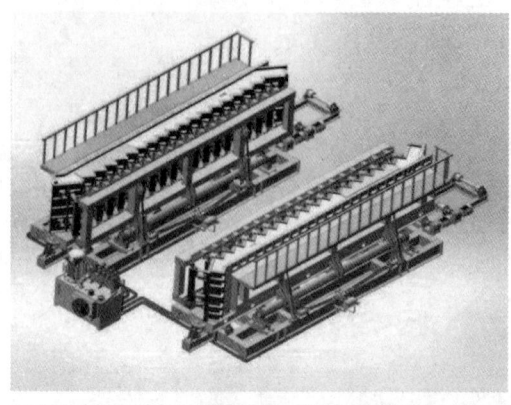

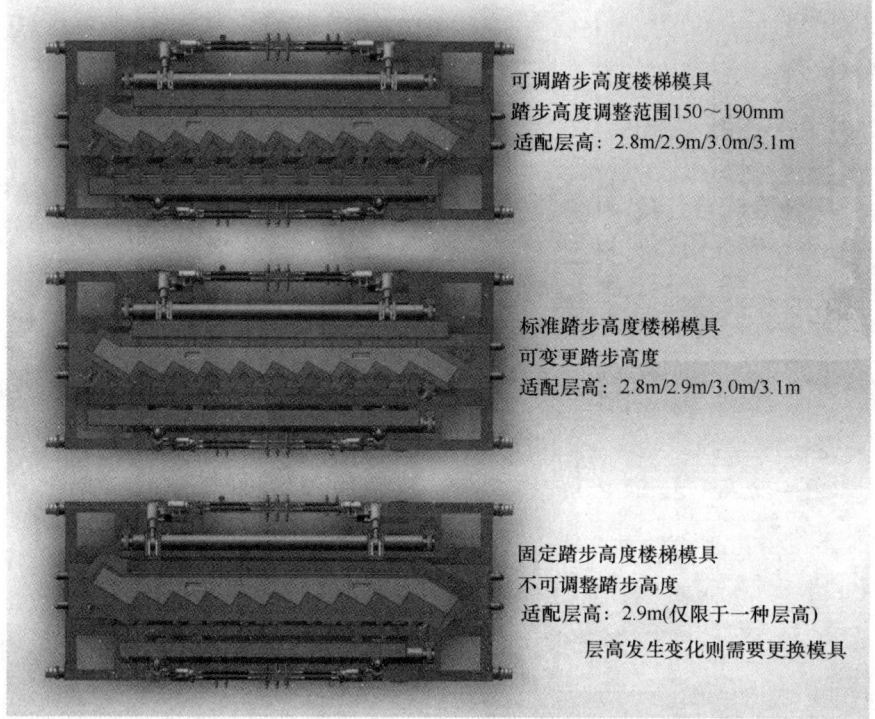

可调踏步高度楼梯模具
踏步高度调整范围150～190mm
适配层高：2.8m/2.9m/3.0m/3.1m

标准踏步高度楼梯模具
可变更踏步高度
适配层高：2.8m/2.9m/3.0m/3.1m

固定踏步高度楼梯模具
不可调整踏步高度
适配层高：2.9m(仅限于一种层高)
层高发生变化则需要更换模具

图1-6　生产石膏楼梯的各类模具

（3）高强石膏自流平砂浆

高强石膏自流平砂浆是由高强石膏、骨料添加一定比例的缓凝剂或激发剂，再掺入水泥、减水剂、保水剂、细骨料（石英砂）、消泡剂等化学添加剂在工厂精心配制、混合均匀而制得，是一种专门用于室内地面找平的干粉材料。其主要优势是成本低、高强（强度＞40MPa）、不易生霉、不开裂、不空鼓、找平精度高、施工效率高。

产品适用范围为要求高度清洁、美观、无尘、无菌及防静电的电子、微电子行业，实行GMP标准的制药行业、血液制品行业，也可用于学校、办公室、商场、家庭等地坪。它选用无溶剂环氧树脂加固化剂、导电粉制成，其表面光滑、美观，有镜面效果；耐酸、碱、盐、油类腐蚀，特别是耐强碱性能好，且耐磨、耐压、耐冲击，有一定弹性。下面以某企业C-930天然α型高强石膏自流平的适用范围、产品特性、产品说明等来说明其性质。

适用范围：C-930天然α型高强石膏自流平可用于地暖回填、木地板、复合地板及各种轻质块材的基础抬高及找平。

产品特性：快速自动找平，凝结硬化快、低收缩率、不开裂、不空鼓、防火、隔声、保湿、杀菌，施工厚度可达3~50mm；环保、无有害物质。

产品说明：C-930天然α型高强石膏自流平是以天然α型高强石膏为主要胶凝材料，添加骨料、填料及外加剂混合配制而成。它是一种灰色干燥粉末，到达现场按照要求加入定量清水即可形成具有自整平功能的自由流动地面材料。既可手工搅拌施工，也可采用输送泵泵送施工。

产品性能见表1-7。

表1-7 产品性能

检测项目	检测结果
初始流动度	>145mm
30min流动度损失	1~5mm
凝结时间	初凝，2.0h 终凝，4.0h
抗折强度	1.8MPa，24h 5.4MPa，绝干
抗压强度	5.2MPa，24h 15.6MPa，绝干
粘结强度	1.2MPa
收缩率	0.02%

注：数据是依据《石膏基自流平砂浆》（JC/T 1023）检测所得。

应用限制：不能使用在沥青及油性材质表面及室外环境；如基面开裂，面层也有可能会受基面裂纹影响；低温施工应注意采用取暖措施；施工区域应封闭，不可有穿堂风；施工环境温度保持在5℃以上；不可应用于潮湿环境（如地下室、厨房、卫生间）。

供货见表1-8。

表1-8 供货

产品	外观/颜色	包装
C-930天然α型高强石膏基自流平	灰色粉末	25kg
丙烯酸水性界面剂	白色液体	20L

覆盖用量见表1-9。

表1-9 覆盖用量

产品	覆盖用量
C-930涂敷面积	16.0kg/m²，10mm

注：以上覆盖用量是理论值，现场使用过程中受损耗和基面情况影响，实际覆盖用量会有偏差。

（4）高掺砂型石膏砂浆

高掺砂型石膏砂浆是由高强石膏和砂按照 1∶3 的比例混合而成，大大减少了高强石膏的用量降低成本。与普通石膏砂浆相比，高强石膏砂浆黏度较小，更易于施工，提高了施工效率。如果用普通石膏砂浆一天能抹 $30m^2$，用高掺砂型石膏砂浆能抹 $40\sim50m^2$。高掺砂型石膏砂浆较普通石膏易于运输，并随着运输距离的增加，运输费用降低得越明显。由此可见，高掺砂型石膏砂浆作为高品质的石膏建材原料将得到广泛的应用。

1.3 α型磷石膏陶瓷模具

随着国民经济的发展，β型半水石膏由于强度低、光洁度差等物理特性，远不适应今天人们生活水平提高后对陶瓷产品质量的要求，如美观、精细。α型半水石膏（也称"α型高强石膏"）由于具有密实的晶体结构，硬化形成的胶凝材料具有较高的强度，抗静电介质侵蚀作用较强，表面光滑，仿真性强，棱角不易损坏。

α型磷石膏陶瓷模具是陶瓷生产过程中最理想的模具材料，具体技术指标如下：

1. 浇注成型粉

初凝时间：$4\sim6min$；终凝时间：$15\sim20min$；抗压强度：$180\sim200kg/cm^2$；抗折强度：$45\sim50kg/cm^2$；加水量：65%～70%；吸水率：30%～35%、50%～60%、20%～25%。

以α型磷石膏为原料制得的α型半水石膏完全可以用于制作陶瓷模具，其工艺过程基本同于原有工艺，使用方便、简单。

2. 主要工艺条件及控制指标

α型磷石膏粉磨后的细度，100目的比例大于98%；膏水比：1∶0.5左右；浇注前石膏浆稠度：相同于β型半水石膏浆；模具底部排气孔2～4个；其他相同于β型半水石膏制作的模具。

根据多年的实践，石膏模具的吸水率通常要求在30%以上，如低于25%，则会产生粘模、裂坯等现象。但是，试验表明，α型半水石膏模具吸水率低至15%时，仍然脱模良好，也无裂坯现象，这就使得我们有可能采用较小的水膏比获得强度较高的模具，进而大大延长模具的使用寿命。

据此，可以认为，在滚压成型中，模具的吸水率并不如同通常认为的是一个关键性指标。实际上，在滚压成型中，泥料中的水分并不高，坯体的厚度也不靠石膏模具的自然吸附来控制。因此，它的吸水性能就显得不那么重要，而它的离子交换作用相对就显得重要多了。我们所使用的半水石膏的酸性要高于β型半水石膏，在模具接触泥料时，可能有利于离子交换过程的进行。对此，值得进一步探讨，以便今后能够寻找更好的陶瓷模具。

与天然石膏为原料制得的β型半水石膏模具相比，以磷石膏为原料制得的α型半水石膏模具具有强度较高、耐磨性能较好、寿命较长的特点，在滚压成型中每个模具的平均运转次数可达160次，为天然石膏制得的β型半水石膏模具的2倍以上。

采用磷石膏制得的α型半水石膏，用于陶瓷模具，技术上可行，经济上合理，它既可以为磷石膏的利用开辟一条新的途径，又可以为陶瓷工业提供价廉物美的模具材料。对于改善陶瓷厂区的环境、减轻劳动强度、降低消耗、降低成本都有重要的意义。

1.4 α型磷石膏防火门芯填料

防火门芯板是以α型高强石膏为基础原料，经物理发泡并加入特质纤维制成的质轻高强的新型防火门芯板。相较传统的门芯板复合工艺，具有质轻高强、防火隔热、吸声降噪、微张不开裂和不腐蚀、不返卤、无毒无害、绿色环保等特点。α型高强石膏生产的门芯板性能指标优于其他门芯板，可替代菱镁发泡技术，具有成本更低、效率更高、效果更好、工艺简单且绿色环保等特点，是我国门芯板行业创新和迭代的新产品。

门芯板由骨架、门芯填充材料和防火五金构成，门芯板的填充材料是体现门芯板性能的核心材料。现有门芯板的填充材料大多采用岩棉、硅酸铝棉、矿棉、珍珠岩板、发泡氯氧镁水泥板、发泡水泥板等材料，这些材料虽然质量轻、隔热好，但生产过程中能耗高，采用有机粘接剂成型，生产过程和使用过程中产生污染，难以达到环保要求，同时存在防火门芯板整体性差、耐火时间短、力学性能差、容易变形、综合成本较高、使用不方便等问题。

珍珠岩防火门芯板虽然防火性较好，但板材采用水玻璃等强碱性粘接剂粘接成型，有腐蚀性，强度韧度较差，产品在生产和使用过程中容易破损；蛭石防火门芯板，采用有机或无机粘接剂成型，存在生产工艺复杂、原材料来源受区域限制、干密度较大、综合造价高等问题；氯氧镁水泥防火门芯板虽有轻质、强度较高、成本低等特点，但其体积不稳定、吸湿、返卤返霜、翘曲变形、耐火极限时间短等关键性技术难题一直没有得到有效解决；由硅酸盐水泥或硫铝酸盐水泥发泡制备的防火门芯板表面易粉化、后期强度低、稳定性能差，严重影响了防火门的质量。现有的防火门芯板的制备是浇筑到模具后进行养护成型，得到的门芯板再安装于门板空腔中，此过程增加了安装门芯板的步骤。由于门芯板是已制成的成品，再安装在门板空腔中，导致使用过程中可能会出现门芯板与门板面粘合不牢，门芯板脱落，造成门板内的门芯板松动而影响使用，且门芯板安装于门板空腔中，对于门芯板与门板之间的尺寸要求严格，尺寸不易控制，对人员作业要求较高。

在门芯板填料加工技术领域，为解决现有防火门芯板力学性能差、安装门芯板烦琐的问题，《一种磷石膏防火门芯填料及其制备方法》被提出。该方法称取组分量的α型磷石膏、聚酯纤维、可再分散性乳胶粉、膨胀发泡微珠、粉煤灰微珠、防水剂、铝粉和石灰，混合得到复合磷石膏粉体，其与水按质量比为1∶2混合得到A组分，铝粉和石灰混合得到B组分，A组分与B组分按质量比为1∶1混合得到液态浆体填料，再浇注到门板空腔中，液态浆体填料进行自然发泡1.5~2h凝固而形成固态。该方法解决了防火门芯板力学性能差和安装门芯板烦琐的问题，并具有隔声、隔热、保温、防火和密度小等优点。

α型磷石膏是以工业副产物——磷石膏为原料，变废为宝，实现资源循环利用而生产出来的，减少对环境的污染，实现绿色生产。α型磷石膏偏酸性，酸性影响门芯的使用，因此可使用石灰调节料浆将其从酸性转变为碱性，同时石灰促进磷石膏防火门芯填料发泡的进行。铝粉与浆料混合调配后，铝粉和水在碱性环境下产生反应，最初生成的氢气立即溶解于液相中，由于氢气的溶解度不大，溶液很快达到饱和。当达到一定的饱和度时，在铝粉颗粒表面形成一个或数个气泡核，由于氢气的逐渐积累，气泡内压力逐渐加大。当内压力克服上层料浆对它的重力和料浆的极限剪应力以后，气泡长大推动料浆向上膨胀。气泡长大后内压力降低，膨胀近于停止；但由于氢气不断补充，内压力再次加大，气泡进一步长大，料浆进一步膨胀，因此铝粉与水反应产生氢气与料浆膨胀是处于动态平衡状态的。料浆膨胀的动力是气泡内的内压力，料浆膨胀的阻力是上层料浆的重力和料浆极限剪应力。发泡初期，铝粉与石灰作用不断产生氢气，内压力不断得到补充，此时料浆可能还处于牛顿液体状态，没有极限剪应力，因此料浆迅速膨胀。随着石灰、水泥不断水化，料浆的骨架结构逐渐形成，极限剪应力不断增大，这时铝粉与水的反应仍在继续进行，只要气泡内压力继续大于上层料浆的重力和极限剪应力，膨胀就会继续下去。当铝粉与水的反应接近尾声，料浆迅速稠化，极限剪应力急剧增大，这样膨胀就会逐渐缓慢下来。当铝粉反应结束，气泡内不再继续增加内压力，或者这种内压力不足以克服上层料浆的重力和料浆的极限剪应力时，膨胀过程就停止。自然发泡省去了发泡机工序，减少制备工具的应用。

α型磷石膏防火门芯填料现场应用时，直接浇注于门板空腔中，省去了现有制备门芯板方法（将制备得到料浆浇筑于模具内经养护成型）和安装门芯板的工序，且门芯填料自发进行自然发泡，省去了现有制备门芯板方法中的发泡工艺（使用发泡剂进行发泡的工序）。填料浇注于门板空腔中进行自然发泡，使得发泡后的填料发胀，进而填满门板空腔中，且由于填料浇注于门板空腔中是液态形态，填料可流入门板边角的间隙中，使得门板各个角落能够填充到。发泡后的填料形成类似蜂巢结构，这些蜂巢结构密合度高，各方受力大小均等，且容易将受力分散，可提高门芯力学性能。

目前，防火系列产品年使用菱镁材料约1000万吨，用α型高强石膏代替菱镁材料生产防火门芯板、防火板、防火烟道等产品市场前景广阔。以贵州市场为例，防火门芯板生产企业主要集中在遵义、兴义以及龙里。其中遵义有3家生产企业，每家的生产能力约500张板/天；兴义有2家生产企业，每家的生产能力约500张板/天；龙里有1家生产企业，生产能力约200张板/天。总体来算，贵州省的防火门芯板的供应能力约有2700张板/天。但贵州省防火门芯板市场仍呈现供不应求的状态，贵州大部分防火门生产企业的防火门芯板主要从外部买进，如从广东地区买进产品，售价超过550元/m^3。可见贵州防火门芯板的市场潜力巨大。α型高强石膏防火门芯板势必会成为未来防火门芯板的主要原料，市场需求巨大。

防火门芯板的主要配方（按照质量份数计）：α型磷石膏950份、木质纤维70份、可再分散性乳胶粉45份、膨胀发泡微珠413份、粉煤灰微珠144份、月桂酰肌氨酸钠2.3份、甲基硅酸钠3.4份。浆体内控制料浆湿密度为370kg/m^3。

1.5　α型石膏架空活动地板

高强度架空活动防静电地板又叫作耗散型静电地板或硫酸钙防静电地板。材料主要是由α型半水石膏、矿物黏合剂、初次纤维和二次纤维作为加固材料（只用无毒的）模压而成的板块，可达到12~15MPa抗折强度，产品品质优良。当其接地或连接到任何较低电位时，电荷能够耗散。计算机机房的防静电技术，属于机房安全与防护范畴的一部分。由于种种原因而产生的静电，是发生最频繁、最难消除的危害之一。静电不仅会使计算机运行出现随机故障、错误动作或运算错误，而且会导致某些元器件被击穿和毁坏。此外，静电对计算机的外部设备也有明显影响。

1. 产品设计

高强度架空活动地板基材是经高压力挤压程序加工而成的。

2. 防火性能优越

α型石膏架空活动地板特制板材有相当好的隔热效果,当地板一面加以700℃的火焰,传递至另一面需要2h。α型石膏架空活动地板板材强度是由结晶产生,从半水至二水的水化过程中,晶体形成时四周会产生微孔通道,火焰使地板产生高温形成气体,可经石膏晶体通道逸出,且能防止爆裂。相反,水泥板、硅酸钙板、钢地板会产生爆裂、导热快等现象。因此α型高强架空活动地板有相当好的防火性能。

3. 声学特点

α型石膏架空活动地板由于结晶产生微孔,当受到温度和湿度影响时能保持很好的稳定性,材料结构特殊的设计和高精度的生产工艺,使其具有优质的声学效果。当你在地板上走动时,不仅脚感舒适,而且不会产生噪声,从而营造了完美的工作氛围。

4. 防静电特点

α型石膏在防静电硫酸钙基材板块上铺设合适的面层材料之后,仍然能达到防静电系统接地的$1\times10^6\Omega$要求。

5. 通风性能

α型石膏架空活动地板在任何办公楼、机房都适用,任何铝合金格栅散热器的装配甚至钢的通风板也能与硫酸钙地板兼容,并且安装好后都能满足地板下空调系统管道的要求。

6. 电源插座异形板性能

α型石膏架空活动地板能满足办公楼宇、电脑房的布线要求,在每块地板上都开洞安装强电弱电插座盒,出线口可以自由组合,对架空地板的承载不会产生影响。

7. 生态均衡性

α型石膏架空活动地板在生产及使用过程中不会对外界产生污染和危害,而且使用的材料都是环保型的,在使用寿命达到以后还能100%回收,非常适合当今世界倡导保护环境的主题。

高强度架空活动防静电地板给出全钢制水泥灌浆地板、硫酸钙地板、木芯地板,配以HPL、PVC和瓷砖等贴面来达到消除静电的地面解决方案。

高强度架空活动防静电地板广泛应用于银行、电信机房、智能办公室、军队指挥中心、石油石化中心机房等各种防静电要求、承载要求和铺装效果要求较高的场所。

1.6 α型磷石膏功能性填料

近年来,随着填料粉体制备技术的不断发展,无机粉体在塑料、橡胶、涂料胶粘剂等高分子材料工业及高聚物基复合材料领域中越来越受到重视,可以替代部分钛白粉。与树脂相比石膏粉价格要低得多,而且石膏具有质轻、隔声、隔热阻燃等特点,并在节能、环保、生态平衡等方面有其独特的优势,所以把它用作树脂填料的替代品具有研究与应用价值。另外,用石膏粉填充改性树脂除可以节省树脂、降低成本外,还可以改善制品的硬度、弹性模量、尺寸稳定性和热变形温度。因此石膏作为塑料新型的添加剂、补强剂和填料在市场上具有很大的潜力和竞争力。但石膏是亲水疏油性的，与基体树脂界面缺乏亲和性，往往导致冲击强度、拉伸强度等力学性能下降及加工性能变差，大大限制了其应用。

将α型半水石膏进行乳化、硫化，使得表面亲水性转变为疏水性，再通过脂肪酸分子结构作用和金属离子特性的配合，可提高填料的粘结强度，进而提高填料与基体材料间的两相界面粘结强度。

在塑料加工中，加入磷石膏填料，可达到增量及降低成本的作用，能改善塑料制品的物理力学性能、热学性能、耐老化性能，并且克服塑料不耐低温、低刚性、易膨胀性、易蠕变性等缺点。通过与传统聚氯乙烯塑料制备方法的填充效果相比，磷石膏填料使得聚氯乙烯的拉伸强度提高了约20%，冲击强度提高了1.5倍以上。

以磷石膏为原料生产PVC（聚氯乙烯）型材，使得磷石膏替代了传统PVC型材制备过程中的钙粉，拓展了PVC用钙粉的来源，降低了PVC生产用钙粉的成本，扩展了磷石膏综合利用途径，提高了磷石膏综合利用率；同时用磷石膏生产部分的α型半水石膏、β型半水石膏、硬石膏并以此为填料制作PVC型材，配合氧化钙、稳定剂、抗氧化剂、润滑剂的使用，使得制成的PVC型材具有抗压、抗拉伸、耐磨损的性能。

α型半水石膏粉填充树脂基人造大理石，石膏粉作为人造大理石填料不但可以增强板材的弯曲强度，而且能很大程度上降低人造大理石的生产成本。石膏的加入使得球晶尺寸减小，数量增加；硬石膏的加入可提高复合材料的熔点，同样填充量下改性剂的使用会降低复合材料的熔点，提高结晶度。

1.7 α型石膏型精密铸造

石膏型精密铸造是指使用熔模，用石膏浆料灌制铸型，经干燥、脱蜡、焙烧后即可浇注铸件的方法。石膏型精密铸造可分为石膏型熔模铸造和拔模型铸造两种。

石膏型熔模铸造是将石膏型铸造与熔模铸造相结合而形成的一种新的特种铸造方法。在此法中所采用的熔模与普通熔模铸造所用的熔模外观相同，只是用石膏造型（灌浆法）代替耐火材料制壳。

石膏型熔模铸造的优点是可制造尺寸精度高、表面粗糙度低的大型、薄壁、形状复杂的精密铸件。铸件表面粗糙度可达 $Ra3.2\sim0.8\mu m$，尺寸公差可达 0.1mm。由于石膏导热系数低，所以可浇注最小壁厚为 0.8~1.5mm，甚至局部壁厚允许为 0.5mm 的铸件。同时，石膏具有良好的脱壳性，多用于浇注铝合金件。这类合金通常为铅合金、锡合金、锌合金、铝合金和部分铜合金、铜件、稀有金属件等。

1. 石膏型熔模铸造的工艺

（1）石膏型熔模的制造和组装特点

与普通熔模铸造相比，石膏型熔模铸造多用于制造高精度的铸件，故要求模料有更高的强度和热稳定性，线收缩率和膨胀率要小。为便于脱模（模料能顺利流出），要求模料的黏度低。此外，为了能制得形状复杂的薄壁铸件，必须制造出相应的形状复杂的薄壁整体熔模。通常，可采用"化繁为简"的方法，把一个复杂的整体构件分解成数个形状简单且易于制造、便于测量的小件，分别制造相应的熔模和芯，而后再组装成整体构件的熔模。组装熔模的方法除了采用组装夹具外，还可以采用胶合法。当模料中的填料与聚苯乙烯组装时，可以用聚苯乙烯在有机溶剂中的溶解液进行涂刷，粘接熔模。与常用的焊接法相比，这种熔接法具有更高的组装精度。

(2) 石膏浆料的配方

石膏必须满足一定的强度、硬度、透气性、易溃散性、耐膨胀、收缩性、耐火度和表面光洁等要求。而纯石膏不能全面满足这些要求。因为如前所述，石膏在150～200℃时有较大的脱水收缩性，在4～100℃时又会发生较大的相变收缩，从而易导致石膏开裂，熟石膏的水化反应所需加水量为18.6%，但为使石膏浆料具有足够的流动性和合适的凝固时间，通常加水量为40%～80%。由于水化反应放出大量热量，所以石膏凝胶体的温度将升高，并发生体积膨胀。膨胀量的大小受添加物、加水量、水温及搅拌条件等因素影响。

石膏型熔模铸造具有成型铸件精度高、粗糙度低等特点，在航空航天、军工等领域的应用越来越广。传统的石膏型熔模铸造是通过模具成型熔模，但随着零件内腔、曲面及薄壁等结构复杂程度的增加，导致模具结构更加复杂，出现了设计制造周期长、制造成本高等问题。

汽车轮胎金属模是石膏型精密铸造的最大应用领域，轮胎成型用金属模材质为铝合金，用石膏型铸造能够正确复制出轮胎的复杂结构。由于轮胎是大批量、多品种的产品，需要短时间、低成本地制造出轮胎金属模。石膏型铸造与原型技术相结合铸造轮胎金属模铸出的金属件具有表面粗糙度值低、尺寸精度高、变形小等特点，可以大幅度缩短制造周期，降低成本，实现复杂型腔模具的成型。

2. 轮胎铸造石膏粉的主要性能指标

轮胎铸造石膏模具不同于普通模具，对轮胎铸造石膏粉的性能有特殊的要求，主要体现在凝结时间、膨胀系数、强度、耐高温等方面。轮胎铸造石膏模具成型所用的模具石膏，是针对经过搅拌（最好真空搅拌）后的轮胎铸造石膏料浆浇注在预先加工好的硅橡胶模具上，待反应硬化成型后取出硅橡胶模，然后将石膏模烘干，将熔炼好的铝合金或者其他金属液浇注到石膏模内。待金属凝固后清理掉石膏，精密的轮胎铸件就完成了。

3. 石膏粉对模具的影响

(1) 石膏晶型

轮胎铸造石膏模具所使用的石膏粉是影响硅橡胶轮胎石膏成型模具使用的最主要因素之一，而影响石膏粉性能的主要因素在于石膏晶型的不同。

半水石膏有2种晶型：α型和β型。α型半水石膏是由二水石膏在水蒸气中加压、加热而得到的半水石膏。α型晶体一般是致密的、完整的、粗大的原生颗粒，晶体呈圆柱状或者针状，主要区别在于一个为湿法工艺，一个为块状蒸压工艺，该类晶体颗粒大，比表面积小，用水量小；β型晶体多为片状、不规则晶体，由细小的单个晶粒组成的次生颗粒，比表面积大，用水量大。国外多采用α型石膏作为铸造用石膏，国内一般采用α型、β型混合石膏作为铸造用石膏。

(2) 石膏纯度

天然石膏中常夹杂有黏土、砂、碳酸钙、黄铁矿等杂质。这些杂质降低了二水石膏的含量。在半水石膏凝结过程中，这些杂质起到填料的作用。在成型工艺中由于这些杂质的存在，轮胎铸造石膏工作模表面易出现析出物，在高温铝液浇注下易发生化学反应，工作面上就会出现凸凹不平的现象。这严重影响了模具表面粗糙度，况且，杂质降低了石膏纯度，造成了石膏粉强度的降低。因此，轮胎石膏粉必须要有较高的纯度，一般应在95%左右。为达到提高石膏矿石纯度的目的，可以通过破碎、拣选、冲洗等途径将矿石提纯，以减少杂质对硅橡胶轮胎石膏模具的影响。研制好的轮胎铸造石膏配比见表1-10。

表1-10 轮胎铸造石膏配比

名称	石膏粉/%	石英/%	方石英/%	添加剂A/%	添加剂B/%	添加剂C/%
添加量	20～50	30～70	40～50	0.01～0.03	0.1～0.5	0.2～2.0

1.8 α型石膏基船舶电缆密封材料

由于电缆密封装置对船舶生命力有着重大意义，近年来对电缆密封的研究更加深入，随着新材料采用，性能不断的改进提高，从单纯的水密装置、单纯的防火装置发展到既水密又气密又防火的装置，进一步又增加了无害低烟低毒性能；从不可拆式发展为可拆式；还增加了带电磁兼容接地功能的电缆密封装置。电缆在贯穿船舶的舱壁、甲板或平台时，会破坏其原有的防护完整性，使船舶在航行或停泊时，时刻面临着"火"与"水"的威胁，一旦发生事故，由电缆敷设所构成的"导火线效应"。产生的后果将十分严重。除了基本的火灾损失，如设备、仪器、数据报废等，还可能进一步造成作业停止、设备腐蚀、人员安全与健康危害等。不仅如此，还可能导致船舶沉没。因此，在电缆贯穿处必须采取相应的密封装置来满足船舶抗沉设计要求和防火安全要求，保持其水密和防火双重完整性。这对于保证船舶的不沉性和防火安全性意义重大。

密封材料大致可分为2类，即有机高分子合成材料和无机材料。其中，有机高分子密封材料又可分为普通灌注型、有机发泡型、腻子型和橡胶块型。无机材料主要是以α型半水石膏为基料，加入流动剂、增强剂、缓凝剂、水溶性乳液或水进行混合后灌入电缆盒（筒）内，固化后达到密封的目的，是一种具有高强度、高流动性且流动性保持较好、可操作性强特点。本产品是一种单组分产品，而非传统的双组分密封产品；性质稳定，操作简单，施工方便，原材料便于储存和运输；产品强度高，流动性佳，流动度保持较好，原料绿色环保，具有较佳的经济价值。

石膏基船舶密封材料由80%～90%的高强石膏粉、10%～20%的填料，外掺以减水剂聚羧酸0.05%～0.25%、缓凝剂柠檬酸0.005%～0.025%、增强组分可再分散胶粉1%～5%而制成。将所述的高强石膏粉、填料、减水剂、缓凝剂和可再分散胶粉按比例混合即可制备，要求细度为80μm、筛余量小于或等于10%。

（1）强度高

石膏基船舶密封材料与水拌和后3d强度达到20.50MPa，7d强度达到33.50MPa，7d耐水强度为19.10MPa。

（2）流动性佳

石膏基船舶密封材料与水拌和后的流动度达到 23.5mm，30min 后的流动度为 22.5mm，60min 流动度为 22mm。

（3）可操作时间长

在掺加拌和水后的 2h 内均具有较佳的流动性和可操作性，而且较长的可操作时间不会影响石膏基船舶密封材料的最终固化和强度。

（4）绿色环保

采用的原料高强石膏可以是天然石膏制备的高强石膏粉，也可以是脱硫石膏、磷石膏、氟石膏等工业副产石膏制备的，使用的各种填料和外加剂均是无毒的绿色产品，所以石膏船舶密封材料还具备绿色环保的技术效果。

（5）密封性好

石膏基船舶密封材料不但可以用于船舶电缆穿过水密舱壁、甲板的密封和防火，也可用于高层建筑、电站、隧道等电缆穿过孔洞的密封和防火，满足实际密封使用的要求。各项指标见表 1-11。

表 1-11 石膏基船舶密封材料指标

技术指标		标准要求	检测结果
密度/(t/m³)		1.80±0.05	1.81
凝结时间/h		1.50~2.00	1.50
完全硬化时间/h		≤72	8.50
流动度/mm	3min	—	23.50
	30min	—	22.50
	60min	—	22.00
抗压强度/MPa	3d	≥11	20.50
	7d	≥28	33.50
	14d（浸水）	—	19.10
对电缆及电缆编织袋的腐蚀		无	无

1.9 α型磷石膏改性胶凝材料及充填技术

以磷化工行业副产磷石膏为主要原料混合辅料作为胶凝材料，以磷尾矿及矿山废石作为骨料，制备出具有早期强度高、泌水性好、流动性好、耐水性好的混合充填材料。磷石膏、磷尾矿和废石均为工业废渣，变废为宝，有效地治理了磷石膏和磷尾矿废渣对环境的污染和危害，同时成本低廉，与市场同类产品相比，具有明显价格优势和更好的市场前景。

磷矿在开采的过程中留下大量的露天矿坑和地下采空区，造成地表塌陷，生态破坏。磷矿加工过程中产生大量固体废弃物——磷石膏堆存，占用土地资源，带来极大的环保和安全隐患。为了解决磷石膏堆存污染问题，利用高强磷石膏作为胶凝材料，胶结二水磷石膏、尾矿等固废回填采空区进行充填采矿，不仅消除磷石膏地表堆存带来的环保问题，同时，可通过低成本充填，减少并预防矿山地质灾害的发生，实现"一废治两害"。

以磷化工行业副产品——磷石膏为主要原料混合辅料作为胶凝材料，磷尾矿和采矿废石作为骨料，制备得到了充填材料，其早期强度高、泌水性好、流动性好、耐水性好。利用磷石膏混合辅料替代现有技术中的水泥作为主要的胶凝材料，极大地降低了充填成本。

用"半水磷石膏改性胶凝材料及充填技术"进行全废料井下充填采矿，成本只有"水泥＋尾砂"充填采矿成本的1/3，磷矿的采出率提高到90%以上，同时消耗大量磷石膏，一举多得，大大提升了资源的利用率。磷矿石和半水石膏等充填材料可通过皮带走廊实现双向钟摆对流。

按照配比将磷石膏、磷渣粉、矿渣微粉、生石灰、磷尾矿、废石、外加剂和水按照比例进行计量，通过破碎机将原料破碎后送入皮带；皮带将物料送入双轴卧式搅拌机搅拌后，得到初步混合料；将所述初步混合料通过活化机处理，得到混合料浆；将所述混合料浆通过泵送或自流的方式充填到矿井下。

该充填材料由胶凝材料、骨料、外加剂和水制备得到。先用胶凝材料和尾矿、废石混合制浆，以磷石膏、磷渣粉、矿渣微粉和生石灰反应形成的石膏基地聚物作为胶结剂，尾矿和废石作为骨料，三者互相胶结形成整体，胶凝材料水化形成的 C-S-H 凝胶和钙矾石等物包裹尾矿填充了废石空隙，整体形成强度；此外，外加剂可调节料浆凝结时间，在材料及尾矿、废石颗粒表面吸附，吸附膜能与水分子形成一层稳定的溶剂化水膜，这层水膜具有很好的润滑作用，能有效降低颗粒间的滑动阻力，使充填料浆流动性进一步提高，从而提高料浆浓度，使充填材料强度更高。通过胶凝材料水化形成的地聚物胶结尾矿和废石可形成致密的整体，降低孔隙率，从而提高充填体耐水性能。

充填材料用于矿井充填的方法工艺简单，只需将原料计量后破碎，将各组分物质混合后分别进行两级搅拌，就可通过泵送或自流的方式充填到井下。半水磷石膏和磷尾矿都是磷化工企业副产品的固体废弃物，原料简单易得，固体废弃物的利用率达90%以上。整个过程快速方便，可广泛应用。充填材料由胶凝材料、骨料和外加剂复配而成，骨料作为充填体主料，提供充填体强度及料浆流动性；胶凝材料通过水化形成的磷石膏基地聚物可粘接骨料并包裹颗粒填充间隙，形成致密整体；而添加外加剂则在调节料浆凝结时间的基础上，提高充填体浓度和流动性，在满足使用的条件下进一步提高充填体强度。

磷石膏基地聚物胶结磷尾矿充填材料，由胶凝材料、骨料、外加剂和水搅拌得到，各组分占比为：胶凝材料 5%～19%，骨料 60%～70%，外加剂 0.1%～1%，水 20%～30%；按照质量百分比计，所述骨料包含如下组分：磷尾矿 80%～100%，废石 0%～20%；按照质量百分比计，所述胶凝材料由以下组分制备得到：35%～55%的磷石膏，5%～25%的磷渣粉，35%～55%的矿渣微粉，3%～15%的生石灰。

充填材料包含 60%～70%的骨料，骨料中的磷尾矿为采矿后的全尾矿，平均粒径为 10～75μm；废石是采矿剥离出来的废石，粒径范围为 1～20mm。

在具体实施案例中，充填材料包含5%~19%比例的胶凝材料，胶凝材料可吸水进行水化反应，水化后生成的半水磷石膏基地聚物可与骨料进行胶结，可以包裹填满粗颗粒的间隙，形成致密的整体。

1.10 α型石膏制水泥

α型石膏作为原料用于磷石膏制酸联产水泥，水分由20%~22%降至15%即可正常使用，烘干成本与传统二水石膏相比下降70%以上，加上"熟料高强伴侣"技术可制得525水泥熟料，该熟料改变了磷石膏制酸联产水泥熟料前期强度低这一缺点，拥有高强度、低碱度、抗折强度高、耐磨度高的特点，可以制成特种水泥。完善磷石膏制酸联产水泥技术，实现其长周期经济运行有重要意义。

1. 特种水泥的原料

利用过量石膏的掺入，使水化时具有膨胀性，用于生产特种水泥，比如石膏矾土膨胀水泥、快凝石膏矿渣水泥、石膏矿渣水泥，都是用石膏作为原料与其他材料混合制备成不同的水泥。若以矾土为主要原材料，同石膏按比例混合、磨细，能够制备石膏矾土膨胀水泥，这种水泥凝结硬化速度快，硬化时体积膨胀率能够达到0.5%~1%。如果能够掺入经特殊脱水技术脱水的石膏，就能够大幅提高水泥熟料的强度，获得更大的体积膨胀率，产品性能也更加稳定。

2. 高强石膏装饰水泥

装饰水泥是用天然纤维石膏制成的高强石膏（α型半水石膏和无水石膏）、白色硅酸盐水泥熟料、外加剂，经混合磨细而成。其用料的质量比为高强石膏50%~90%、水泥熟料1%~50%、外加剂乙二酸或含水硫酸铝0.1%~2.5%。

1.11 α型石膏3D打印材料

磷石膏是一种难以高值化且综合利用率低的工业固体废物，我国已有超过亿吨磷石膏被闲置堆放，限制磷化工企业的发展，对周边环境造成严重的危害。因此加快磷石膏高值高效资源化利用是我们急需攻克的难点。以磷石膏为原料，用半湿半干蒸压法制备高强石膏，参考微纳米半水石膏粉体对高强石膏力学性能的影响，深入探究硬化体内部孔隙结构与力学性能之间的协同关系，比较分析不同粒级配比磷石膏基材料3D打印试件的稳定性与内部孔隙结构。

采用浮选法预处理磷石膏可减少磷石膏中的杂质，提纯二水石膏，有利于高强石膏晶体转化。半湿半干蒸压法制备的高强石膏端面晶体转化为六棱柱形貌，若掺入0.5%转晶剂，则高强石膏烘干抗压强度从8.02MPa提高至60MPa。以预处理磷石膏为原料，高强石膏力学性能随微纳米半水石膏掺量的增加呈先增后减变化，微纳米半水石膏最佳掺量为5%，高强石膏抗折强度可从4.03MPa增加到8.83MPa，抗压强度由10.53MPa增加至60MPa。高强石膏浆体性能研究表明，在稠度为50%，以水∶乙醇∶丙三醇=4∶6∶1的混合溶剂体系中高强石膏浆体凝结时间超过2h，在常温静置2h后浆体仍能保持良好的悬浮性和流动性。三维CT扫描分析结果显示，掺入微纳米半水石膏粉体可以减少硬化体内部的孔隙率。采用5%微纳米半水石膏混合粉体的3D打印试件要比市售石膏粉体更加稳定,试件成型精确,内部微观结构更加致密。

磷石膏制备成高强石膏以及微纳米石膏材料并运用于3D打印领域,可拓宽磷石膏应用途径,提升综合利用率,有助于磷化工行业的绿色可持续发展。3D打印是一种基于数学模型利用机械设备增材制造的快速成型技术。近年来,3D打印在建筑行业得到快速发展。相对于传统成型工艺来说,建筑3D打印技术具有无须模板支撑、施工方便、设计自由度高等优点,因此受到了全世界研究人员和学者的广泛关注。利用3D打印制备异形石膏构件已成为国内外研究的热点。3D打印又称快速成型,是一种逐层累加材料的技术,被誉为第三次工业革命的核心,因建造速度快、成本低、低碳环保等特点被广泛应用。此外,3D打印技术对于农村住宅、别墅、经济适用房和廉租房、高层住宅、抗震救灾紧急用房、防风固沙、太空基地等的建设具有非常重要的意义。3D打印技术对材料要求极高,材料也是3D打印技术发展的关键。使用预先混合的高强石膏浆体材料进行3D打印的工艺具有制品强度高、打印周期短等优点。3D打印技术目前已广泛应用在医疗、航空、汽车、建筑等领域。

1.12 α型磷石膏基充填骨料

磷石膏是生产磷酸过程中排放的固体废渣,每生产1t磷酸会产生4~5t磷石膏。但由于磷石膏颗粒极为细小,具有渗透性小、遇水弱化成浆的特性,并不是理想的充填材料。目前国内外对于磷石膏综合利用率都比较低,致使大量的磷石膏需要进行堆存,不仅占用大量土地资源,而且磷石膏中的磷、硫、氟等在雨水冲刷过程中易被雨水携带,造成环境污染。

高强磷石膏基充填骨料由高强磷石膏改性组合物造粒形成。所述磷石膏改性组合物包括:含磷基质100质量份、电石渣0.5~3质量份与氯化钠0.2~0.4质量份;所述含磷基质包括磷石膏、磷建筑石膏与磷矿尾矿中的一种或多种,且至少包含半水石膏。与现有技术相比,通过将容易快速转化的含磷基质进行造粒成球,形成具有一定强度的充填骨料,同时加入电石渣,进一步提高充填骨料的强度,使得到的充填骨料具备良好的压碎值,完全可以替代砂石,且存储方便,不会产生结块现象。若用作充填骨料,具备对环境无害性,且能够明显减少料浆泌水情况,缩短终凝时间,改善充填体强度,降低充填成本,具有良好的经济效益、环境效益和社会效益。

磷石膏基充填骨料,由磷石膏改性组合物造粒形成。磷石膏基充填骨料的制备方法包括:将电石渣与氯化钠的混合水溶液雾化后与含磷基质混合,造粒,得到磷石膏基充填骨料。对所有原料的来源并没有特殊限制,市售的即可;所述电石渣、氯化钠与含磷基质的种类及含量均同上所述。

水泥、尾砂与磷石膏基充填骨料的质量比优选为1:(2~4):(1~3),更优选为1:3:2。磷石膏基充填骨料制备充填浆料充填矿山可降低矿山充填成本,同时能够消耗固废。

α型磷石膏基充填骨料流程如图1-7所示。

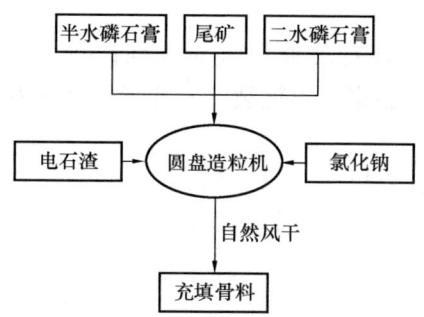

图 1-7 α型磷石膏基充填骨料流程图

1.13 α型预铸式玻璃纤维增强石膏板（GRG）

1. 概述

预铸式玻璃纤维增强石膏板（Glass Fiber Rein-force Gypsum，简称 GRG）是以石膏粉为基材，玻璃纤维为筋材的新型复合材料。石膏主要成分为二水硫酸钙（$CaSO_4·2H_2O$），其中 $CaO 32.5\%$、$SO_3 46.6\%$、$H_2O 20.9\%$。GRG 以半水石膏为基本原料（α型半水石膏是由致密、粗大、完整的超细短柱状晶体组成，通过蒸压法获得的，俗称高强石膏），加入具有强粘接力的玻璃纤维加强材料，采用特殊工艺方法，使用模具浇铸而成。

GRG 制品根据使用要求可制成平面板、异形产品和艺术造型装置，如声学防火板、墙板、艺术隔断板、建筑装饰构件及雕塑制品。GRG 材料具有良好的防水性能和声学性能，适用于频繁地清洁洗涤和声音传输的场所，如展馆、体育馆、开放式大堂、影剧院、办公楼、医院、学校等建筑吊顶、墙体板和超大型特殊异形构件。

2. 性能特点

GRG 制品质轻高强，表面光洁平滑，白度可达 90% 以上，无毒无味，绿色环保，安装便捷，可以和各种涂料及面饰材料良好粘结，形成良好的装饰效果。其主要特点如下：

（1）防火阻燃性能

GRG 材料具有良好的防火阻燃性能，燃烧性能达到《建筑材料及制品燃烧性能分级》（GB 8624—2012）中 A 类材料的要求。GRG 材料本身不会燃烧，同时在材料遇火受热时还可以释放相当于自身质量 15%～20% 的水分，降低过火面温度，抑制火灾蔓延。

（2）高强度

GRG 产品抗弯破坏强度达到 25MPa，其断裂荷载大于 1200N，超过《装饰石膏板》（JC/T 799—2016）中最大断裂荷载 167N 的要求。

（3）质量轻

GRG 产品根据使用要求厚度可至 20mm（特殊情况下可适当加厚），体积密度为 1.6～2.0g/m³，每平方米质量仅 5～10kg，减轻主体建筑质量及构件负载。

（4）健康环保

GRG 材料制品无毒、无味，其放射性核素限量符合《建筑材料放射性核素限量》（GB 6566—2010）中规定的 A 类装饰材料，可再生利用。

(5) 经久耐用，不易变形

由于GRG材料的主材石膏对玻璃纤维无任何腐蚀作用，加之其干湿收缩率小于0.01%，因此能确保产品性能稳定，不龟裂，不变形，使用寿命长。

(6) 声学效果佳

GRG材料经过合理的造型设计，可构成良好的吸声结构，达到隔声、吸声的作用。试验显示，4mm厚的GRG材料，透过损失500Hz 23dB、100Hz 27dB；气干密度$1.75g/cm^3$，符合专业声学反射要求。

(7) 加工周期短、施工便捷

GRG产品在模具中成型后120min即可脱模，干燥时间仅需8h，与传统材料相比加工制作周期大为缩短。同时GRG材料可根据设计师的设计喜好，任意造型分割，现场加工性能好，安装迅速、灵活，可进行大面积无缝密拼，形成完整造型。

1.14 α型石膏模袋

土工模袋是一种使用双层聚合化纤合成材料制成的连续（或单独）袋状产品。土工合成材料应用于工程是近几十年发展起来的一门新技术，20世纪70年代末引进我国并研制使用。

模袋混凝土是通过用高压泵把凝石膏基胶凝砂浆灌入模袋中，胶凝砂浆的厚度通过袋内吊筋袋、吊筋绳（聚合物如尼龙等）的长度来控制，胶凝砂浆固结后形成具有一定强度的板状结构或其他结构，能满足工程的需要。土工模袋作为一种新型的建筑材料，可广泛用于江、河、湖、海的堤坝护坡、护岸、港湾、码头等防护工程（图1-8）。具有如下优点：

图1-8　α型石膏土工模袋护坡

(1) 土工模袋施工采用一次喷灌成型，施工简便、速度快；

(2) 土工模袋能适应各种复杂地形，特别在深水护岸、护底等不需填筑的围堰，可直接水下施工，机械化程度高，所护坡面面积大、整体性强、稳定性好，使用寿命长；

(3) 土工模袋具有一定的透水性，在混凝土或砂浆灌入以后，多余的水分通过织物空隙渗出，可以迅速降低水灰比，加快胶凝材料的凝固速度，增加胶固体的抗压强度。

1.15 α型石膏土壤固化剂水稳材料

α型石膏可作为原料用于磷石膏制新型环保建筑材料——高性能土壤固化剂（简称"土壤固化剂"）。土壤固化剂应用范围广泛，可适用于公路、铁路、港口的地基、江河、湖底等，添加土壤固化剂后，经过一系列的化学物理变化，使一些不承载大负荷的土壤"固化"以提高土壤的承载负荷，从而减少工程量、降低工程费用。土壤固化剂（水泥基）是一种由多种无机和有机材料配制而成的水硬性胶结土粒，填充孔隙将松散土体转为致密的胶凝材料，可较大幅度改善和提高土壤的强度、耐久性等性能，它不仅能有效地固化土壤、砂砾石、淤泥等各种土质，同时还可用于生活垃圾及工业粉尘等废弃物的固化，因其具有因地制宜、就地取料、施工方便、成本低廉等特点，现已被广泛用于市政、环保、交通、水利等各项基础工程（图1-9），是目前国内外性能颇为优良且应用广泛的新型土壤固化材料。全部产品及工程符合现行国家和行业标准的要求。

土壤固化剂使磷石膏中的有害物质磷、磷酸及磷酸盐等物质反应后生成 $Ca_3(PO_4)_2$ 等沉淀，在由游离态转化为不溶固态过程中，一些微量放射性元素同时被固结不会溶于水流失，所以不会造成环境污染。

图1-9 安徽马钢张庄矿业扶贫大道实景

2 α型高强石膏基材料

2.1 α型高强石膏基保温材料

1. 石膏基保温材料发展现状

随着我国城镇化水平的加快,平均每年新建城镇住宅可达12.2亿平方米,此外还有大量新兴工业、公共建筑、市政交通、基础设施等建设项目。目前发达国家更注重材料应用性和耐久性,其新型环保建筑市场已占市场总量的90%以上。我国从实施《国家化学建材产业"十五"计划和2015年发展规划纲要》开始,就大力发展新型环保建材,利用工业废料生产环保类防水保温材料。防水与保温功能相结合的石膏建材将有非常大的市场空间。

以半水石膏为原料生产保温耐水材料不仅使石膏资源得到了高值利用,且成本低,市场广阔,具有巨大的经济效益。另外石膏基保温材料属于绿色建材,对人体无害且安全可靠。所以开发以半水石膏为原料生产的保温材料正当其时。

2. 石膏基保温材料的优点

保温材料一般是指导热系数小于或等于0.2W/(m·K)的材料。按材料分类,保温材料可以分为金属隔热保温材料、有机隔热保温材料、无机隔热保温材料。金属隔热保温材料主要利用材料表面的辐射特性来获得绝热保温效能,这类材料货源较少,价格较贵,一般用于工业保温领域中。有机隔热保温材料有聚氨酯泡沫、聚苯板、酚醛泡沫等,有机发泡保温板不仅价格贵、低温易燃烧(80~100℃)且释放有毒气体,而且这类材料在紫外线照射下易氧化,不仅颜色改变而且内部结构尺寸也发生改变,耐用性差。无机隔热保温材料包括矿物棉、玻璃棉、膨胀珍珠岩、膨胀玻化微珠、蛭石等,无机隔热保温材料耐酸碱腐蚀、不易开裂脱落、稳定性高、施工方便,因此在建筑行业,为了避免安全问题及耐用性问题,使用无机隔热保温材料更为理想。石膏保温材料属于无机隔热保温材料,具有许多显著的优点,如生产能耗低、防火性能好、导热系数小、装饰效果好、对环境无污染的产品,是理想的建筑保温材料。

3. 石膏保温材料的制备方法

制备石膏保温材料的关键是降低石膏的密度,如果密度过高,一方面增加了石膏板运送、安装的难度,且原材料消耗大,成本高;另一方面石膏板的导热系数提高,则不利于保温。石膏保温材料的制备方法主要有两类:第一类是加入轻质填料,如膨胀珍珠岩、膨胀聚苯乙烯等;第二类是采用发泡的方法提高石膏的孔隙率,包括有机发泡和无机发泡。

(1)掺加轻质填料

目前建筑上常以建筑石膏为胶凝材料,配以轻骨料中空微珠、膨胀珍珠岩、聚苯颗粒和特种外加剂混合制备各类石膏保温材料。比如干粉砂浆,可经现场加水搅拌成保温砂浆作为内墙的找平层和保温层,不增加建筑物墙体厚度,达到节能效果、经试验该材料保温性能好，导热系数≤0.075W/(m·K)，干密度318kg/m³，抗折强度0.5MPa。利用建筑石膏复掺玻化微珠生产石膏保温材料，导热系数可达0.065W/(m·K)，产品施工方便，工程质量好，可使用于外墙内保温、外墙外保温、复合外墙内补充保温体系及楼梯间、封闭式阳台保温、干挂石材的保温填充、内隔墙、分户墙双面保温。将热塑性塑料颗粒加入石膏胶凝材料中制备轻质石膏板，成本较高，不利于该产品的市场化。膨胀珍珠岩是最常见的保温轻质填料，二氧化硅含量大于71%，内部为多孔状疏松结构，能降低石膏的表观密度，但是加入膨胀珍珠岩石膏的轻质石膏的吸水率大于发泡石膏的吸水率。此外，其他无机轻质填料如膨胀蛭石、膨胀玻化微珠也具有吸湿性。而无机填料如聚苯颗粒易燃，高温释放有毒气体。考虑到外加填料吸水或者安全性不高，可以考虑采用发泡方法制备保温石膏材料。

(2) 发泡

对胶凝材料的发泡方式很重要，最早人们采用铬粉或其他金属粉末与水泥胶凝材料如氢氧化镁反应产生气泡，但是金属粉末对人体有害而且易爆，所以难以推广。后来人们开始研究各种合成发泡剂及其他发泡方式。

第一种发泡方式是无机发泡，即采用无机矿物作为产气剂，产气剂在石膏水化过程中遇水反应，释放出气体，得到多孔型石膏产品。以半水石膏为原料，首先在溶液中加入半水石膏砂浆，然后加入酸式激活剂（铬或硫酸铬）、表面活性剂、气泡（通常是空气、二氧化碳、氧化氮、氩）。该石膏砂浆硬化时间长，便于特殊的施工应用，比如远距离输送等，可以用来制砖、墙板或根据需要制成各种形状。

将碳酸钠粉末与β型半水石膏粉末混合（碳酸钠作为气体发生器），然后加入水，得到一种陶瓷硬化体，结果显示，当碳酸钠掺量为1%时，力学性能降低，抗压强度为7MPa，抗折强度为4MPa，导热系数为0.399W/(m·K)，相同的热通量时，该发泡板比一般混凝土板要薄73.4%左右。

第二种发泡方式是有机发泡，即采用有机表面活性剂，通过搅拌产生泡沫，发泡剂吸附在气泡表面，使气泡形成双分子膜结构，导致产生的泡沫由不稳定体系变成稳定体系，这是气泡稳定分布的因素之一。以建筑石膏为原料采用松香类复合发泡剂发泡制成石膏保温材料，当发泡体表观密度为950kg/m³，气泡多为封闭型，抗折强度为3.1MPa，抗压强度为8.05MPa，制品具有良好的保温隔热性能。

石膏保温材料制备的关键是孔隙率。一般情况下，制品的强度和抗水性都会随孔隙率的增加而降低，材料的保温性能随孔隙率的增加而提高。在相同的孔隙率条件下，孔径尺寸越小，材料的强度、抗水性、保温性会越高，所以需要找到一种有效的发泡剂，保证能产生细小稳定的泡沫。目前专门针对石膏类发泡剂的研究相对较少，对水泥发泡剂的研究较多，考虑到石膏体系和水泥体系的相似性，可以借鉴。水泥发泡剂主要有松香树脂类发泡剂、合成类发泡剂（主要有阴离子表面活性剂和非离子表面活性剂）、蛋白类发泡剂（又称为第三代发泡剂）。蛋白类发泡剂分为动物蛋白和植物蛋白两类，植物蛋白发泡剂又分为茶皂素型和皂角苷型。茶皂素是皂素中的一类，是从山茶科植物种子中提取出来的一种糖甙化合物，广泛存在于各种茶类植物中。茶皂素是性能优良的天然非离子表面活性剂，具有很强的起泡能力。

茶皂素属于五环三甙萜类皂甙，分子由亲水性的糖基和疏水性的配位基构成。茶皂素在各行各业中具有广泛的应用，在农业保护领域可制成环保型农药助剂；在医药领域可用于抗炎症，调节血糖含量，降低胆固醇，抗菌，醒酒等；在养殖业可配制成饲料添加剂替代抗生素；在日常化工中可做成抗菌、止痒、去屑、乌发多功能洗发水或衣物洗涤剂；在食品行业中用作清凉饮料中的助泡剂；在建材行业可用于混凝土发泡剂和稳泡剂。因为茶皂素的特殊性质，我们可以将它称为"绿色发泡剂"。

2.2 α型高强石膏基耐水材料

石膏为轻质多孔材料，吸水率高，一般石膏制品的吸水率高达40%。石膏的水化产物二水硫酸镁晶体的溶解度比较大（2g/L），遇水易溶蚀，使制品强度、硬度降低，石膏硬化体的软化系数为0.2~0.3，即耐水性较差。石膏的水溶性和在潮湿环境下强度的迅速下降大大限制了石膏的使用。

石膏的耐水性差主要有两个原因：

第一，依据学者列宾捷尔提出的理论，石膏硬化体存在多孔状结构，在水介质中液体产生强烈吸附。固体材料的内部存在微细裂缝网，相应比表面积较大，如果材料的孔隙为液体所饱和，则液体以吸附膜的形式渗入微裂缝之间，产生双向压力，固体内表面能降低。当微裂缝的宽度等于吸附剂双分子层的厚度时，吸附膜的移动终止。双向应力为固相壁所接受，材料内部产生拉应力，导致材料强度降低。

第二，石膏制品的工程性质取决于晶体水化产物二水石膏晶体里结晶接触点的特性（晶格变形程度）和数量。由于结晶接触点多、尺寸小、晶格变形严重，热力学性能不稳定，制品在潮湿环境中易产生溶解、再结晶，石膏的耐水性降低。

1. 石膏基耐水材料的制备

要扩大石膏的应用范围，需要提高石膏制品的耐水性。从理论上来讲，要改变石膏的耐水性，目前主要措施是：

（1）保证石膏硬化浆体结晶结构的形成；

（2）在保证一定强度的前提下，减少接触点的数量；

（3）保证石膏硬化浆体有较高的密实度，即减小孔隙率和孔径尺寸，以及减少结构裂隙等。

从生产工艺来讲，目前国内外对改善石膏耐水性的方法主要有三种：制品表面处理、掺加无机胶凝材料改性和掺加高分子聚合物。

① 制品表面处理

对石膏制品进行表面处理一般是在制品的表面喷涂甲基硅醇钠、氯偏乳液防水剂或增加防水饰面等。有学者用石膏芯和防水面层组合制备防潮石膏板；采用疏水面层将石膏板包裹的方法，制得防水石膏。使用反应性溶液如草酸盐浸涂或涂刷石膏制品表面，可在表面形成难溶性草酸钙，有效改善防水性能。

对石膏制品进行表面处理的方法简单易行，若严格操作，可取得较理想的效果，但是，一旦被涂覆的制品表面或局部出现缺陷，或者由于防水处理不当，露出的石膏就会在遇水后溶解，造成涂层、饰面剥落，降低防水效果。

② 掺加无机胶凝材料改性

该法是在石膏中掺加无机胶凝材料，石膏水化过程中生成耐水性水化产物，使石膏由单一的结晶结构变成晶胶结构，石膏硬化体孔隙和二水石膏结晶接触点都发生了改变。生成的耐水性水化产物如钙矾石、CSH凝胶、水化硅酸钠等填充在孔隙中，对石膏晶体产生包裹和支撑作用，使孔隙率降低、孔径减小，石膏的强度、耐久性和耐水性都有提高。

目前，常用的无机胶凝材料有普通硅酸盐水泥、水泥熟料、粉煤灰、矿渣、石灰等。矿渣、高钙粉煤灰玻璃具有较高的潜在活性，在碱性激发剂的作用下，可以生成钙矾石和CSH凝胶。碱性激发剂提供矿渣水化所需$Ca(OH)_2$，有利于维持钙矾石形成的碱度。水泥与粉煤灰或矿渣微粉复掺时，水泥能够起到激发剂的作用，水泥中的C_3A与石膏反应生成钙矾石。

有学者以应用磷石膏为基料，掺加矿渣微粉、水泥等复合材料，可制备耐水型石膏砌块；用矿渣、高钙粉煤灰、熟料和复合激发剂可制作耐水改性石膏砌块；以半水石膏、熟石灰、飞灰、颗粒高炉矿渣、粉尘可制得高强的耐水胶凝材料；利用β型半水石膏、矿渣粉、波特兰水泥和有机缓凝剂可制得耐水石膏板；将硫铝酸盐加入硫酸钙中，结果表明硫酸盐的浸出性能大大降低；将CaO、高Al_2O_3含量、低SiO_2含量的高活性混合材料，与α型半水石膏按一定比例混合，并以硅酸盐水泥作为激发剂，可制得性能优良的水硬性石膏胶凝材料。以半水石膏为基础体系，掺入电石渣、粉煤灰及少量水泥为改性材料可形成复合胶凝材料，生成大量水硬性产物钙矾石、CSH凝胶及少量的水化石榴子石和托勃莫来石。

但用无机胶凝材料改性半水石膏也有不足：

第一，在强度、耐水性能提高的同时，制品密度增大；

第二，石膏中掺加活性混合材料，在石膏与活性混合材料相互反应生成防水组分的同时，胶凝材料与石膏的水化速度不一致，石膏快硬，早期强度高等特性发生了改变，对制作工艺有不良的影响；

第三，后期生成的钙矾石对制品的强度有破坏作用；

第四，一般活性混合材料的掺入量比较大，凡掺入大量矿渣或其他火山灰质材料的石膏制品不宜称为石膏制品。

③ 掺加高分子聚合物

在石膏中掺加高分子聚合物有两个作用：一是提高石膏硬化体的密实度，减少孔隙率和结构裂缝，降低石膏吸水率，比如减水剂降低石膏水膏比，使石膏硬化体结构密实；二是改变石膏硬化体的表面能，即在孔隙表面形成憎水膜，降低石膏吸水率。高分子防水剂除具备一定的化学稳定性外，还应具有较高的内聚力与吸附力，以便于石膏浆体混合时不产生气泡或在短时间内气泡消失。

第一类有机防水剂是石蜡、沥青、松香、聚乙烯醇以及它们的复合乳液等。石蜡经过乳化，与石膏浆体均匀混合，当半水石膏浆体在凝结、硬化时，即吸收周围憎水物质中的水，失水后憎水物质（石蜡）凝聚成一层防水膜吸附在石膏硬化结构的微孔壁及细微网络中，阻碍因毛细作用导致的水渗入，从而降低吸水率。聚乙烯醇可溶于水形成凝胶物，当石膏浆料充分搅拌后，聚乙烯醇缩水凝胶均匀分布在石膏浆体中形成网络结构，降低吸水率。有学者以石蜡、沥青、少量聚乙烯醇、少量硼制备防水乳液，加入建筑石膏粉，通过连续加热和干燥，制得防水石膏材料。在半水石膏浆体中掺加松香-沥青-石蜡聚合物乳液防水剂、促进剂、交联剂，产品吸水率低（72h吸水率小于3%），软化系数高。使用石蜡烃、褐煤蜡、聚乙烯醇制备防水乳液，并制得纸面石膏板。以石蜡、烷基酚、淀粉、聚萘磺酸为原料制备有机防水剂，加入石膏粉制备的制品具有防菌效果和耐久性。石蜡-沥青乳液经过一段时间的存储，表面会形成一层油皮，并且不容易再次乳化，因此生产工艺不便、成本较高。防水剂的加入阻碍了石膏晶体的正常生长，减少石膏晶体的接触点，石膏内部产生晶体缺陷，石膏的强度明显降低。这种以降低石膏的绝对强度和优良的多孔结构来改善石膏的抗水性，不是最理想的。因此防水剂经常配合促进剂、交联剂使用，交联剂有增加强度的作用。

第二类防水剂是聚合物树脂。聚合物树脂有可再分散聚合物树脂粉末、可速溶的聚乙烯醇微粉、合成树脂乳液（丙烯酸酯乳液、苯丙乳液）和聚乙烯醇溶液等。在石膏基胶凝材料中掺加聚合物树脂，两者形成复合材料，不仅可以有效地形成耐水膜，其拉伸强度、粘结性能、耐磨性能均会有显著提高，是改善石膏基材料性能最有效的方法，但成本较高。可再分散乳胶粉主要成分是乙烯基共聚合物或是乙烯基三元聚合物，加入石膏基材料中除了增强其柔性和黏合性，还可改善疏水性能。

第三类防水剂是有机硅防水剂。有机硅防水剂通常应用于因具有一定程度的毛细管结构的吸水性材料上，在有机硅防水剂加入后，不但可降低材料的吸水性，而且还可显著提高其抗风化、耐霜寒等性能，有机硅氧烷遇水发生水解生成聚有机硅氧烷，聚有机硅氧烷是良好的防水材料。有机硅树脂交联成为网状结构后有机基团定向排列在外面，在结构材料表面生成一层几个分子厚的网状有机硅树脂膜，阻止液态水渗入，因此有很好的憎水性。

一般有机硅聚合物溶于有机溶剂中或者制成乳液使用，可以将聚甲基硅氧烷在聚乙烯醇的存在下和其他硅的聚合物制成乳液加入到石灰水中制成防水涂料；也可将有机硅氧烷溶于有机溶剂中，用这种溶液浸渍石膏板降低吸水率。把甲基含氢硅氧烷、水、硫酸铬混合制成乳液加入石膏中，石膏板吸水率可降至6%，且对石膏板的弯曲强度、抗压性及相对密度没有影响。有机硅聚合物直接加入到石膏中也可以得到好的防水效果。在半水石膏中添加有机硅防水剂，降低石膏吸水率的同时不影响石膏的力学强度。有机硅防水剂对建筑石膏防水性能的影响是，在较低的水膏比情况下，吸水率降至7.6%，软化系数可达70%。

第四类防水剂是多元酸盐。在石膏中加入少量多元酸盐或多元酸生成的难溶性沉淀，可显著提高石膏的抗水性。在石膏中加入钙基填充物（氢氧化钙、碳酸钙、硅酸钙、铝硅酸钙、硬石膏），不溶于水的多元酸（第二解离常数在$10^{-3} \sim 10^{-10}$），石膏产物在水中体积溶解率几乎为零。使用羟基吡啶硫酮溶液处理石膏板，产生难溶性沉淀，得到耐水石膏板。三偏磷酸钠一般用来提高石膏墙板芯的强度，促进晶体长大进而增加石膏强度。将三偏磷酸根引入石膏浆液中，石膏产品的强度、耐久性、尺寸稳定性都有极大提高。

由此可知，无机胶凝材料虽然能够提高石膏板材的防水作用，但是会明显增加石膏的密度，并不适用于制备轻质石膏板材；单纯对石膏板进行表面处理，后期的防水效果有风险。高分子聚合物可以从内部改善石膏的结构，提高石膏的耐水性，由于掺入量小，适用于提高轻质石膏板材的防水性能。

2. 保温防水石膏材料的制备

目前关于兼具防水、保温功能的石膏产品的开发还比较少。有学者开发了一种含非金属纳米材料的高强防水石膏砌块，其中使用天然纳米级海泡石粉和蒙脱石粉有增强和减重的作用，而含氢硅油使产品防水透气，该法制备的石膏砌块防水效果好，强度高。有学者采用网状聚丙烯纤维和玻璃纤维增加强度，膨胀珍珠岩降低密度，聚合物乳液有效防止遇水后石膏板变松散、脱落，但因为膨胀珍珠岩吸水，防水效果或许不够好。若在氟石膏中加入防水剂、减水剂、激发剂等，则制成石膏浆液，向浆液中引入泡沫，则制得一种兼具轻质、防水、耐火、保温等功能的石膏材料，但向氟石膏中加入较多的外加剂，产品强度或许不够。有学者采用多重防水措施制备轻质防水石膏板，利用防水轻质填料（膨胀聚苯乙烯颗粒）降低石膏密度，硫铝酸盐水泥加入石膏粉中可生成耐水钙矾石，有机硅防水剂加入石膏浆液中形成憎水层，该发明防水效果好，但是加入了膨胀聚苯乙烯，在高温条件下可能释放有毒气体，具有潜在安全隐患。

由以上可知，目前开发的保温防水石膏板，或者是引入外加填料使石膏体系复杂，或者是防水效果不够好，或者是强度不够，或者是安全性不足，因此需要进一步研究，改善保温、防水石膏板的性能。

半水石膏是高档、优良的建材原材料，根据目前建筑节能的需求，开发一种防水、保温轻质高强石膏板具有良好的市场前景，同时具备经济和环保效益。国内外已经积累了丰富的石膏保温材料和石膏防水材料的研究成果，但是还存在以下问题：

（1）以 α 型半水石膏为原料开发石膏保温材料的报道较少，已有研究大多以 β 型半水石膏为原材料，虽然成本低，但是强度不高。

（2）目前市面上的石膏保温材料仍然具有一定的安全隐患，这主要源于复合材料的安全性不够好或添加剂有一定的毒害性，因此需要开发一种绿色的保温石膏制备方法。

（3）目前提高石膏防水性能的主要方法是减小孔隙率或改变石膏胶凝体系，这与追求轻质石膏产品目标相悖，开发孔隙率较大的发泡石膏的防水方法将弥补这一不足。针对以上情况，本书旨在以 α 型半水石膏为原材料，以绿色发泡方法制备保温石膏，掺入多种有机添加剂改善保温石膏防水性能和强度，制备出一种能应用于外墙或潮湿环境的防水保温轻质高强石膏板。

3　α型高强石膏基材料试验测定

3.1　试验材料

1. α型半水石膏粉

产品纯度大于95%，晶体尺寸小于60μm，标稠水膏比0.32。

2. 发泡剂

茶皂素，活性物含量≥60%。

3. 防水剂

有机硅防水剂，透明液体，主要成分为有机硅烷。

可再分散乳胶粉型号8034H是一种遇水可再分散的憎水性的乙烯/月桂酸乙烯酯/氯乙烯三元共聚胶粉，固含量99%±1%；型号5010N是一种抗皂化的可再分散醋酸乙烯/乙烯共聚胶粉，固含量99%±1%。

三偏磷酸钠（STMP），化学式$Na_3P_3O_9$，产品纯度≥99%。

4. 凝结时间调节剂

硫酸钾（K_2SO_4），产品纯度≥99%。

SMF高效减水剂，产品为磺化三聚氰胺甲醛树脂聚合物经离心喷雾干燥制成的超塑化剂，有效成分95%±2%。

3.2　试验流程

α型石膏基材料试验流程如图3-1所示。

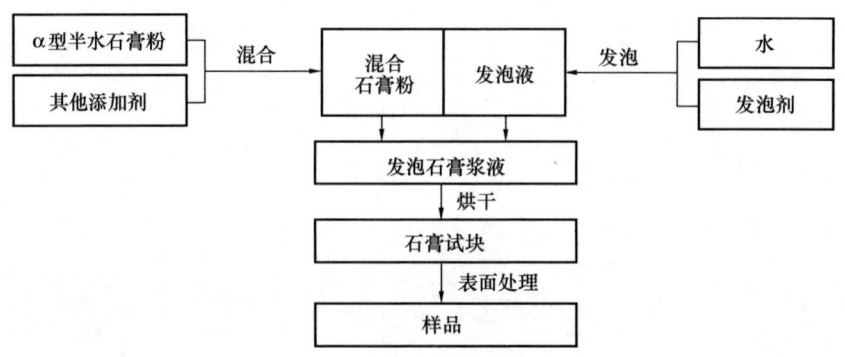

图3-1　α型石膏基材料试验流程

3.3 仪器设备与测试方法

1. 仪器设备

（1）搅拌机

改装高速搅拌机，转速可达 0～8000r/min，双叶搅拌桨可以下降至距离搅拌罐底小于 2mm，搅拌罐容量 1L。

（2）抗折、抗压试验设备

① 抗压抗折试验机 TYE-200B 型，由电脑控制试验过程、显示、记录，符合《天然石材统一编号》（GB/T 17670）的要求。

② 抗压抗折夹具，根据《40mm×40mm 水泥抗压夹具》（JC/T 683）、《水泥胶砂强度检验方法（ISO 法）》（GB/T 17671）的要求定制，三点抗折跨度为 50mm，抗压面积为 20mm×20mm。

③ 试模，根据 GB/T 17671 的要求定制，由三个水平磨槽组成，可同时成型三个 20mm×20mm×20mm 的菱形试块。

（3）凝结时间测定仪

符合《水泥标准稠度用水量、凝结时间、安定性检验方法》（GB/T 1346）等标准的要求。

（4）稠度仪

根据《建筑石膏 净浆物理性能的测定》（GB/T 17669.4）的要求定制。

（5）电热恒温水槽

HHS 型电热恒温水槽，温控范围为 5～100℃。

（6）导热系数测定仪

JW-Ⅲ平板导热系数测定仪（热流计法）测定仪 λ 值为 0.02～0.5W/(m·K)，测量误差±5%之内。

（7）扫描电镜仪（SEM）

S3000N 扫描式电子显微镜。

（8）X 射线衍射仪

荷兰帕纳科射线衍射仪。

（9）鼓风干燥箱

DHG-9240A 型恒温鼓风干燥箱，温度范围为 50～300℃，温度波动±1℃。

（10）恒温恒湿培养箱

SPX-250-C 恒温恒湿培养箱，控温范围为 5～50℃，控湿范围为 50%～95%。

（11）电子分析天平

德国电子分析天平，精度为 0.1mg。

2. 测试方法

（1）试验环境

参照《建筑石膏 一般试验条件》（GB/T 17669.1）的规定：实验室温度为（20±5）℃，实验仪器、设备及材料（试样、水）的温度为室温。空气相对湿度为 65%±10%。

(2) 容重测定

参照《陶瓷砖试验方法 第 3 部分：吸水率、显气孔率、表观相对密度和容重的测定》（GB/T 3810.3—2016）的规定：试样的容重 B（kg/cm³）用试样的干重除以表观体积（包括气孔）所得的商表示。按式（3-1）计算：

$$B = \frac{m}{V} \tag{3-1}$$

式中：B——试样容重，kg/cm³；

　　　m——试样干重，kg；

　　　V——表观体积，cm³。

(3) 抗折强度测试

参照《建筑石膏 力学性能的测定》（GB/T 17669.3—1999）。试验用试件 3 个将试件置于抗折试验机的两根支撑辊上，开动抗折试验机后逐渐增加荷载，最终使试件断裂。记录试件的断裂荷载值或抗折强度值。

抗折强度按式（3-2）计算：

$$R_f = \frac{6M}{b^3} = 0.00234P \tag{3-2}$$

式中：R_f——抗折强度，MPa；

　　　P——断裂荷载，N；

　　　M——弯矩，N·mm；

　　　b——试件方形截面边长，b=40mm。

计算 3 个试件抗折强度平均值，精确至 0.05MPa。

(4) 抗压强度的测定

参照 GB/T 17669.3—1999 对已做完抗折试验后的不同试件上的 3 个半截试件进行抗压试验。将试件置于抗压夹具内，开动抗压试验机，使试件在开始加荷后 20～40s 内破坏。

抗压强度按式（3-3）计算：

$$R_c = \frac{P}{S} = \frac{P}{2500} \tag{3-3}$$

式中：R_c——抗压强度，MPa；

　　　P——破坏荷载，N；

　　　S——试件受压面积，2500mm²。

计算 3 个试件抗压强度平均值，精确至 0.05MPa。

(5) 吸水率测试

用天平准确称量完全干燥试块的质量 m 后，将试块放入 20℃左右的水中浸泡，按宽度方向竖起，试块之间间隔不小于 10mm，上端距水面不小于 20mm。2h 后从水中取出，用干毛巾擦去表面水分，再次称量试块的质量，记为 m'，用式（3-4）计算其吸水率：

$$\beta = \frac{m' - m}{m} \times 100\% \tag{3-4}$$

式中：β——吸水率，%；

　　　m、m'——吸水前、后试块的质量，g。

（6）软化系数测定

取进行试验的试块，其中取同一模具中已做过抗折测试的 6 个半块试样测定其完全干燥状态下的抗压强度，取另外同一模具中饱水状况且已做过抗折测试的 6 个半块试块测定其抗压强度（这里认为吸水 2h 已达到饱水强度）。

$$K_p = \frac{R_m}{R_n} \tag{3-5}$$

式中：K_p——软化系数；

R_m——水饱和时的试件抗压强度，MPa；

R_n——（40＋2）℃烘至绝干时的试件抗压强度，MPa。

（7）导热系数测定

制作尺寸为 200mm×200mm×20mm 的石膏板，采用热流计法测试样品导热系数。

（8）亚微观形貌分析

3～5mm 大小的强度试验碎片喷金后用扫描电镜（SEM）观察。

（9）物相分析

固体粉末样品用粉末 X 射线衍射仪在 2θ 角度 0°～80°范围分析，使用 CuKα 射线，扫描速率为 8°/min。

4 α型高强石膏耐水性与强度

可再分散乳胶粉和有机硅防水剂可提高石膏板材防水性能，三偏磷酸钠（STMP）可提高石膏强度。本章优化添加剂掺量，探讨作用机理，试验在制备发泡石膏的基础上进行，发泡剂掺量固定为水的 0.1%，水膏比固定为 0.4，制备发泡液的搅拌速度为 1500r/min，搅拌时间为 30s。

4.1 可再分散乳胶粉的作用

可再分散乳胶粉是一种建筑用聚合物添加剂，能够提高建筑材料黏合性、弯曲强度、塑性、耐磨性及施工性能。本次选择了两种型号的 VINNAPAS 可再分散乳胶粉用于改善石膏的抗水性能和强度。8034H 是一种遇水可再分散的憎水性的乙烯/月桂酸乙烯酯/氯乙烯三元共聚胶粉，5010N 是一种抗皂化的可再分散醋酸乙烯/乙烯共聚胶粉。

为确定两种可再分散乳胶粉复掺的比例，设定两种乳胶粉的掺量比分别为 1/0、5/1、2/1、1/1、1/2、1/5、0/1，总掺量占石膏粉质量分数的 6%。

图 4-1 显示了可再分散乳胶粉 8034H/5010N 对石膏表观密度的影响，随着比值的改变，石膏的表观密度有一个先减小后增加的趋势，当 8034H/5010N 为 1/1 时，石膏的表观密度最小，表明此时石膏的孔隙率最大。一般情况下，可再分散乳胶粉能增加材料的气含量，由于 5010N 的引气作用，石膏的表观密度降低，随着 5010N 掺量的继续增加，可再分散胶粉影响了发泡浆液泡沫的稳定性，导致石膏表观密度增加。为保持良好的发泡效果，设定 8034H/5010N 的比值为 1/1。

图 4-2 表示可再分散乳胶粉 8034H/5010N 使用量比值对石膏强度的影响，与表观密度的变化趋势相对应，石膏的强度也有一个先降低后增加的过程。强度的变化主要与表观密度相关，石膏浆液中气泡越多，石膏硬化体中气孔越多，表观密度越小，材料的强度随之变小。

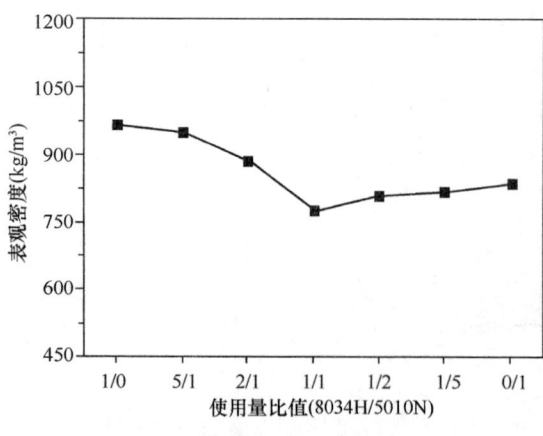

图 4-1 可再分散乳胶粉 8034H/5010N 使用量比值对石膏表观密度的影响

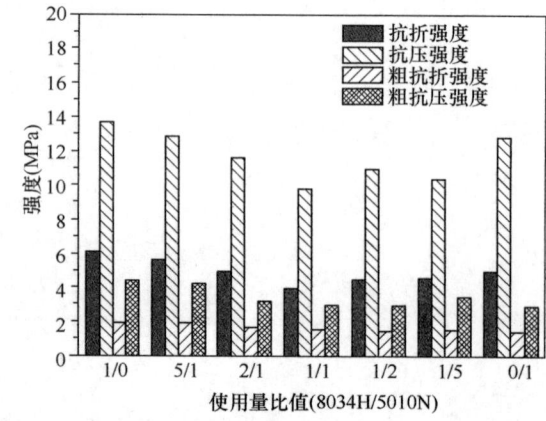

图 4-2 可再分散乳胶粉 8034H/5010N 使用量比值对石膏强度的影响

图 4-3 表示可再分散乳胶粉 8034H/5010N 使用量比值对石膏软化系数的影响,可以看到,石膏的软化系数基本低于 0.4。因为在吸水状态下,石膏强度明显降低,所以软化系数低,这也是石膏不适合在潮湿环境中使用的原因。当 8034H/5010N 取值为 1/1 时,石膏的抗压和抗折、软化系数相对较高,所以取 8034H/5010N 为 1/1。

可再分散乳胶粉的掺量对石膏强度有影响。试验设定两种乳胶粉的掺量比为 1,总掺量占石膏粉的质量分数分别为 0、1%、2%、4%、6%、8%。

图 4-4 显示了混合可再分散乳胶粉用量对石膏表观密度的影响,可以看到,石膏强度随混合可再分散乳胶粉掺量的增加而增加。可再分散乳胶粉遇水再分散,打破原来发泡浆液的平衡,泡沫变小,硬化后的发泡石膏孔隙变得细密,因此石膏的表观密度增加。

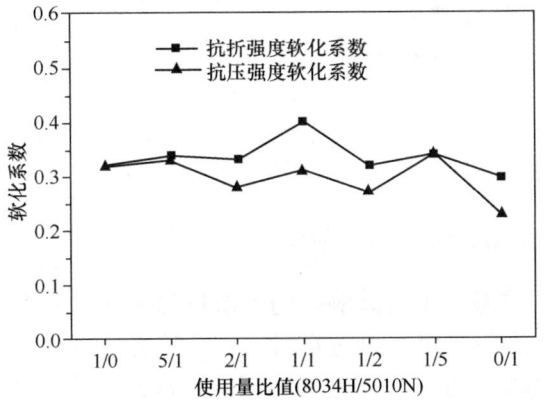

图 4-3 可再分散乳胶粉 8034H/5010N 使用量比值对石膏软化系数的影响

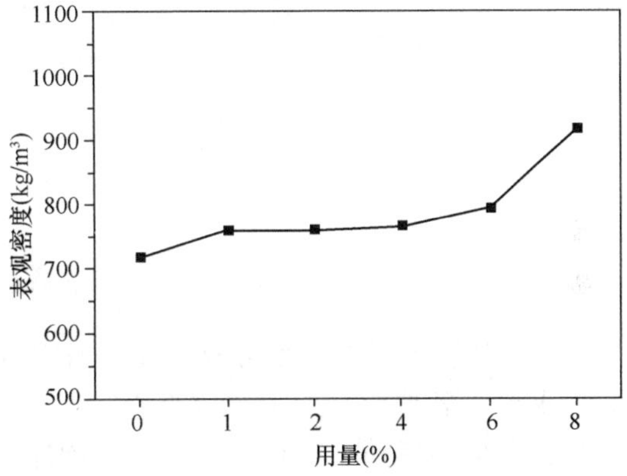

图 4-4 混合可再分散乳胶粉用量对石膏表观密度的影响

图 4-5 显示了混合可再分散乳胶粉用量对石膏强度的影响,与表观密度相对应,随着可再分散乳胶粉掺量的增加,石膏的强度随之增加,但是石膏湿强度几乎不变。结果表明可再分散乳胶粉可以用来增强石膏的柔性和黏合性,改善石膏基材料的抗压强度和抗折强度。

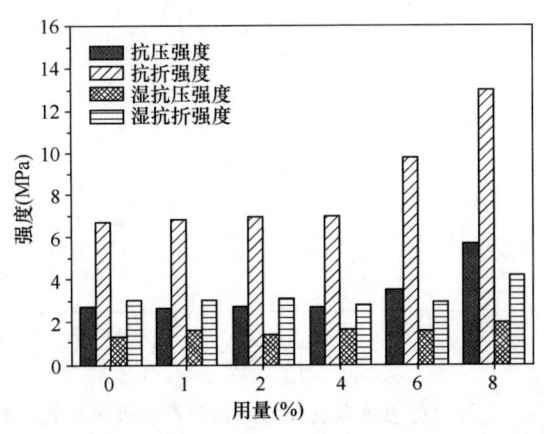

图 4-5 混合可再分散乳胶粉用量对石膏强度的影响

图 4-6 显示了混合可再分散乳胶粉用量对石膏的软化系数的影响,可以看到软化系数变化没有明显规律。当可再分散乳胶粉掺量大于 4% 时,软化系数降低较为明显,随着可再分散乳胶粉掺量的增加,石膏的强度明显增加,但是湿强度的变化不大,因此导致了软化系数降低。

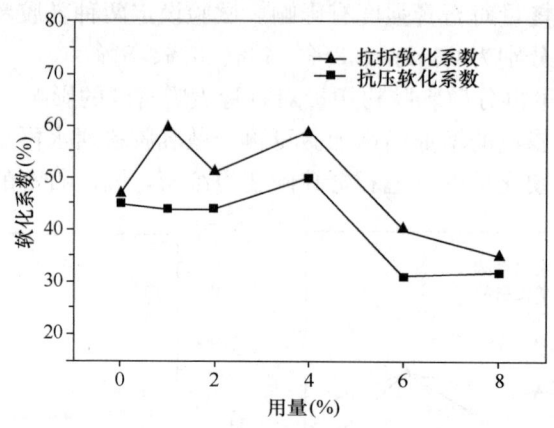

图 4-6　混合可再分散乳胶粉用量对石膏软化系数的影响

图 4-7 显示了混合可再分散乳胶粉用量对石膏吸水率的影响,随着掺量的增加,石膏的吸水率明显减小,从 42% 降低至 15% 左右。主要有两方面的原因:一是随着可再分散乳胶粉掺量的增加,石膏的表观密度增加,孔隙率减小,由于毛细作用进入石膏体系中的水分明显减少;二是 8034H 是憎水型可再分散乳胶粉,8034H 进入水中能够快速分散,随着聚合物膜的形成,含憎水组合的粘结剂会积聚在气孔中,从而使毛细孔吸水率降低,赋予石膏良好的憎水效果。研究也表明,可再分散乳胶粉添加越多,吸水率越低。

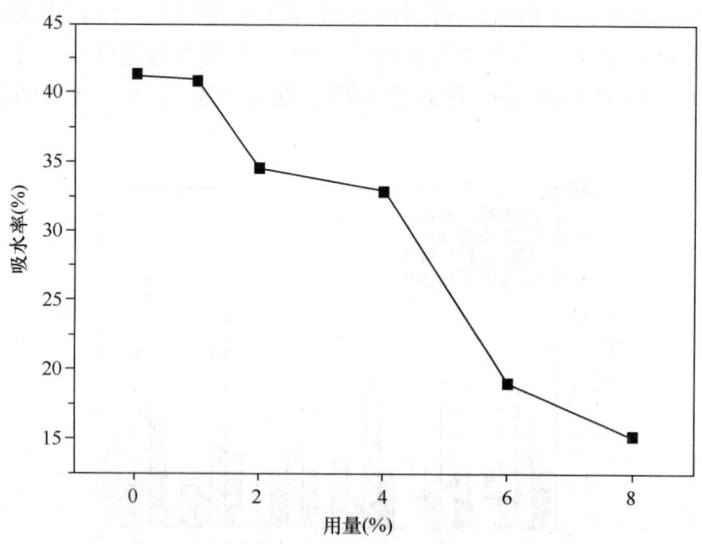

图 4-7　混合可再分散乳胶粉用量对石膏吸水率的影响

4.2 有机硅防水剂的作用

有机硅防水剂通常应用于因具有一定程度的毛细管结构而有吸水性的材料上。由于发泡石膏具有较大的孔隙，毛细管吸水作用导致吸水率较大，因此可以使用有机硅防水剂浸渍石膏板，待溶剂挥发后，有机硅氧烷聚合得到有机硅薄膜，这层疏水膜起到防水作用。然后将硬化后的石膏试块放入有机硅防水剂中浸泡2h，干燥后测试其性能。

1. 有机硅防水剂与石膏强度

图4-8显示了有机硅防水剂使用对石膏强度的影响，与图变化趋势有一点不同，石膏经过有机硅防水剂处理后，随着可再分散乳胶粉掺量增加，石膏块强度增加的同时湿强度也有一定的增加。石膏的湿强度增加，导致软化系数有一定的增加，如图4-9所示，随着可再分散乳胶粉掺量的增加，石膏的软化系数有增加趋势。该结果说明有机硅防水剂的防水作用阻止了水分子进入石膏孔隙进而溶解石膏晶体，从而破坏晶体结构，避免了降低石膏强度。

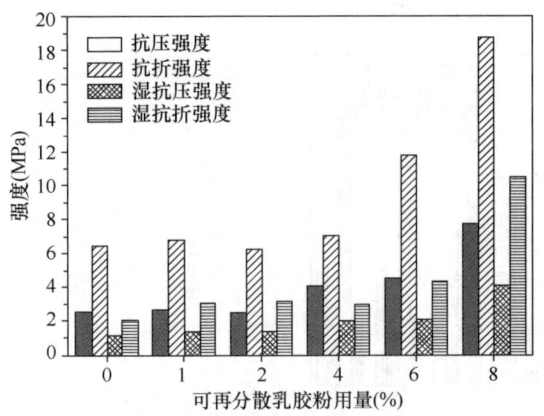

图4-8 有机硅防水剂使用对石膏强度的影响

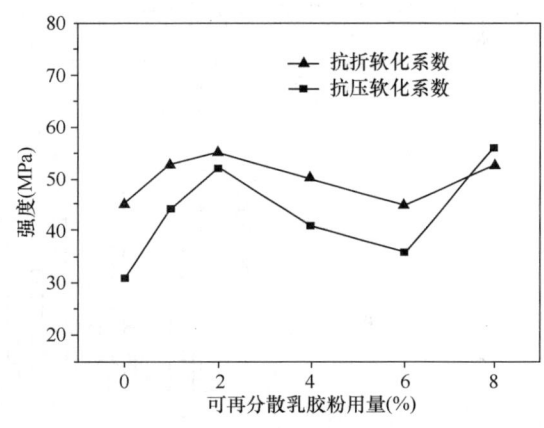

图4-9 有机硅防水剂使用对石膏软化系数的影响

2. 有机硅防水剂与石膏吸水率

图4-10显示了有机硅防水剂对石膏吸水率的影响。可以看到，当可再分散乳胶粉掺量为零时，经过有机硅防水剂浸渍的石膏试块吸水率为13.5%，远远小于发泡石膏吸水率40%（图4-7）。结果表明有机硅防水剂能使石膏具有良好的防水性能。随着可再分散乳胶粉掺量的增加，经过有机硅防水剂浸渍的石膏试块吸水率不断降低，至2%左右，表明有机硅防水剂和可再分散乳胶粉产生了协同作用，使石膏的防水性能大大提高。

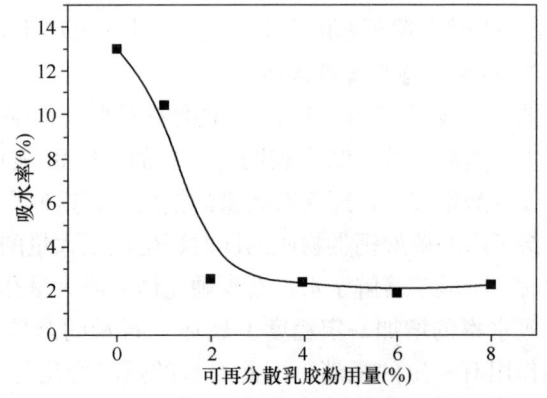

图4-10 有机硅防水剂使用对石膏吸水率的影响

4.3 STMP 的作用

尽管有机硅防水剂可以赋予石膏憎水性，但是石膏晶体之间结合键并没有得到多大的改善，当石膏暴露于水中时，晶体的溶解和晶格的变形仍然导致石膏强度不可逆的降低。湿强度太低限制了石膏在潮湿环境中的使用。

STMP 化学式为 $Na_3P_3O_9$，是一种固体盐，STMP 溶液中含有大量三偏磷酸根离子，STMP 常用来提高墙板的力学性能。本研究将制成浓度分别为 0、2%、4%、6%、8%、10%、15%、20%的溶液，喷涂在干燥后的石膏试块上，喷涂量为 $0.2g/cm^3$ 试块，测试干燥后的石膏性能。

1. STMP 与石膏强度

图 4-11 显示了 STMP 溶液浓度对石膏强度的影响，经过 STMP 溶液喷涂的石膏试块，强度和湿强度明显高于对比试块，随着溶液浓度的增加，石膏强度的变化不大。结果表明，掺入一定浓度的 STMP 能明显提高石膏的强度，特别是湿强度（湿强度的提高有利于石膏在潮湿环境中的使用），但 STMP 溶液浓度增加过多对石膏强度提高的作用不大。

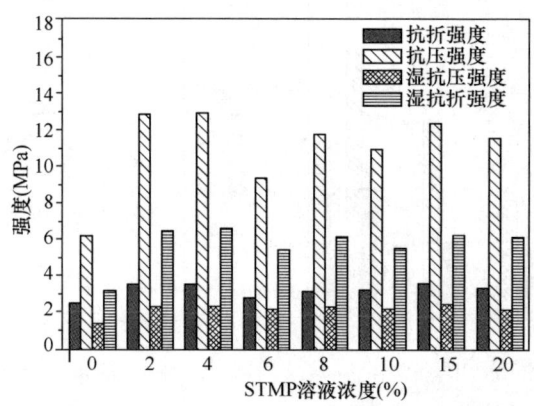

图 4-11　STMP 溶液浓度对石膏强度的影响

图 4-12 显示了 STMP 溶液浓度对石膏软化系数的影响，软化系数随着 STMP 溶液浓度的增加有一个先增加后降低的过程，抗折软化系数最高可达 77%。软化系数的提高表明石膏在吸水状态下强度的降低幅度变小，这与一定量 STMP 对石膏强度的增强作用密不可分。

2. STMP 与石膏吸水率

图 4-13 显示了 STMP 溶液浓度对石膏吸水率的影响，STMP 溶液浓度越高，石膏试块的吸水率越高。试验结果表明，过多的 STMP 破坏了石膏的防水性。STMP 溶液中除了含有三偏磷酸根离子，还含有大量的钠离子，这些离子渗入石膏体系中与硫酸钙缓慢反应，生成不溶于水的硫酸钙类物质的同时还生成了大量的硫酸钠并填充于石膏晶体中。当石膏置于水中时，硫酸钠溶解于水，石膏硬化体形成大量孔隙，反而导致石膏吸水率增加。

吸水率的增加一定程度上破坏了石膏的晶体结构，导致强度降低，与 STMP 的强度增强作用有一定的抵消，因此石膏的强度变化与 STMP 溶液浓度的变化并不呈线性相关，如图 4-11 所示。

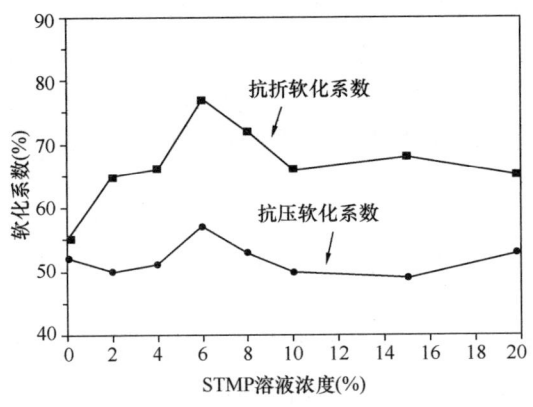

图 4-12 STMP 溶液浓度对石膏软化系数的影响

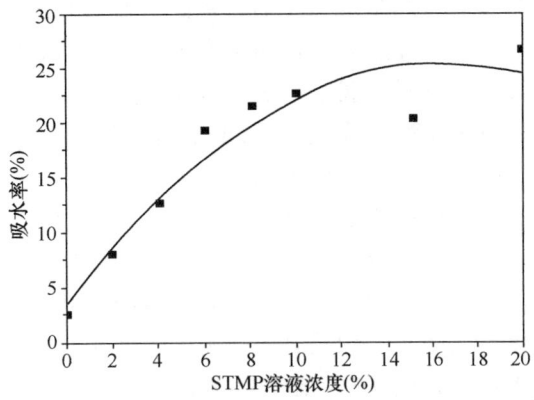

图 4-13 STMP 溶液浓度对石膏吸水率的影响

综上，考虑到产品要求，需要控制 STMP 溶液的浓度。一般来说，选择小于 4% 的 STMP 溶液涂覆，就可以得到满足要求的试验结果。

4.4 石膏耐水机理

通过石膏形貌变化和 XRD 分析，来探索石膏板的防水机理。

图 4-14 显示了可再分散乳胶粉和有机硅防水剂对石膏晶体形貌的影响。其中，

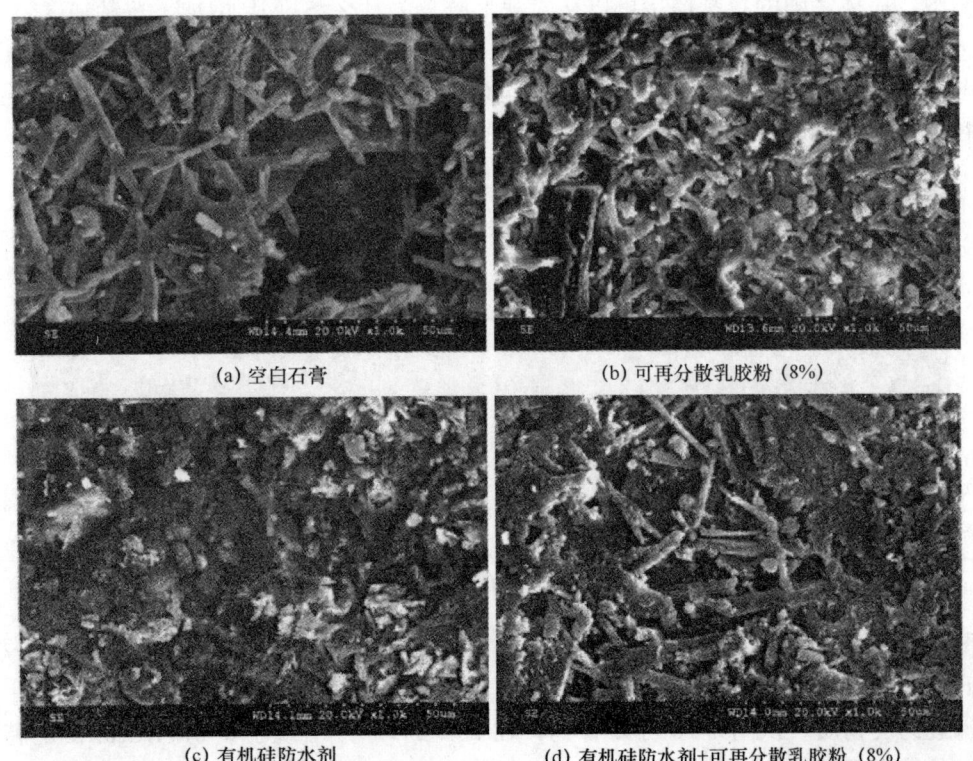

图 4-14 可再分散乳胶粉和有机硅防水剂对石膏晶体形貌的影响

图4-14（a）是空白发泡石膏的微观形貌图，石膏晶体呈长柱状相互搭接。图4-14（b）是加入可再分散乳胶粉的石膏表面微观形貌，石膏晶体变短，晶体之间搭接紧密，晶体表面包裹高分子薄膜，高分子薄膜不仅增强石膏柔性和黏合性，还提高了疏水性能。5010N是一种醋酸乙烯/乙烯共聚胶粉，胶粉在水中水解产生醋酸离子，醋酸离子可以结合石膏溶解再结晶过程析出的钙离子，生成一种有机钙盐醋酸钙。8034H是一种遇水可再分散的憎水性的乙烯/月桂酸乙烯酯/氯乙烯三元共聚胶粉，加入水中后均匀分散，水分子挥发后，聚合形成一层憎水高分子薄膜包裹在石膏晶体表面。图4-14（c）是经过有机硅防水剂浸渍的石膏块的表面微观形貌图，硅氧烷微分子通过表面渗透与水分子和酸碱物质发生化学反应产生羟基团，羟基团吸附在石膏表面，形成一层憎水性薄膜，该薄膜修补细小裂缝且具有透气性，进一步隔绝石膏晶体和水的接触，同时可以看到石膏晶体之间的搭接并不紧密。图4-14（d）是加入可再分散乳胶粉并经过有机硅防水剂浸渍的石膏块表面微观形貌图，晶体之间搭接紧密，且晶体表面和孔隙之间都填充了有机防水膜。通过石膏形貌变化分析可以知道，可再分散乳胶粉和有机硅防水剂的复合作用显著降低了石膏板的吸水率。

图4-15是采用STMP溶液涂覆的石膏样品与对比石膏样品的微观形貌图，其中图4-15（a）是没有涂覆STMP的石膏样品表面，石膏晶体呈短柱状，无规则搭接在一起，表面包裹一层聚合有机膜，石膏晶体之间存在一定缝隙。图4-15（b）是经过涂覆STMP的石膏样品，石膏晶体致密地搭接在一起，表面均匀地覆盖一层有机聚合防水膜。图片结果表明，STMP渗入石膏体系中，缓慢发生反应，生成不溶于水的硫酸钙，并填充于石膏晶体中，晶体之间的致密搭接可以从宏观上解释为什么STMP增加了石膏强度。

另外，如图4-15（b）所示，在石膏表面析出一些白色晶体，这是硫酸根离子与STMP溶液中的钠离子生成了硫酸钠晶体。硫酸钠易溶于水，这些晶体脱落或者遇水溶出，在石膏内部形成孔隙，反而增加了石膏的吸水率。

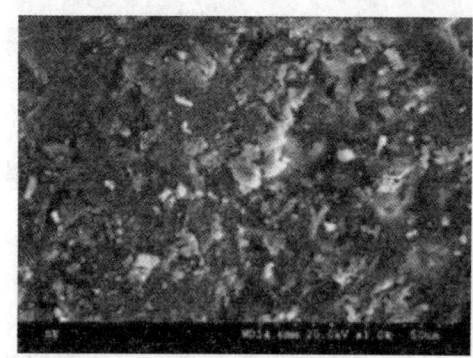 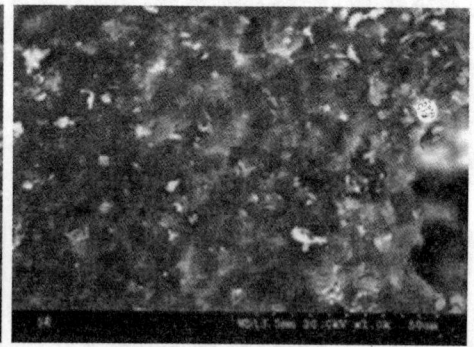

(a) 未加入STMP的样品　　　　(b) 加入STMP的样品

图4-15　STMP对石膏晶体形貌的影响

图4-16是采用溶液涂覆的石膏试块和对比石膏试块的表层物质的XRM物相分析图，STMP溶液中含有大量三偏磷酸钠离子，随水进入石膏晶体，替换硫酸根离子，生成一些硫磷酸钙类物质。从图4-16可以看到，在$2\theta=17.6°$处出现了矿物Ardealite的特征衍射峰，另外出现了数个矿物Brushite的衍射峰，表示在石膏晶体之间，生成了一些硫磷

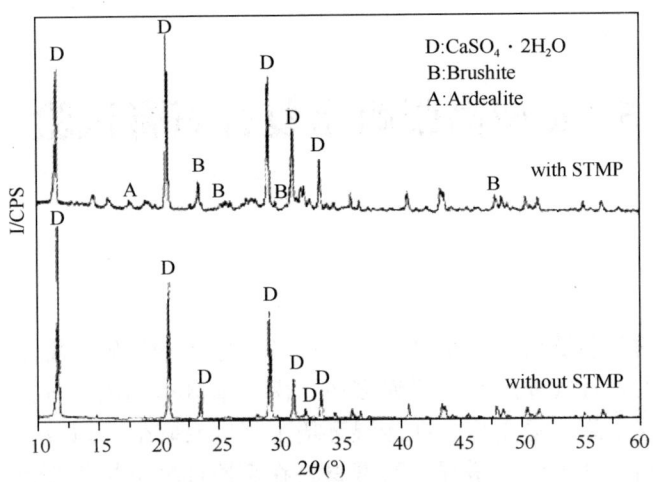

图 4-16 STMP 掺入后石膏表面物相分析

酸钙类混合物。

HPO_4^{2-} 与 SO_4^{2-} 有相似的离子半径，HPO_4^{2-} 可以从微观结构上取代石膏晶体中的 SO_4^{2-}，形成矿物磷石膏 $Ca_2HPO_4SO_4 \cdot 4H_2O$。使用多元磷酸来合成难溶的硫磷酸固溶体，得到了石膏晶体和透钙磷石 $CaHPO_4 \cdot 2H_2O$，这些物质可以降低石膏水化产物溶解度，有利于石膏用作外墙建筑材料。

STMP 加入硫酸钙中，形成的磷酸钙类物质晶体更加粗大且溶解度更低，从微观上解释了 STMP 对石膏强度的增强作用。

通过两类有机化合物复合作用来改善石膏的耐水性能，并采用 STMP 溶液来增强石膏的强度，得到以下结果：

(1) 两种可再分散乳胶粉 8034H 和 5010N 的最佳复配比例为 1/1。当混合掺量为 8% 时，石膏吸水率降低至 15%。单独使用有机硅防水剂能使石膏吸水率降低至 13%。可再分散乳胶粉和有机硅防水剂协同使用，可将石膏的吸水率降低至 2%。STMP 溶液浸泡提高了石膏板的强度和湿强度，有利于石膏在潮湿环境的使用。

(2) 可再分散乳胶粉和有机硅防水剂联合使用，使得石膏水化后的石膏晶体呈致密镶嵌状，提高了石膏板的强度；石膏晶体表面覆盖憎水有机薄膜，以及 STMP 溶液处理后生成的磷酸钙壳层，都提高了石膏板的防水性能。

5 α型高强耐水复合石膏试验

5.1 概述

当下建筑石膏的明显缺点是耐水性差。全国各个地区的气候环境不同,高原环境的气候特点是昼夜温差大,且气候严寒、干燥多风;南方地区多阴雨天气。在此情况下,石膏材料水分蒸发快、易干裂、易受冻,在冷湿环境下强度易降低。以α型高强石膏为主,掺入各种防水剂、树脂、纤维后,增强了石膏材料在高原环境下抗折强度、抗压强度的力学性能及耐水性能。

注:因时间原因,本书实验均以《建筑石膏》(GB/T 9776—2008)为标准,阅读时注意对照最新标准。

5.2 原材料

1. 石膏粉

α型高强石膏粉的性能见表5-1。

表5-1 α型高强石膏粉的性能

900孔筛筛余(%)	标稠需水量(%)	初凝(min)	终凝(min)	干抗折强度(MPa)	干抗压强度(MPa)
5.8	67	5	10	8.9	22.5

2. 复合材料

试验中添加了2种纤维,纤维具体性能指标见表5-2。

表5-2 MAMF纤维性能指标

规格(mm)	抗拉强度(MPa)	弹性模量(MPa)	密度(g/cm^3)	熔点(℃)	比表面积(m^2/g)	掺量(kg/m^3)	裂纹减少量(%)
0.25/0.01	24~34	300~1600	0.5	1520	13~22	0.6/1.2	76.1~100

3. 树脂

采用196号、191号不饱和树脂。

4. 外加剂

硬脂酸($C_{18}H_{36}O_2$)、乙酸乙酯($CH_3COOC_2H_5$)、有机硅系消泡剂。

5.3 试验方法

1. 高强耐水复合试件

按《建筑石膏》(GB/T 9776—2008)试验标准:分别将石膏粉和聚丙乙烯纤维、

MAMF纤维在搅拌锅中干拌2～4min直至均匀,加水500g搅拌2～3min,然后将调好的树脂、醇、酸等的混合液倒入搅拌锅再搅拌2～4min,制成石膏浆,装入40mm×40mm×160mm试模成型,测定其凝结时间和其他指标。具体试验流程如图5-1所示。

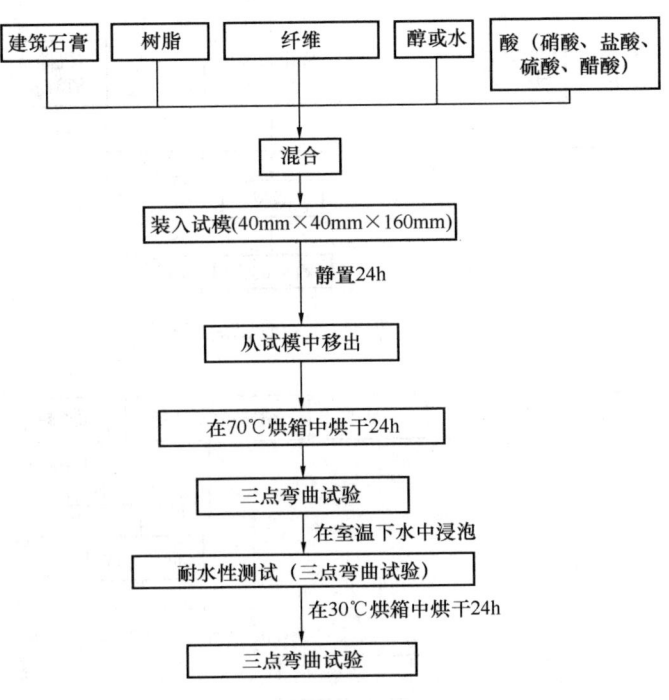

图5-1 纤维复合耐水石膏试验流程图

2. 乳液复合试件

按《建筑石膏》(GB/T 9776—2008)试验标准:先将2kg高强石膏粉和4g硬脂酸混合放置8h待用;取20%树脂(以石膏质量计)+苯乙烯或醋酸乙烯调成树脂乳液待用;取100g石膏粉在搅拌锅中干拌2～4min直至均匀;加水搅拌2～3min,然后将调好的不饱和树脂乳液及有机硅系消泡剂倒入搅拌锅再搅拌2～4min,制成石膏浆,装入40mm×40mm×160mm试模成型,测定其凝结时间,然后做耐水试验。具体试验流程如图5-2所示。

3. 掺入防水粉对高强复合石膏的影响及试验结果

按《建筑石膏》(GB/T 9776—2008)试验标准:先将1000g石膏和不同掺量的防水粉在搅拌锅中干拌2～4min直至均匀;加水550g,然后将混合石膏浆在搅拌锅中搅拌2～3min,制成石膏浆,装入40mm×40mm×160mm试模成型,测定其凝结时间和其他指标。具体试验流程如图5-3所示。

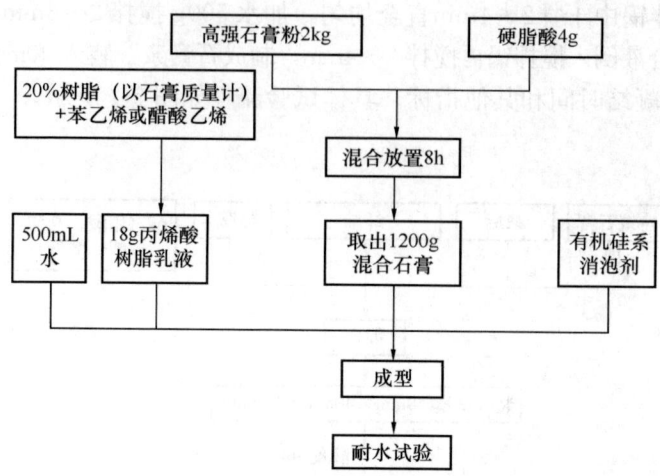

图 5-2 乳液复合耐水石膏试验流程图

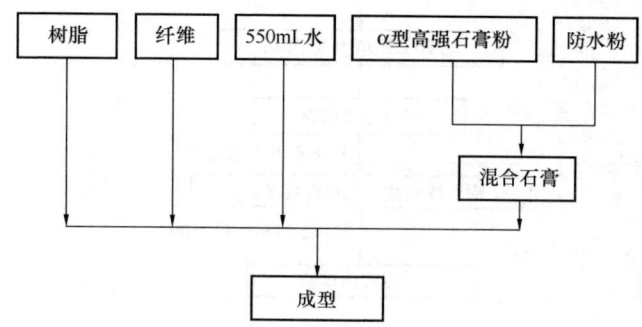

图 5-3 防水复合耐水石膏试验流程图

5.4 试验配合比设计及试验结果

1. 高强耐水复合石膏试验配合比设计及试验结果

（1）纤维种类对石膏材料性能的影响

采用α型高强石膏粉，根据试验步骤在石膏粉中分别添加不同的两种纤维，同时混合配置的树脂、醇、酸的混合液制成试验耐水复合石膏，按《建筑石膏》（GB/T 9776—2008）试验标准进行石膏基本性能的对比试验，测试结果比较见表 5-3。

表 5-3 石膏基本性能对比结果

试验编号	组分[a]					70℃烘干的强度（MPa）		水中浸泡24h后的强度（MPa）	
	树脂(g)	纤维(g)	醇(g)	水(g)	酸(g)	抗折	抗压	抗折	抗压
1	100[b]	10[m]	50[s]	500	15[e]	3.56	20.8	1.28	15.39
2	100[b]	10[n]	50[s]	500	15[e]	1.0	19.26	—	10.87

续表

试验编号	组分(a)					70℃烘干的强度（MPa）		水中浸泡24h后的强度（MPa）	
	树脂（g）	纤维（g）	醇（g）	水（g）	酸（g）	抗折	抗压	抗折	抗压
3	100(b)	15(m)	50(s)	500	15(e)	3.97	21.33	1.356	15.13
4	100(b)	15(n)	50(s)	500	15(e)	1.59	19.55	0.154	11.109
5	100(b)	20(m)	50(s)	500	15(e)	4.62	22.36	1.686	17.05
6	100(b)	20(n)	50(s)	500	15(e)	2.41	20.8	0.55	11.4
7	100(b)	25(m)	50(s)	500	15(e)	5.28	21.8	1.81	16.33
8	100(b)	25(n)	50(s)	500	15(e)	3.48	19.6	1.1	11.85
9	100(b)	30(m)	50(s)	500	15(e)	6.2	21.46	2.1	15.8
10	100(b)	30(n)	50(s)	500	15(e)	4.51	19.45	1.193	14.083
11	100(b)	35(m)	50(s)	500	15(e)	7.28	21.1	3.48	15.14
12	100(b)	35(n)	50(s)	500	15(e)	6.28	19.1	2.52	12.96
13	100(b)	40(m)	50(s)	500	15(e)	8.5	20.47	3.86	13.33
14	100(b)	40(n)	50(s)	500	15(e)	8.2	18.5	3.66	12.71

注：(a) α型高强石膏1000g；(b) 196号树脂；(e) 乙（醋）酸0.5mol/dm³；(m) MAMF纤维；(n) 聚丙烯纤维；(s) 甲醇。

由表5-3可见，α型高强石膏粉中掺入一定量的纤维和外加混合液后，石膏材料性能变化如下：

m纤维较n纤维对石膏力学性能的改善更为显著，石膏的耐水性能也有较大提高，这是由于当纤维与石膏基体复合时，界面上的有机乳液与基体的水化产物相互扩散，从而形成柔性界面层，该界面层松弛了成型过程中造成的附加应力，使复合材料的整体强度和耐水性能得到了显著的提高，并且掺入20g的m纤维时，各种条件下抗压性能达到最佳。同时，通过纤维掺入量的不同也可以看出，短纤维的加入对细小裂缝更有黏合力，更能增加其整体强度和耐水性（图5-4～图5-6）。

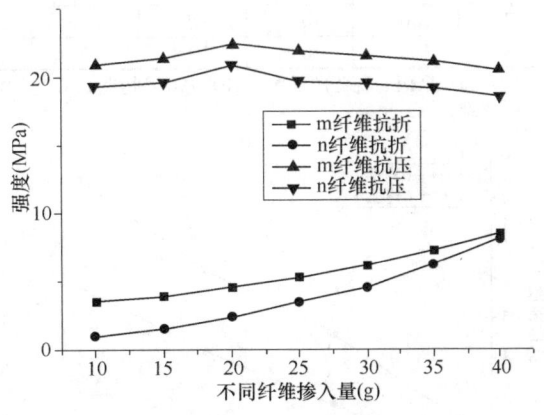

图5-4 掺入不同纤维70℃烘干石膏抗压强度、抗折强度

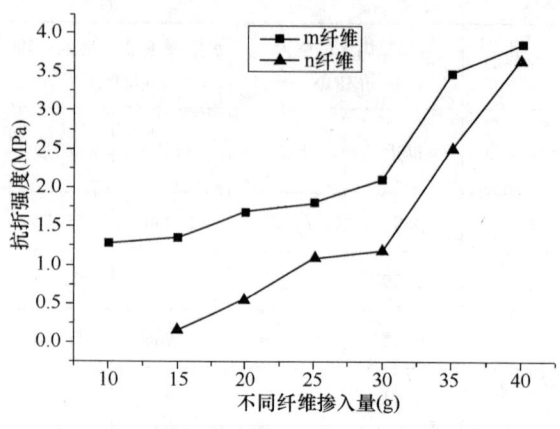
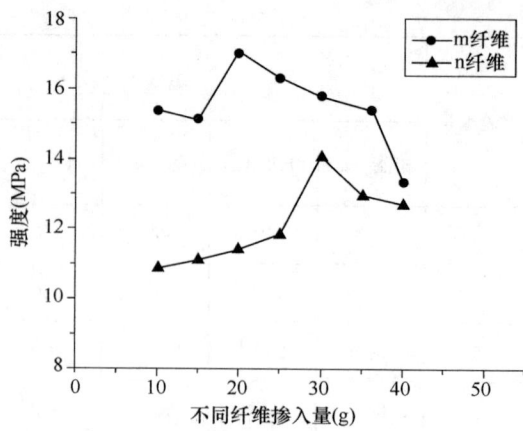

图 5-5 掺入不同纤维浸泡 24h 后石膏抗折强度　　图 5-6 掺入不同纤维浸泡 24h 后石膏抗压强度

(2) 树脂对石膏材料性能的影响

选取 α 型高强石膏粉,根据试验步骤在石膏粉中分别添加不同的两种树脂,同时混合配置的纤维、醇、酸的混合液制成试验耐水复合石膏,按《建筑石膏》(GB/T 9776—2008) 试验标准进行基本性能的对比试验,测试结果比较见表 5-4。

表 5-4　高强耐水复合石膏配合比设计

试验编号	组分[a]					70℃烘干强度 (MPa)		水中浸泡 24h 后的强度 (MPa)	
	树脂 (g)	纤维 (g)	醇 (g)	水 (g)	酸 (g)	抗折	抗压	抗折	抗压
1	100[b]	10[m]	50[s]	500	15[e]	2.42	12.05	1.02	9.89
2	100[c]	10[m]	50[s]	500	15[e]	1.42	10.13	—	8.34
3	100[b]	20[m]	50[s]	500	15[e]	4.62	22.46	1.686	17.05
4	100[c]	20[m]	50[s]	500	15[e]	2.87	19.1	1.38	14.01
5	100[b]	30[m]	50[s]	500	15[e]	6.2	20.6	2.1	15.8
6	100[c]	30[m]	50[s]	500	15[e]	4.2	17.6	1.76	13.39
7	100[b]	40[m]	50[s]	500	15[e]	8.5	17.2	3.86	13.33
8	100[c]	40[m]	50[s]	500	15[e]	5.84	14.4	1.91	12.689

注：(a) 采用 α 型高强石膏；(b) 196 号树脂；(c) 191 号树脂；(e) 乙 (醋) 酸 0.5mol/dm³；(m) MAMF 纤维；(s) 甲醇。

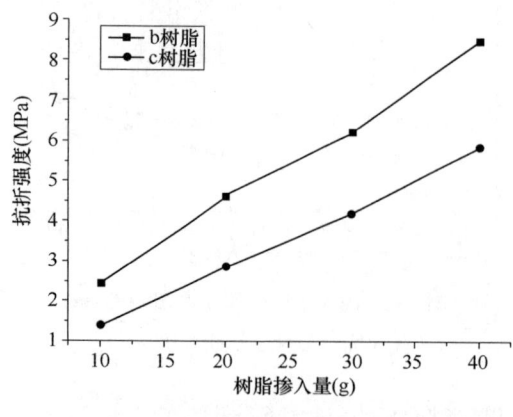
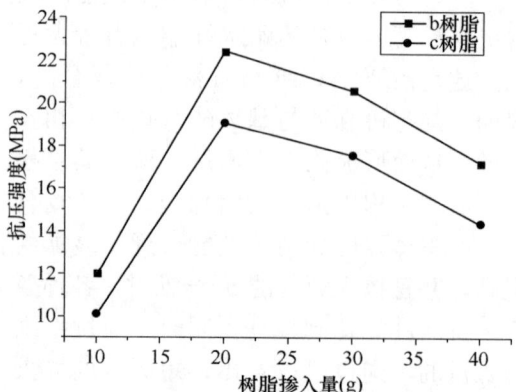

图 5-7　掺入不同树脂 (70℃烘干) 石膏抗折强度　　图 5-8　掺入不同树脂 (70℃烘干) 石膏抗压强度

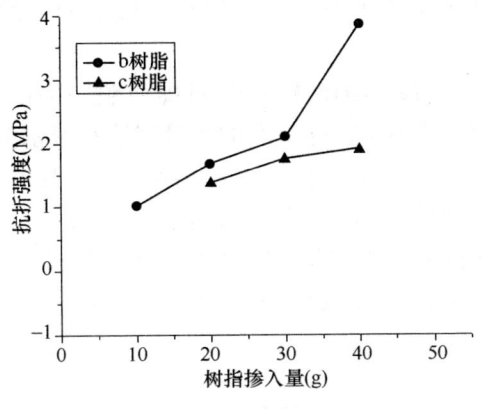

图 5-9 掺入不同树脂水中浸泡 24h 石膏抗折强度

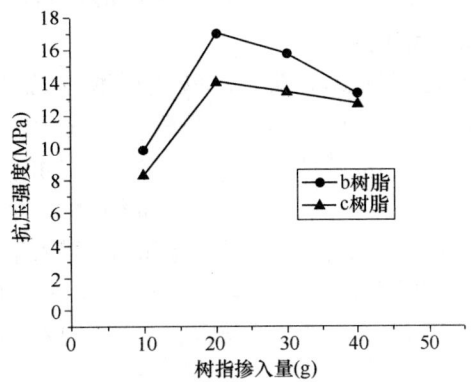

图 5-10 掺入不同树脂水中浸泡 24h 石膏抗压强度

由表 5-4 可见，α 型高强石膏粉中掺入不同树脂和外加混合液后，性能变化如下：

在其他复合材料掺入量基本不变的条件下，b 树脂对石膏耐水性能的改善较 c 树脂明显，是由于当纤维与石膏基体复合时，掺入 b 树脂后较 c 树脂可以增强纤维和石膏的黏合力，促进石膏复合体的抗折强度、抗压强度提高，也使石膏的耐水性有较大提高。

(3) 酸对石膏材料性能的影响

由于建筑石膏的凝结硬化快，施工的可操作时间短，一般只有十几分钟，甚至几分钟，极大地限制了建筑石膏的应用。掺加缓凝剂可以有效地调节建筑石膏的凝结时间，提高其施工的可操作性能。根据试验步骤在石膏粉中分别添加不同的酸类缓凝剂，同时混合配制树脂、醇、酸的混合液制成试验耐水复合石膏，按《建筑石膏》(GB/T 9776—2008) 试验标准进行基本性能的对比试验，测试结果比较见表 5-5。

表 5-5 高强耐水复合石膏配合比设计

试验编号	组分 (a)					70℃烘干强度 (MPa)	水中浸泡 24h 强度 (MPa)	30℃干燥强度 (MPa)
	树脂 (g)	纤维 (g)	醇 (g)	水 (g)	酸 (g)	抗压	抗压	抗压
1	100(b)	20(m)	50(s)	500	15(e)	22.46	17.05	19.91
2	100(b)	20(m)	50(s)	500	15(d)	21.3	16.2	18.61
3	100(b)	20(m)	50(s)	500	15(f)	20.9	15.41	17.34
4	100(b)	20(m)	50(s)	500	15(g)	18.56	12.22	13.78
5	100(b)	20(m)	50(s)	500	10(e)	21.1	11.56	13.5
6	100(b)	20(m)	50(s)	500	10(d)	16.44	10.54	10.42
7	100(b)	20(m)	50(s)	500	10(f)	12.05	9.7	10.26
8	100(b)	20(m)	50(s)	500	10(g)	10.1	8.33	8.75
9	100(b)	20(m)	50(s)	500	5(e)	16.92	6.365	10.06
10	100(b)	20(m)	50(s)	500	5(d)	12.48	6.127	7.405
11	100(b)	20(m)	50(s)	500	5(f)	5.124	5.67	7
12	100(b)	20(m)	50(s)	500	5(g)	3.767	4.965	6.36

注：(a) α 型高强石膏；(b) 196 号树脂；(d) 盐酸 1mol/dm^3；(e) 乙（醋）酸 0.5mol/dm^3；(f) 硫酸 0.5mol/dm^3；(g) 草酸 0.5mol/dm^3；(m) MAMF 纤维；(s) 甲醇。

由表 5-5 可见，根据掺入不同酸类对高强耐水复合石膏强度和凝结时热效应的影响，得出如下结论：

硫酸、草酸、盐酸、乙酸或醋酸是石膏凝结的缓凝剂，初凝时间排列顺序为：乙酸（5min）＞盐酸（4.5min）＞草酸（3.5min）＞硫酸（3min）。这些酸的当量溶液和摩尔溶液，在一定程度上能减缓石膏的凝结过程，同时，在缓凝的过程中增强了凝结石膏的强度。如图 5-11～图 5-13，在不同状态下加入硫酸、草酸、盐酸、乙酸或醋酸后的抗压强度变化可以说明，当加入相同树脂、纤维、醇和不同掺入量的不同酸，乙酸在 70℃烘干、浸水 24h，30℃干燥后抗压强度最高。70℃烘干后加入 15g 乙酸抗压强度 22.46MPa，浸水 24h 后加入 15g 乙酸抗压强度 17.0MPa；30℃干燥后加入 15g 乙酸抗压强度 19.91MPa。

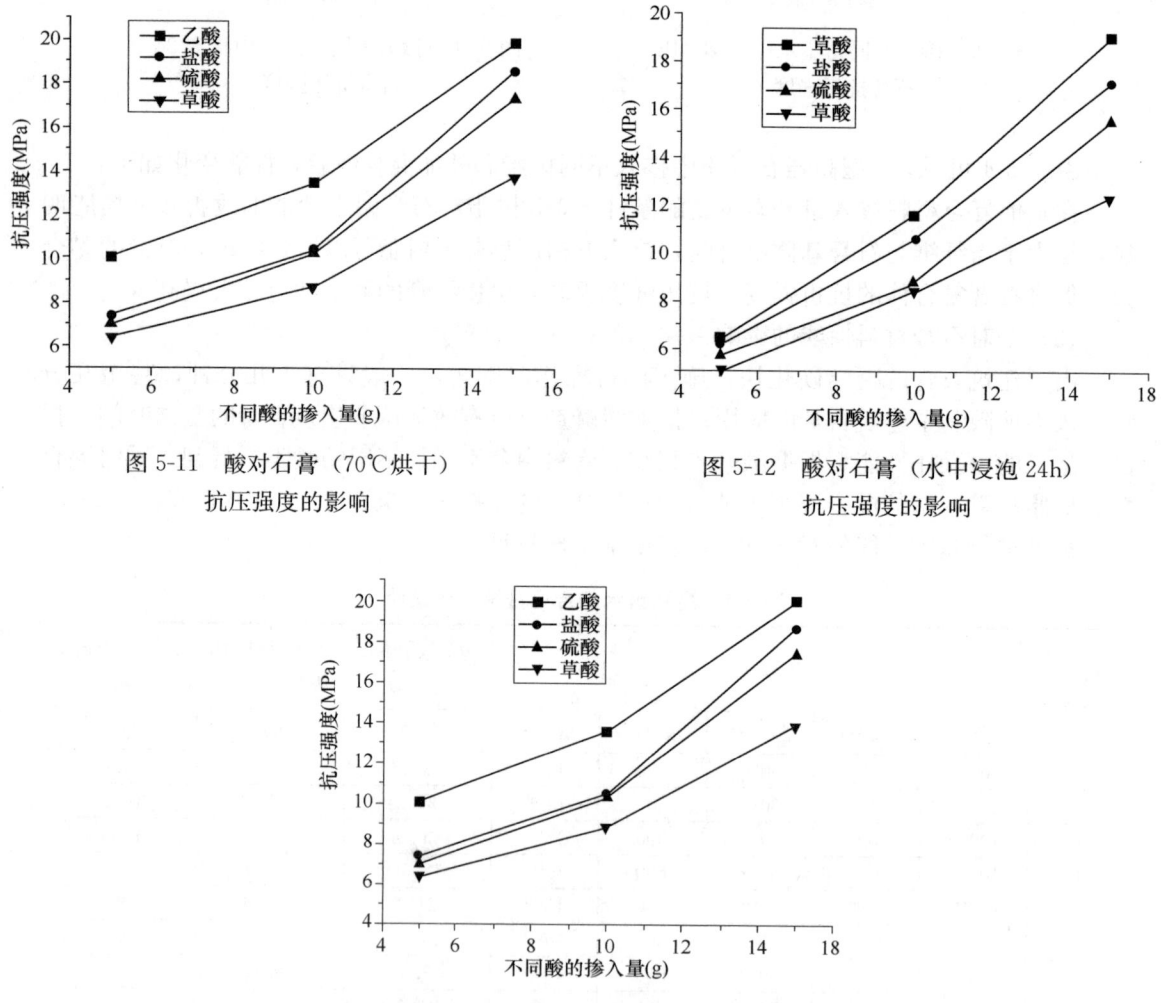

图 5-11 酸对石膏（70℃烘干）抗压强度的影响

图 5-12 酸对石膏（水中浸泡 24h）抗压强度的影响

图 5-13 酸对石膏材料（30℃干燥）抗压强度的影响

2. 高强乳液耐水复合石膏试验配合比设计及试验结果

采用 α 型高强石膏粉，根据试验步骤在高强石膏粉中添加硬脂酸构成混合石膏，然后添加不饱和树脂乳液及有机硅系消泡剂配制成试验乳液复合石膏，按《建筑石膏》（GB/T 9776—2008）试验标准进行基本性能的对比试验，测试结果比较见表 5-6。

表 5-6 高强乳液耐水复合石膏配合比设计及强度

试验编号	组分(a)						静置24h强度(MPa)		70℃烘干后强度(MPa)		浸水24h后强度(MPa)		30℃干燥后强度(MPa)		软化系数
1	乳液（60R）4:1		水(g)	石膏(g)	硬脂酸(g)	消泡剂(g)	抗折	抗压	抗折	抗压	抗折	抗压	抗折	抗压	0.72
	树脂(g)	醋酸乙烯(g)													
	200(b)	5(J)	500	1200(a)	2(I)	5(x)	4.53	17.1	7.35	38.37	2.82	10.94	4.91	15.19	
2	乳液（72R）		水(g)	石膏(g)	硬脂酸(g)	消泡剂(g)	抗折	抗压	抗折	抗压	抗折	抗压	抗折	抗压	0.71
	树脂(g)	醋酸乙烯(g)													
	240(b)	6(J)	500	1200(a)	3(I)	5(x)	1.42	14.91	5.64	20.48	1.55	7.02	3.30	9.85	
3	乳液（60R）		水(g)	石膏(g)	硬脂酸(g)	消泡剂(g)	抗折	抗压	抗折	抗压	抗折	抗压	抗折	抗压	0.68
	树脂(g)	醋酸乙烯(g)													
	200(b)	5(J)	500	1200(a)	0	5(x)	4.13	16.45	7.13	34.2	2.70	10.2	4.8	14.82	

注：(a) α型高强石膏；(b) 196号树脂；(I) 硬脂酸；(J) 醋酸乙烯；(x) 消泡剂。

由表 5-6 可见，α型高强石膏粉中添加比例为 4:1 树脂、醋酸乙烯外加乳液后，掺入硬脂酸性能变化如下：

在 α 型高强石膏粉和外加乳液的混合材料加入硬脂酸，随着硬脂酸掺量的增加，石膏复合体的抗压强度、抗折强度先增大后减小。根据《中国石膏专业最新标准汇编》的规定，石膏的软化系数应达到 0.60～0.85，以满足改善石膏耐水性的要求。本试验改性后的最佳软化系数为 0.72，显著改善建筑石膏的耐水性（图 5-14、图 5-15）。

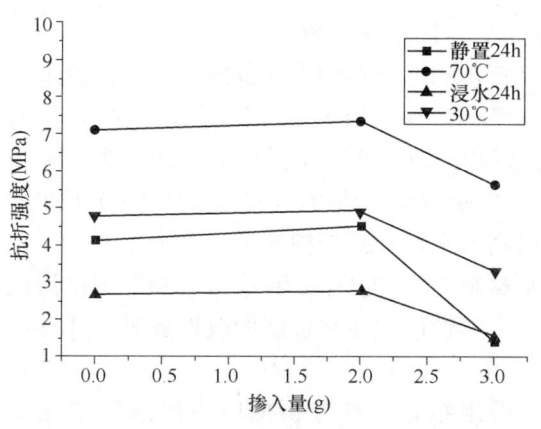

图 5-14 硬脂酸掺入量对石膏抗折强度的影响

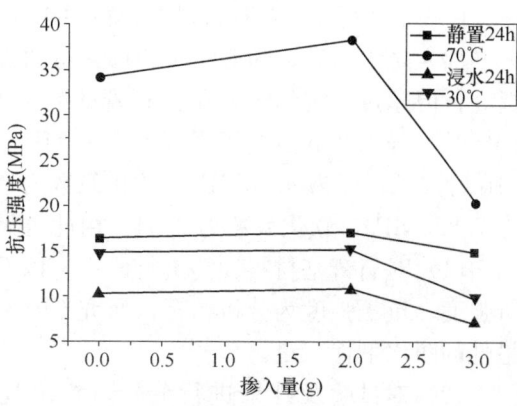

图 5-15 硬脂酸掺入量对石膏抗压强度的影响

3. 掺入防水粉对高强复合石膏的影响及试验结果

采用α型高强石膏粉，根据试验步骤在高强石膏粉中添加防水粉配置成复合石膏，按《建筑石膏》（GB/T 9776—2008）试验标准进行基本性能的对比试验，测试结果比较见表5-7，图5-16和图5-17。

表5-7 掺入防水粉对高强复合石膏性能的影响

试验编号	组分					70℃烘干后强度（MPa）		浸水24h后强度（MPa）		30℃干燥后强度（MPa）		软化系数
	树脂(g)	纤维(g)	水(g)	石膏(g)	防水粉(g)	抗折	抗压	抗折	抗压	抗折	抗压	
1	00(b)	20(m)	550	1000(a)	100(L)	5.78	20.94	2.81	7.27	3.99	12.25	0.59
2	100(b)	20(m)	550	1000(a)	200(L)	6.275	22.42	2.95	9.23	5.38	15.04	0.61
3	00(b)	20(m)	550	1000(a)	300(L)	3.86	17.6	2.467	7.825	5.28	14.375	0.54
4	100(b)	20(m)	550	1000(a)		5.43	20.71	2.86	7.39	4.77	14.6	0.5

注：(a) α型高强石膏 (b) 196号树脂；(m) MAMF纤维；(L) 防水粉。

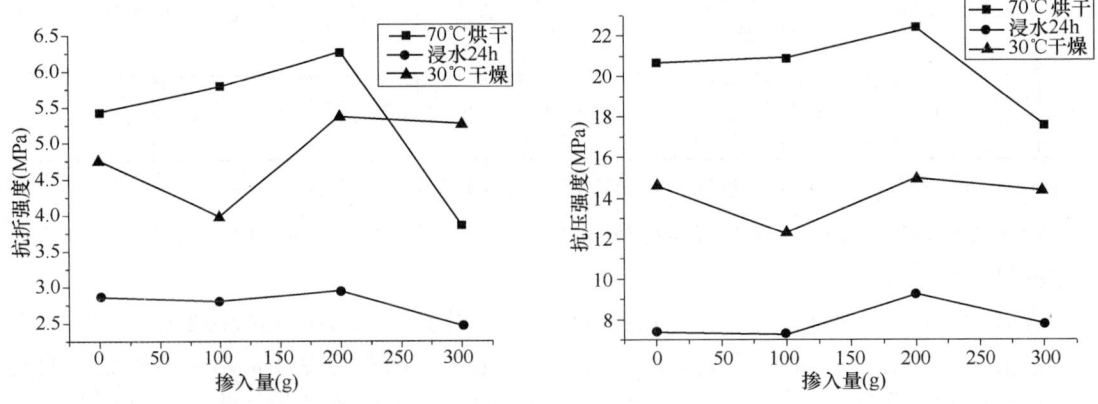

图5-16 防水粉不同掺入量对石膏抗折强度的影响　图5-17 防水粉不同掺入量对石膏抗压强度的影响

由表5-7可见，α型高强石膏粉中掺入防水粉后，性能变化如下：

加入防水粉后，随着防水粉掺入量的提高，石膏的软化系数指标也提高了，即耐水性提高，但超过一定的掺入量，石膏的耐水性又会降低。以浸水24h后为例，当掺入量为10％时，浸水24h后抗压强度为7.27MPa，软化系数为0.59。当掺入量为20％时，浸水24h后抗压强度为9.23MPa，软化系数为0.61。当掺量为30％时，浸水24h后抗压强度为7.825MPa，软化系数为0.54。由此可见，提高耐水性的最佳掺入量为20％。

（1）对石膏基材料性能进行研究，以石膏基材料70℃烘干、24h饱水、30℃干燥后抗折强度、抗压强度为分析指标，研究石膏基材料力学性能、耐水性能的改性效果，并得出最佳的防水剂掺入量。

（2）对试验及结果进行分析，找出规律，得出结论，并分析原因。得出的结论主要有：

① 在α型高强石膏粉中加入不同掺入量的m纤维和n纤维，分别在70℃烘干、24h

饱水的状态下，m 纤维较 n 纤维对石膏力学性能的改善更为显著，石膏的耐水性能也有较大提高。这是由于当纤维与石膏基体复合时，界面上的有机乳液与基体的水化产物相互扩散，从而形成柔性界面层，该界面层松弛了成型过程中造成的附加应力，使复合材料的整体强度和耐水性能得到显著的提高。并且 m 纤维在掺入 20g 时，各项指标性能达到最佳配合比。同时，通过纤维掺入量的不同也可以看出，短纤维的加入对细小裂缝更有黏合力，更能增加其整体强度和耐水性。在其他复合材料掺入量基本不变的条件下，选取 2g 的 m 纤维为定量，加入不同掺入量的 b 树脂和 c 树脂，分别在 70℃烘干、24h 饱水的状态下，b 树脂较 c 树脂对石膏力学性能的改善更为显著，石膏的耐水性能也有较大提高。这是由于当纤维与石膏基体复合时，掺入 b 树脂后较 c 树脂更能增强纤维和石膏的黏合力，促进石膏复合体的抗折强度、抗压强度，也使石膏的耐水性有较大提高。

由此得出在 1000g 高强石膏中掺入 20g 的 m 纤维，100g 的 b 树脂，15g 的 e 酸是最佳配合比。

② 在 α 型高强石膏粉中加入硬脂酸，随着硬脂酸掺量的增加，石膏复合体的抗压强度、抗折强度先增大后减小。在加入 2g 时达到峰值。根据《中国石膏专业最新标准汇编》的规定，石膏的软化系数应达到 0.60~0.85，以满足改善石膏耐水性的要求。本试验改性后的最佳软化系数为 0.72，基本达到改善建筑石膏耐水性的要求。建筑石膏中加入消泡剂，试验中可显著改善因气泡产生较多带来的弊端，进而提高石膏的耐水性。

③ 在 α 型高强石膏粉中加入防水粉后，随着防水粉掺入量的提高，石膏的软化系数也提高，即耐水性提高，但超过一定的掺量，石膏的耐水性又会降低。以浸水 24h 后为例，当掺入量为 10%时，浸水 24h 后抗压强度为 7.27MPa，软化系数为 0.59。当掺量为 20%时，浸水 24h 后抗压强度为 9.23MPa，软化系数为 0.61。当掺入量为 30%时，浸水 24h 后抗压强度为 7.825MPa，软化系数为 0.54。由此可见，提高耐水性的最佳掺入量为 20%。

从以上数据来看，在 α 型高强石膏粉中做了三种不同掺和量的试验，分析石膏在每一种试验中随着掺入量的增加，对石膏的力学性能和耐水性能的影响，得出了相应的最佳配合比。但是，在试验中，加入防水粉的石膏软化系数是 0.61，而加入复合乳液和硬脂酸的石膏软化系数是 0.72，复合乳液石膏的耐水性高于加入防水粉的耐水性。总体可以得出，加入纤维的复合石膏的耐水性能最佳，其次是复合乳液石膏，最后是加入防水粉的复合石膏。

6 特殊耐水石膏

6.1 概述

石膏制品吸湿性强，吸湿后强度明显降低，且制品容易翘曲变形。因此，对石膏硬化体耐水性能的研究显得尤为重要。在这方面世界各国学者都做了大量的研究工作。一些研究采用在石膏料浆中加入防水材料，使硬化的石膏体内部颗粒表面形成防水层或形成憎水层。

加入防水剂可改善石膏制品的耐水性差的缺点，通过数据分析和实验结果检测，采取添加独特配方的防水材料，对石膏材料的防水、耐水性能进行试验研究，获得最佳防水剂掺入量。

6.2 原材料

1. α型高强石膏粉的性能见表 6-1

表 6-1 α型高强石膏粉的性能

200孔筛筛余（%）	标稠需水量（%）	初凝（min）	终凝（min）	绝干抗折强度（MPa）	绝干抗压强度（MPa）
0.3~0.7	40	10	19	7.10	22.26

2. 防水剂

德国斯诺憎水型防水剂。

6.3 试验方法及步骤

按照《建筑石膏 力学性能的测定》（GB/T 17669.3—1999）的要求，做成 40mm×40mm×160mm 的标准试件，在试件成型 2h 后拆模，把试件放入（40±12）℃的恒温箱中烘至恒重状态。根据防水剂的不同掺入量，分别测定凝结时间、标准稠度用水量、2h 抗压强度和抗折强度、24h 水饱和抗折强度和抗压强度，通过测定，计算软化系数。

1. 抗折强度测试

参照《建筑石膏》（GB/T 9776—2008）的规定进行。试件成型 2h 后拆模，然后于（40±20）℃的恒温箱中烘至恒重。

试件制备：40mm×40mm×160mm 高强耐水石膏，德国斯诺憎水型防水剂掺入量分别为 0.5%、1%、2%、3%、5%。

对试件分别测试其抗折强度，并进行比较。

2. 抗压强度测试

参照《建筑石膏》（GB/T 9776—2008）的规定进行。绝干强度试件成型 2h 后拆模，然后于（40±20）℃的恒温箱中烘至恒重。

试件制备：40mm×40mm×160mm高强耐水石膏，德国斯诺憎水型防水剂掺入量分别为0.5%、1%、2%、3%、5%。

对试件分别测试其抗压强度，并进行比较。

3. 标准稠度用水量及凝结时间测试

胶凝材料流动度的测试按照《建筑石膏》（GB/T 9776—2008）的规定执行，记录从试样与水接触开始，到钢针第一次碰不到玻璃底板所经历的时间，此时即试样的初凝时间。记录从试样与水接触开始，到钢针插入料浆的深度不大于1min所经历的时间，此时即试样的终凝时间。凝结时间以分钟计，带有零数30s时进作1min。取两次测定结果的平均值，作为试件的初凝和终凝时间。

试件制备：环模试件高强耐水石膏，分别测定标准稠度用水量及凝结时间（方法及步骤与水泥相同）。

4. 软化系数的测定

根据行业标准《石膏砌块》（JC/T 698—2010）将试件浸泡在（20±20）℃的清水中24h，饱水后拿出用湿毛巾擦干表面的水分，按规定测量试件饱水后的强度，与浸泡前试件强度比，即为相应的抗压、抗折软化系数。

6.4 试验结果及分析

不同防水剂掺入量对石膏材料性能的影响见表6-2。

表6-2 不同防水剂掺入量对石膏材料性能的影响

防水剂掺入量（%）	标准稠度用水量（%）	凝结时间（min）		强度（MPa）				软化系数
		初凝	终凝	2h抗折	2h抗压	24h饱水抗折	24h饱水抗压	
0.0	37	10	19	6.12	22.6	5.60	12.6	0.55
0.5	36	7	11	6.43	23.9	5.63	20.89	0.87
1.0	36	9	14	6.52	25.9	5.76	23.6	0.91
2.0	37	16	23	5.90	23.42	5.35	20.65	0.88
3.0	37	22	33	4.99	18.98	4.59	16.8	0.89
5.0	38	33	45	3.96	13.83	3.262	12.1	0.87

1. 不同防水剂掺入量对石膏抗折强度的影响

如图6-1所示，超特2.0型石膏粉中掺入不同量的防水剂在2h后测定，随着防水剂掺入量的增大，石膏的抗折强度值逐渐减小，但在加入1%的掺入量时，抗折强度达到峰值6.52MPa。24h饱水状态时测定，随着防水剂掺入量的增大，抗折强度先增大后减小，在加入1%的防水剂时达到峰值。

2. 不同防水剂掺入量对石膏抗压强度的影响

图6-2可以说明，随着防水剂掺入量的增大，抗压强度先增大后减小，凝结时间增长，在掺入量达到1%时，抗压强度达到峰值。

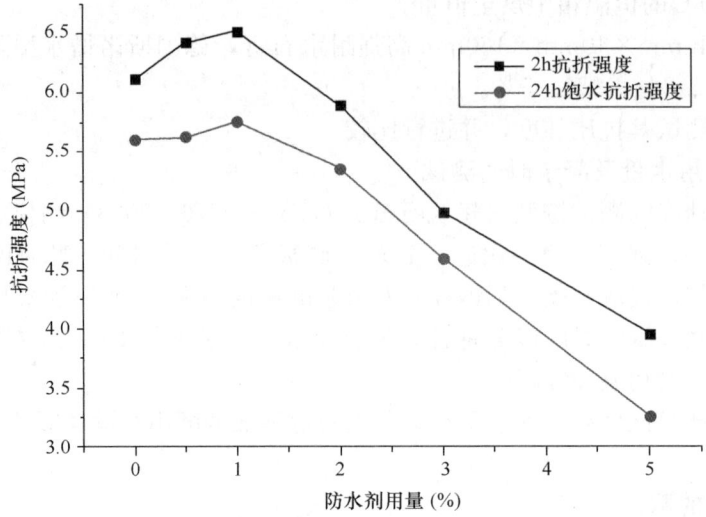

图 6-1 不同防水剂掺入量 2h/24h 饱水石膏抗折强度

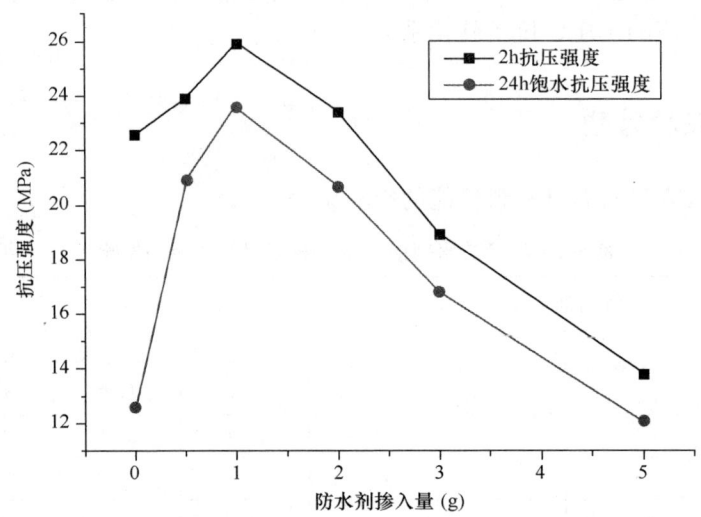

图 6-2 不同防水剂掺入量 2h/24h 饱水石膏抗压强度

3. 不同防水剂掺入量对石膏耐水性的影响

石膏的软化系数应达到 0.60～0.85，以满足改善石膏耐水性的要求。软化系数在 0.85 左右石膏不会出现明显变形，耐水性最佳。由表 6-3 可知，在试验中当防水剂掺入量达到 1% 时，软化系数达到 0.91，显著改善建筑石膏的耐水性。

表 6-3 不同防水剂掺入量下石膏软化系数

掺入量（%）	0	0.5	1	2	3	5
软化系数	0.55	0.87	0.91	0.88	0.89	0.87

不同防水剂掺入量下石膏软化系数见图 6-3。

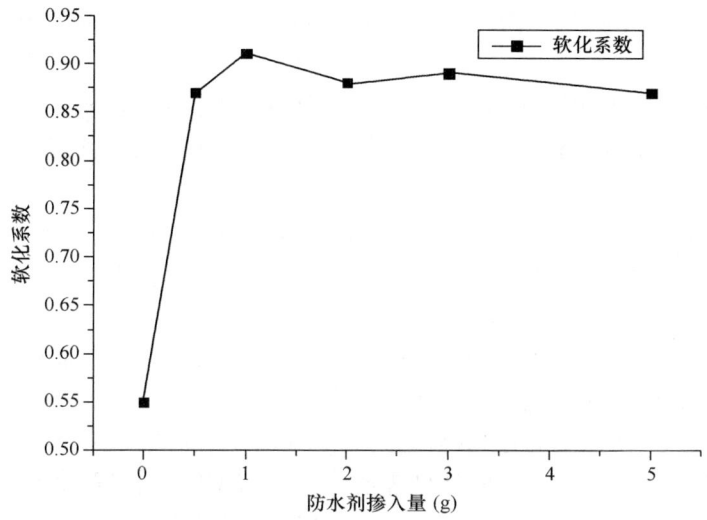

图 6-3　不同防水剂掺入量下石膏软化系数

4. 不同防水剂掺入量对石膏吸水率的影响（表 6-4）

表 6-4　不同防水剂掺入量下石膏吸水率

防水剂掺入量 （%）	标准稠度用水量 （%）	初凝时间 （min）	终凝时间 （min）	3h 吸水率
0	40	9	18	2.73
0.5	36	6	10	3.49
1.0	36	9	13	3.32
1.5	37	15	22	2.29
2.0	37	22	33	1.63

由图 6-4 可知，石膏的吸水率随着防水剂掺入量的增大，呈现先增大后减小的趋势，吸水时间有所增长。在 0.5h 内，原石膏材料基本达到吸水饱和状态，掺加防水剂后，在

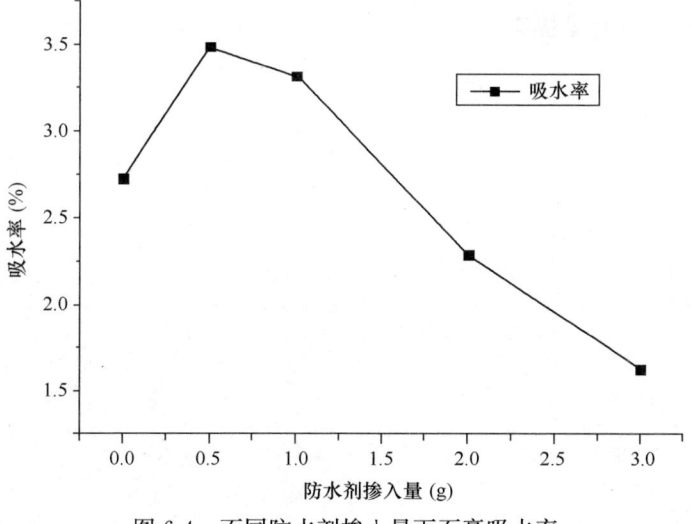

图 6-4　不同防水剂掺入量下石膏吸水率

3h内达到饱水状态。其原因是添加防水剂后，石膏孔隙表面形成了憎水膜，吸水速度变慢。

对石膏基材料力学性能进行研究，以石膏基材料2h、24h饱水抗折强度、抗压强度为分析指标，研究石膏基材料力学性能、耐水性能的改性效果，并得出最佳的防水剂掺入量。

对试验及结果进行分析，找出规律，得出结论，并分析原因。得出的结论主要有：

① 石膏粉中掺入不同量的防水剂分别在2h、24h饱水后测定。2h后测定，随着防水剂掺量的增大，石膏的抗折强度值逐渐减小，但在加入1%的掺入量时，抗折强度达到峰值，为6.52MPa。对抗压强度的测定，抗压强度先增大后减小，在加入1%的掺入量时达到峰值，为25.9MPa。24h饱水状态时测定，随着防水剂掺入量的增大，抗折强度先增大后减小，在加入1%的防水剂时达到峰值，为5.76MPa。对抗压强度的测定，抗压强度先增大后减小，在加入1%的掺入量时达到峰值，为23.6MPa。根据规定，石膏的软化系数应达到0.60~0.85，石膏不会出现明显变形，才能满足改善石膏耐水性的最佳效果。从2h、24h饱水状态时，分别测定的结果可以看出，在加入防水剂1%的掺入量时，软化系数达到0.91，显著改善建筑石膏的耐水性。

② 随着其掺入量的增加，软化系数随之增加。并且根据2h、24h饱水状态下的石膏基材抗折、抗压强度的测定结果，当达到1%时，抗压强度达到峰值，并且抗折强度适中，此时的软化系数为0.91。根据规定，软化系数应为0.60~0.85。本试验表明，在1%掺入量的条件下，石膏的耐水性能最佳，即使在相对潮湿的使用环境中，也不会出现明显变形，强度也不会有太大变化。

③ 石膏吸水率随着防水剂掺入量增大而逐渐减小，吸水时间有所增长。在0.5h内，原石膏材料基本达到吸水饱和状态，掺加防水剂后，石膏材料在3h内达到吸水饱和状态，主要原因是防水剂在石膏空隙表面形成了憎水膜，导致吸水速度下降。

石膏粉中掺入不同掺入量的防水剂分别在2h、24h后测定在加入1%的掺入量时，抗折强度达到峰值，分别为6.52MPa、5.76MPa，抗压强度达到峰值，分别为25.9MPa、23.6MPa。说明当在石膏粉中掺入1%的防水剂时，石膏材料的抗折和抗压性能最佳、吸水率降低，软化系数有明显提高。

7 补强增韧耐水复合石膏

7.1 概述

由于β型半水石膏粉硬化后不易变形、价格低，且耐火、隔声、断热，石膏作为板材在建筑工程中得到充分运用。提高石膏材料的韧性，改善脆性，可使石膏制品有更加广泛的运用。通过添加纤维到β型半水石膏粉中，可以改善石膏材料的脆性和韧性。建筑材料中，经常以维尼龙纤维和碳素纤维作为掺合物来改善石膏材料的性能，纤维作为补强增韧掺合料，其自身的弹性模量、拉伸强度、延伸率都会影响复合石膏的性能。本章重点对碳素纤维 CF3、CF4、CF6 和高机能碳素 HCF12 纤维掺入后石膏材料的强度、韧性、软化系数等进行研究。

7.2 原材料

1. 石膏粉

使用β型半水石膏粉，其物理性能及化学成分见表 7-1。

表 7-1 β型半水石膏粉的物理性能及化学成分

密度 (g/cm³)	比表面积 (cm²/g)	凝结时间（min）		压缩强度 (MPa)	含水率 (%)	pH (20℃)
		初凝	终凝			
2.59	5790	9~40	26~100	13.7	6.0	6.95
化学成分（%）						
Fe_2O_3	CaO	SO_2	H_2O	MgO	SiO_2	Al_2O_3	Total
0.05	37.36	55.45	0	0	0	0	98.86

2. 矿物质掺合料

使用了普通硅酸盐水泥和高炉矿渣微粉末，其化学成分主要是 CaO 和 SiO_2。

3 种材料的配合比为：石膏 75%、水泥 3%、矿渣 22%，合计 100%，以下称为基本材料。

3. 缓凝剂和减水剂

为了改善石膏的吸水率和延缓凝结时间，分别在石膏材料中添加 0.1% 的缓凝剂和 1.5% 的减水剂。

4. 聚合物混合剂

采用 SBR 的聚合物，且含有消泡剂，添加量（固体成分）为基本材料的 15%，其中聚合物有效硅成分占 30%。

5. 纤维

采用长度为 12mm 的高机能碳素纤维（HCF12）和纤维长度分别为 3mm、4mm、6mm 的碳素纤维（CF3、CF4、CF6），性质见表 7-2，外观如图 7-1 所示。

表 7-2 纤维性能参数

纤维	直径 (μm)	长度 (mm)	密度 (g/cm³)	抗拉强度 (MPa)	延伸率 (%)	弹性模量 (GPa)
CF3	14	3.0	1.3	1470	7.2	36
CF4	14	4.0	1.3	1470	7.2	36
CF6	14	6.0	1.3	1470	7.2	36
HCF12	37	12.0	1.3	1600	6.0	40

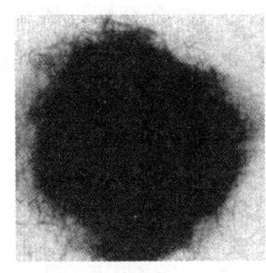
CF6

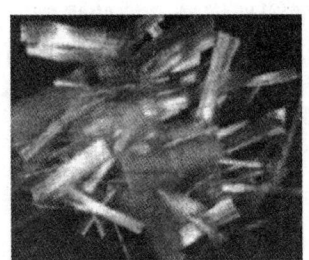
HCF12

图 7-1 纤维外观

7.3 试验方法

1. 试件制作

按照《建筑石膏 力学性能的测定》（GB/T 17669.3—1999）的要求设计配合比，将石膏粉、矿渣粉末和水泥混合搅拌；然后加入减水剂、缓凝剂、聚合物混合剂和水，搅拌 4min。将纤维均匀放入，高速搅拌 3min，配成石膏材料复合体，测试流动度值后，分别制成 40mm×40mm×160mm 和 40mm×10mm×160mm 的试件（图 7-2）。放进温度 20℃、湿度 90% 的室内，24h 后脱模，再放入温度 20℃、湿度 60% 的室内养护，7d 养护后，对相关试件进行测试。

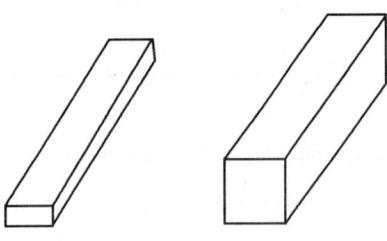

图 7-2 试件（40mm×40mm×160mm 和 40mm×10mm×160mm）

2. 石膏材料吸水率的测定

根据高分子水泥砂浆试验方法，将试件（养护 7d 后）放入 80℃ 干燥箱内 48h，取出再放入室内 20℃ 的静水中浸泡，分别浸泡 0h、1h、5h、7h、12h、24h、48h 后，测量试件质量，根据公式计算吸水率。

3. 抗折强度及抗压强度的测定

通过电子万能试验机，设定载荷速度为 0.5mm/min，运用中央集中荷载法，测定复合石膏材料的抗折强度。测出吸水前后试件的抗折强度值，计算软化系数。试件弯曲试验后，选定原有试件测定抗压强度。

4. 石膏材料吸水率的测定

利用万能试验机，对试件（40mm×10mm×160mm）进行弯曲韧性测定，其中设定载荷速度为 0.5mm/min，依照三等分点集中荷载法，记录试件中点的弯曲，通过挠度值做出荷载-变形曲线，根据曲线下的面积计算韧性指数。

5. 微观结构观察

在抗折及抗压强度试验后的试件体中，选取试料（0.5mm×0.5mm×0.5mm），进行干燥、真空处理，利用电子扫描显微镜，观察复合石膏材料的微细构造，根据图 7-3 显示的结果，纤维与其他材料相结合，不仅与材料本身有关，同时与试件体制作时的搅拌情况有关。

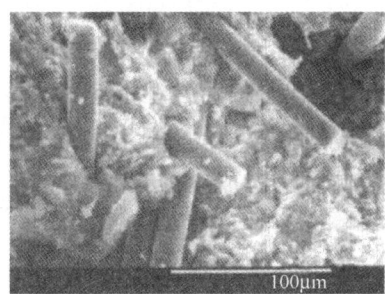 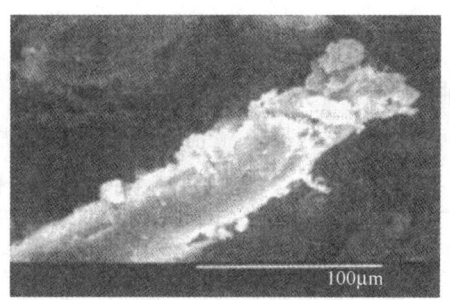

图 7-3　纤维与其他材料相结合的微观构造

7.4　试验结果与分析

1. 流动值与纤维含量关系

对不同纤维在不同掺入量的情况下的流动性测定结果如表 7-3 和图 7-4 所示。

表 7-3　对不同纤维不同掺量的流动性测定结果

纤维含量（%）	流动值（mm）			
	CF3	CF4	CF6	HCF12
0	191	191	191	191
1	178	174	167	182
2	156	150	140	155
3	126	125	126	136

由图 7-4 可以得知，石膏中掺入不同种类的纤维，在不同掺入量下，流动值总是随着纤维掺入量的增加而减小，原因是当纤维与石膏基体复合时，界面上的有机乳液与基体的水化产物相互扩散，从而形成柔性界面层，该界面层松弛了成型过程中造成的附加应力，使复合材料的整体强度和耐水性能得到显著的提高。

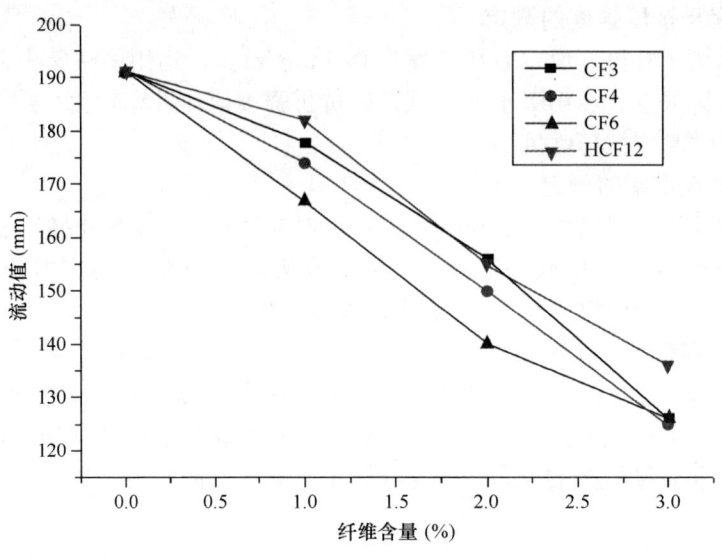

图 7-4 流动值与纤维含量关系

2. 弯曲强度与纤维含量关系

对不同纤维在不同掺入量情况下的弯曲强度的测定，结果如表 7-4 和图 7-5 所示。

表 7-4 不同纤维在不同掺入量情况下的弯曲强度测定结果

纤维含量（%）	弯曲强度（MPa）			
	CF3	CF4	CF6	HCF12
0	8.5	8.5	8.5	8.5
1	10.1	10.5	11.9	12.4
2	14.9	15.2	15.9	14.9
3	15.4	16.1	16.8	17.8

由图 7-5 可以说明，石膏中掺入不同种类的纤维，随着纤维掺入量的增加，弯曲强度

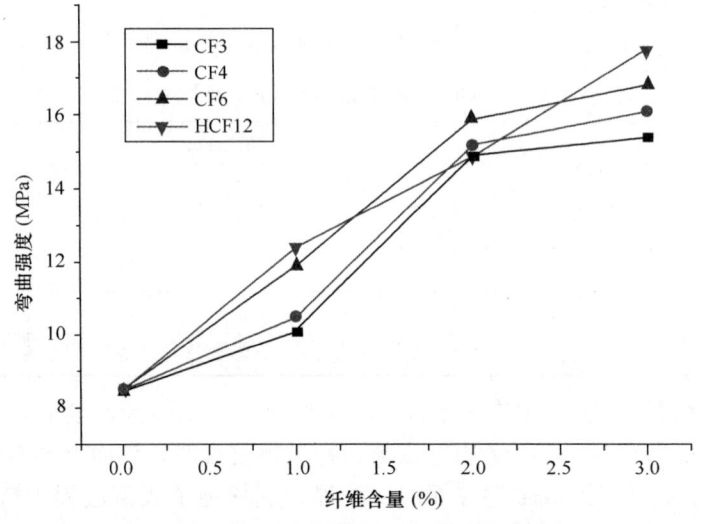

图 7-5 石膏材料弯曲强度与纤维含量关系

逐步增加。这是由于随着掺入量的增加，石膏基材中纤维表面积增大，纤维与基材石膏之间结合力不断增加，从而起到了纤维补强的作用，其中，石膏随着HCF12含量的增大弯曲强度增加最为明显。

3. 软化系数与纤维含量关系

通过对不同纤维在不同掺量情况下的软化系数进行测定，结果如表7-5和图7-6所示。

表7-5　不同纤维在不同掺量情况下的软化系数测定结果

纤维含量（%）	软化系数			
	CF3	CF4	CF6	HCF12
0	60	60	60	60
1	72.8	68.5	76.9	84.3
2	80.5	72.1	67.3	80.6
3	73.6	74.1	72.9	85.2

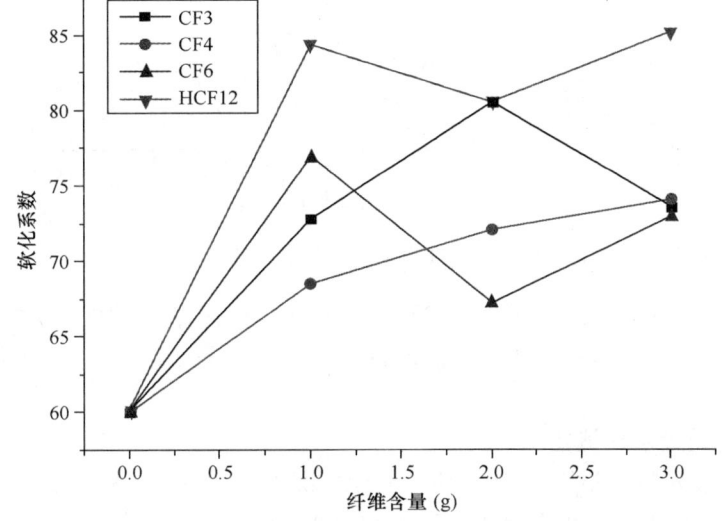

图7-6　石膏材料软化系数与纤维含量关系

由图7-6可以看出，石膏中掺入不同种类的纤维，随着纤维掺入量的增加，其软化系数均在0.6~0.85之间，这一数据表明即使在相对潮湿的使用环境下，石膏材料也不会出现明显的变形，强度也不会发生较大的变化，即石膏中掺入纤维，软化系数提高，其耐水性增强。依照图表分析可以得出，掺入HCF12纤维的石膏耐水性最好。

4. 韧性指数与纤维含量关系

不同纤维在不同掺入量情况下的韧性指数测定结果如表7-6和图7-7所示。

表7-6　不同纤维在不同掺入量情况下的韧性指数测定结果

纤维含量（%）	韧性指数（N·m）			
	CF3	CF4	CF6	HCF12
0	4	4	4	4
1	8.4	11.6	13.8	15.9

续表

纤维含量（%）	韧性指数（N·m）			
	CF3	CF4	CF6	HCF12
2	12.7	18.5	20.9	25.7
3	21.1	24.8	36.7	41.2

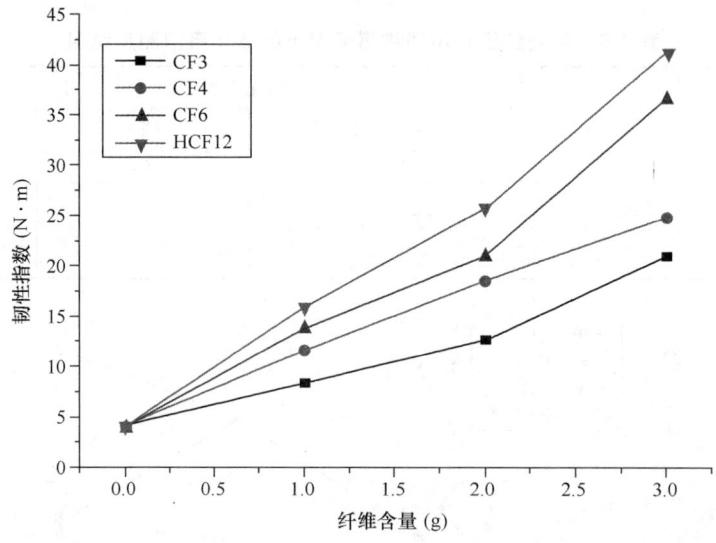

图 7-7 韧性指数与纤维含量的关系

由图 7-7 可以看出，综合比较，HCF12 纤维具有很好的流动性，弯曲强度、软化系数及韧性指数较高，说明 HCF12 纤维掺入石膏后能提高石膏的强度，增强石膏的韧性和耐水性。

5. 石膏材料的吸水率测定

参照高分子水泥砂浆试验方法，将 HCF12 试件（养护 7d 后）放入 80℃干燥箱内 48h，取出再放入室内 20℃的静水中浸泡，分别测出浸泡 1h、5h、7h、12h、24h 以及 48h 后的试件质量，根据公式计算吸水率，结果见表 7-7 和图 7-8。

表 7-7 时间与吸水率的关系

浸泡时间（h）	1	5	7	12	24	48
吸水率（%）	1.1	1.71	1.85	1.83	1.88	1.89

6. 弯曲变形与荷载

通过对以上 4 种纤维的测定，掺入 HCF12 纤维对复合石膏材料性能的改善最为显著，以 HCF12 纤维为例，对石膏纤维复合体做弯曲变形试验，结果如图 7-9 所示。

由图 7-9 可知，随着纤维掺入量的增加，纤维复合体挠度随荷载的增加先增加后减少，当掺入量达到 3%时，挠度达到最大值。说明其具有良好的韧性，充分说明纤维起到了补强增韧的作用。

通过在 β 型半水石膏粉中添加纤维，以达到补强增韧、改善脆性为目的，对石膏基材料进行试验。在石膏基材料中添加不同纤维的不同掺入量，以石膏试件的流动值、弯曲强

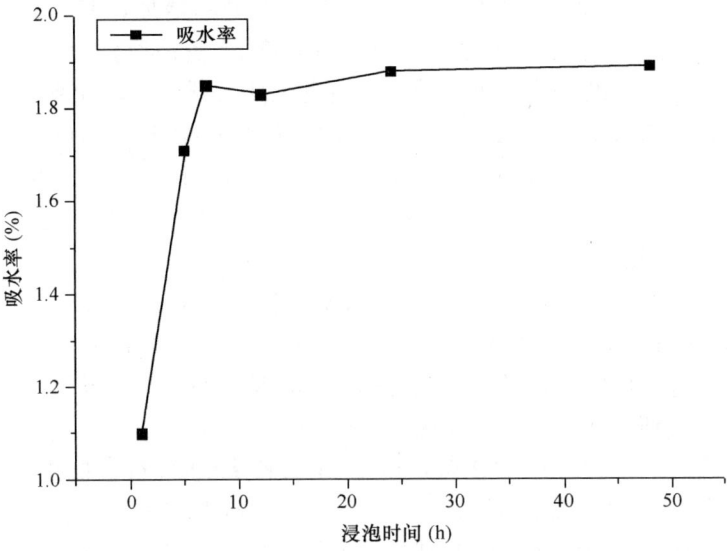

图 7-8　加入 HCF12 石膏的吸水率与时间的关系

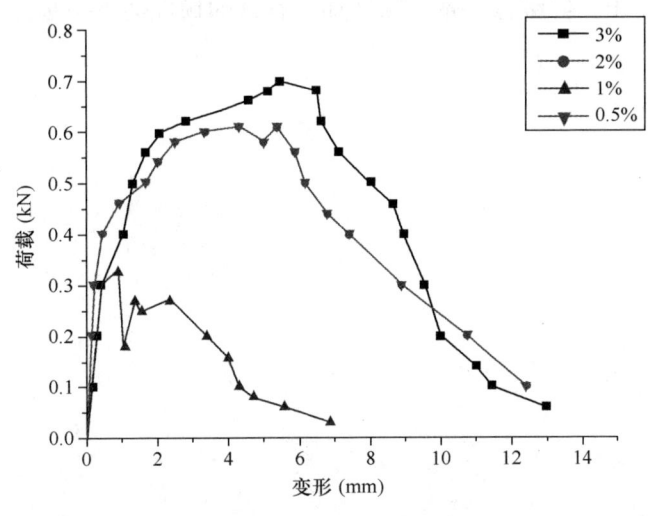

图 7-9　纤维复合体弯曲变形与荷载

度、软化系数、韧性指数为分析指标，研究石膏基材料力学性能、耐水性能的改性效果，并得出最佳的纤维掺入量。

对试验及结果进行分析，找出规律，得出结论，并分析原因。得出的结论主要有：

（1）分别在石膏中掺入 4 种不同种类的纤维。随着纤维掺入量的增加，弯曲强度逐步增加。原因是随着掺入量的增加，石膏基材中纤维表面积增大，纤维与基材石膏之间结合力不断增加，从而起到了纤维补强的作用。其中随着 HCF12 含量的增加，其最大荷载和挠度增加最为显著。并且，随着纤维掺入量的增大，石膏硬化体的流动值在减小，说明加入纤维使石膏具有良好的成形性。但是，通过电子扫描显微镜对微细结构进行观察，发现当混合材与纤维搅拌不均匀时，不具有良好的结合力，试件受力后很快出现断裂现象，不能很好地发挥纤维补强的作用。

（2）石膏中掺入不同种类的纤维，随着纤维掺入量的增加，其软化系数均在 0.6～0.85 之间，这一数据表明即使在相对潮湿的使用环境下，石膏材料也不会出现明显的变形，强度也不会发生较大的变化，可以看出在石膏中掺入纤维，软化系数提高，其耐水性增强。同时可以看出掺入 HCF12 纤维的耐水性最好。以 HCF12 为例，复合体的吸水率在 0～1h 内快速增大，1～5h 随着时间的增加缓慢增大，7h 以后趋于稳定，吸水率变化不大。并且，将试件放在 20℃水中浸泡 28d 后，石膏材料表面没有起泡、腐烂等现象，说明石膏材料具有很强的耐水性。

（3）掺入的 4 种纤维中，HCF12 掺入石膏复合体中的效果最佳，当纤维的掺入率在 3%时，试件随着荷载的增加，达到最大挠度，其强度和韧性均最佳，原因是纤维的加入承担了石膏体的部分拉伸应力，阻碍了裂缝的产生，使得抗弯曲变形能力提高。说明石膏材料中加入的纤维起到了补强增韧的作用。

综上所述，通过对 4 种纤维的比较，得出 HCF12 纤维对石膏抗折强度、抗压强度、韧性、耐水性都有明显的提高。尤其在纤维掺入量达到 1%时，力学性能和耐水性能最佳。在石膏材料中加入纤维除了可以起到补强增韧作用外，还较好地提高了抗裂、阻裂性能，增加了耐磨和耐腐蚀性能，改善了抗渗和抗冻融性能，增强了抗疲劳性和抗碎裂性。

根据试验可以得出：纤维掺入量不断增加，石膏的韧性会进一步提高。

8 高耐水抹面复合石膏

8.1 概述

建筑石膏耐水性能较差，受全国各地气候环境影响，具有水分蒸发快易干裂，昼夜温差大（日较差以冬季一月最大，夏季七月最小）易受冻，在冷湿环境中强度易降低等缺点，这使其工程应用的广泛性大打折扣。本章以建筑石膏为主，研究掺入外加剂配制高强耐水复合石膏。试验分析了各种外加剂、耐水粉掺入量、选用试验方法等对高强耐水石膏性能的影响。通过试验研究分析选定了3种高强耐水复合石膏最佳配合比，现将上述3种最佳配方付诸工程实际应用。通过实际工程的应用，证实掺入外加剂、纤维和耐水粉能较好地改善石膏的耐水性，同时提高石膏制品的拌和性能和力学性能。

8.2 原材料

1. 石膏粉

α型高强石膏粉：其性能见表8-1。

表8-1 α型高强石膏粉的性能

900孔筛筛余（%）	标准稠度需水量（%）	初凝（min）	终凝（min）	绝干抗折强度（MPa）	绝干抗压强度（MPa）
5.8	67	5	10	8.9	22.5

2. 复合材料

（1）水粉：

（2）纤维：在试验中添加了2种纤维（具体性能指标见表8-2）。

表8-2 MAMF纤维性能指标

规格（mm）	抗拉强度（MPa）	弹性模量（MPa）	密度（g/cm^3）	熔点（℃）	比表面积（m^2/g）	掺量（kg/m^3）	裂纹减少量（%）
0.25/0.01	24~34	300~1600	0.5	1520	13~22	0.6/1.2	76.1~100

（3）树脂：采用196号、191号不饱和树脂。

3. 添加剂

（1）硬脂酸（$C_{18}H_{36}O_2$）；

（2）乙酸乙酯（$CH_3COOC_2H_5$）；

（3）消泡剂：有机硅系消泡剂。

8.3 实验室配合比设计及试验结果

实验室试验研究，以高强耐水复合石膏、复合乳液耐水石膏加入防水粉石膏的3种配合比，得到不同的试验结果（表8-3～表8-5）。

表8-3 高强耐水复合石膏配合比设计

试验编号	组分(a)					70℃烘干强度(MPa)		水中浸泡24h后的强度(MPa)	
	树脂(g)	纤维(g)	醇(g)	水(g)	酸(g)	抗折	抗压	抗折	抗压
1	100(b)	10(m)	50(s)	500	15(e)	3.56	20.8	1.28	15.39
2	100(b)	10(n)	50(s)	500	15(e)	1.0	19.26	—	10.87
3	100(b)	15(m)	50(s)	500	15(e)	3.97	21.33	1.356	15.13
4	100(b)	15(n)	50(s)	500	15(e)	1.59	19.55	0.154	11.109
5	100(b)	20(m)	50(s)	500	15(e)	4.62	22.36	1.686	17.05
6	100(b)	20(n)	50(s)	500	15(e)	2.4	20.8	0.55	11.4
7	100(b)	25(m)	50(s)	500	15(e)	5.28	21.8	1.81	16.33
8	100(b)	25(n)	50(s)	500	15(e)	3.48	19.6	1.1	11.85
9	100(b)	30(m)	50(s)	500	15(e)	6.2	21.46	2.1	15.8
10	100(b)	30(n)	50(s)	500	15(e)	4.51	19.45	1.193	14.083
11	100(b)	35(m)	50(s)	500	15(e)	7.28	21.1	3.48	15.14
12	100(b)	35(n)	50(s)	500	15(e)	6.28	19.1	2.52	12.96
13	100(b)	40(m)	50(s)	500	15(e)	8.5	20.47	3.86	13.33
14	100(b)	40(n)	50(s)	500	15(e)	8.2	18.5	3.66	12.71

注：(a) α型高强石膏粉1000g；(b) 196号树脂；(e) 乙（醋）酸 0.5mol/dm³；(m) MAMF纤维；(n) 中科院纤维；(s) 甲醇。

表8-4 高强乳液耐水复合石膏配合比设计及强度

试验编号	组分						静置24h强度(MPa)		70℃烘干强度(MPa)		浸水24h后强度(MPa)		30℃干燥后强度(MPa)		软化系数
1	乳液(60R) 4:1		水(g)	石膏(g)	硬脂酸(g)	消泡剂(g)	抗折	抗压	抗折	抗压	抗折	抗压	抗折	抗压	0.72
	树脂(g)	醋酸乙烯(g)													
	200(b)	5(J)	500	1200(a)	2(I)	5(x)	4.53	17.1	7.35	38.37	2.82	10.94	4.91	15.19	
2	乳液(72R)		水(g)	石膏(g)	硬脂酸(g)	消泡剂(g)	抗折	抗压	抗折	抗压	抗折	抗压	抗折	抗压	0.71
	树脂(g)	醋酸乙烯(g)													
	240(b)	6(J)	500	1200(a)	3(I)	5(x)	1.42	14.91	5.64	20.48	1.55	7.02	3.30	9.85	
3	乳液(60R)		水(g)	石膏(g)	硬脂酸(g)	消泡剂(g)	抗折	抗压	抗折	抗压	抗折	抗压	抗折	抗压	0.68
	树脂(g)	醋酸乙烯(g)													
	200(b)	5(J)	500	1200(a)	0	5(x)	4.13	16.45	7.13	34.2	2.70	10.2	4.8	14.82	

注：(a) α型高强石膏粉1000g；(b) 196号树脂；(I) 硬脂酸；(J) 醋酸乙烯；(x) 消泡剂。

8 高耐水抹面复合石膏

表 8-5 高强耐水复合石膏配合比设计及强度

试验编号	组分					70℃烘干后强度(MPa)		浸水24h后强度(MPa)		30℃干燥后24h强度(MPa)		软化系数
	树脂(g)	纤维(g)	水(g)	石膏(g)	防水粉(g)	抗折	抗压	抗折	抗压	抗折	抗压	
1	100[b]	20[m]	550	1000[a]	100[L]	5.78	20.94	2.81	7.27	3.99	12.25	0.59
2	100[b]	20[m]	550	1000[a]	200[L]	6.275	22.42	2.95	9.23	5.38	15.04	0.61
3	100[b]	20[m]	550	1000[a]	300[L]	3.86	17.6	2.467	7.825	5.28	14.375	0.54
4	100[b]	20[m]	550	1000[a]	—	5.43	20.71	2.86	7.39	4.77	14.6	0.5

注：（a）普通建筑石膏；（b）196号树脂；（m）MAMF纤维；（L）高效防水粉。

8.4 工程应用

在实验室测试的基础上，选定了3种最佳配方，分别为表8-3中5号、表8-4中1号、表8-5中2号的配合比方案。将上述3种最佳配方付诸工程实际应用，应用情况如下。

1. 工程应用地点的选择

高强耐水性石膏的主要特点在于突出耐水性能，应用环境的选择是衡量该石膏是否具有耐水的重要因素。工程养护室长期处于潮湿环境，室内相对湿度大于93%，温度（20±2）℃，属于特别湿热环境，具有很强的代表性。

2. 添加缓凝剂

试验所用石膏粉初凝时间很短（8～12min），如果不加缓凝剂，则在工程实际中无法施工，来不及完成拌和、运输、抹灰和收光等工序。因此，在实际施工时添加了一定量的缓凝剂。缓凝剂的添加量及缓凝时间见表8-6。

表 8-6 缓凝剂的添加量及缓凝时间

掺量	初凝时间（min）	终凝时间（min）	备注
1%	33	65	室温15℃
1.2%	67	86	室温15℃
1.5%	150	180	室温15℃

3. 拌和要点

对于表8-3中的5号配方：先将树脂和酸以及缓凝剂混合并搅拌均匀待用；将石膏粉和纤维干拌3～5min，加水湿拌2～3min，然后再加入树脂混合液拌和至均匀。

对于表8-4中的1号配方：先将树脂和醋酸乙烯混合成树脂乳液待用，再将水、硬脂酸、消泡剂以及缓凝剂混合并充分搅拌均匀成混合液待用；在石膏粉中先加入树脂乳液拌和3～5min，后加入混合液拌和至均匀。

对于表8-5中的2号配方：先用1/2的水量将防水粉稀释均匀待用，将石膏粉和1/2水拌和3～5min，再加稀释的防水粉搅拌至均匀。

4. 抹灰要点

为增加耐水石膏灰浆与基底的粘结能力，抹灰前对基底略做打毛处理，抹灰厚度控制在 5～10mm，抹灰时间控制在初凝以前完成，并进行收光。

8.5 工程应用实况

1. 施工过程

根据研究项目耐水的要求，将 3 种不同的配方在实验楼养护室［长期处于湿热环境：相对湿度 93％以上，温度（20±2）℃］墙面进行了实际应用，取得了良好的工程应用效果。

2. 产品检验

在研究多种配方的基础上，选择了 2 种最佳配方，送交青海省建筑工程产品质量监督检验站进行检验，其结果如下：

表 8-3 中 5 号经浸水 4h 后在 70℃条件下烘干，抗折强度为 4.62MPa、抗压强度为 22.36MPa，初凝时间为 12min，终凝时间为 38min，软化系数为 0.890。

表 8-4 中 1 号经浸水 4h 后在 30℃条件下烘干，抗折强度为 4.91MPa、抗压强度为 15.19MPa，初凝时间为 11min，终凝时间为 34min，软化系数为 0.72。

以上各项指标均达到或超过合同规定。

3. 应用实况

（1）水膏比在 40％～50％时，灰膏的稠度及和易性均满足施工要求。

（2）抹灰 3～5h 后观察了表面变形与裂纹情况，掺纤维的一组配方未发现任何裂纹，其他两组有个别细纹，经收光后再无裂纹出现和扩展，无空鼓现象。

（3）抹灰凝结硬化后，表面十分光滑，手感细腻，喷水后不沾水，可以用抹布擦拭，耐水性良好。

（4）12h 后用回弹仪测试表面强度，5 号配方抗压强度达到 19.5MPa；1 号配方达到 16.8MPa；2 号配方达到 14.6MPa。

下 篇
α型高强石膏概述

9 磷石膏原料

目前,我们对磷石膏所含杂质的种类、分布、存在形态及其对产品性能的影响规律已经有了较为成熟的研究和认识。磷石膏中杂质主要是磷、氟及有机物。磷分为可溶性磷、共晶磷以及难溶性磷,以可溶性磷对性能的影响最大。

研究表明:

(1) 可溶性磷(主要以 H_3PO_4、$H_2PO_4^-$ 和 HPO_4^{2-} 3 种形态存在)、共晶磷[以 $Ca(HPO_4)_2 \cdot 2H_2O$ 形式存在于半水石膏晶格中]、有机物和可溶氟是磷石膏中主要有害杂质。

(2) 可溶性磷、氟与有机物分布于二水石膏晶体表面,其含量随磷石膏颗粒度增加而增加,共晶磷则随磷石膏颗粒度增加而减少,可溶性磷显著降低二水石膏脱水温度和液相过饱和度,使二水石膏晶体粗化,晶体形状由针状、片状转变成棒状、板状,造成晶体间的交错搭接减少、结构疏松,导致建筑石膏的凝结时间显著延长,强度大幅度降低。磷石膏胶结料水化初期,可溶磷转化为 $Ca_3(PO_4)_2$ 沉淀,覆盖在半水石膏晶体表面,使其缓凝;通过预处理调节磷石膏的酸度,pH 在 1.0~4.5 之间,可溶性磷的总量变化不大,仅改变了可溶性磷的形态分布,3 种形态可溶性磷的影响程度为:$H_3PO_4 > H_2PO_4^- > HPO_4^{2-}$。

(3) 共晶磷水化时从晶格中溶出,对性能的影响类似于可溶性磷,其影响程度小于可溶性磷,可溶性磷、共晶磷延缓胶结材凝结硬化,使水化产物晶体粗化,结构疏松。磷石膏中的可溶性氟(NaF)使磷石膏促凝,其含量低于 0.3% 时,对胶结材强度影响较小;含量超过 0.3% 时,使强度显著降低。

(4) 有机物为乙二醇甲醚乙酸酯、异硫氰甲烷、3-甲氧基正戊烷、2-乙基-1、二氧戊烷,使磷石膏胶结材需水量增加、凝结硬化减慢,且有机物分布于二水石膏晶体表面,削弱二水石膏晶体间结合,使硬化体强度降低,此外,有机物还影响石膏制品的颜色。

(5) 磷石膏中还有碱金属盐、硅、铁、铝、镁等杂质。碱金属主要以碳酸盐、硫酸盐、磷酸盐、氟化物等可溶盐形式存在。磷石膏制品受潮时,碱金属离子沿硬化体孔隙迁移至表面,水分蒸发后在表面析晶,使制品表面产生起霜和粉化现象。它削弱纸面石膏板芯材与面纸的粘结性能,对磷石膏胶结材有轻微促凝作用,对强度影响较小。

天然石膏制备的半水石膏硬化体为自形程度很高的、拉长的、生长良好的针状石膏晶体,这些晶体相互交锁且在各个方向都有良好的分布,因而硬化体的抗压强度、凝结时间、体积密度、工作稳定性等正常;当磷石膏中可溶性磷含量超过 1.0% 时,晶体形态、凝结时间、强度性能劣化明显;添加磷、氟、有机物(蔗糖)后,伴随着板条状、扁平状的晶体的出现,大多不规则边界的棱柱状晶体增多,长度缩短;这些散布在板状、扁平状晶体之间的棱柱状晶体与透明石膏的针状体相比分散性差、堆积性差,导致制品的抗压强度低。

磷石膏中含有 1.5%~7.0% 的 SiO_2,以石英形态为主,少量与氟配位形成,在磷石膏中为惰性,对磷石膏制品无危害。因其硬度较大,含量高时会对生产设备造成磨损;含有 0.6%~1.4% 不溶性磷酸盐,主要是磷酸三钙以及少量的磷酸盐络合物(铁、钠、钾、铝、锶、镁等金属的络合物),这些磷酸盐主要存在于磷石膏的粗颗粒中,但对磷石膏的性能影响很小；含有的不溶性氟化合物主要是 CaF_2、$NaSiF_6$、AlF_3、Na_3AlF_6 等，它会减慢凝固速率，使石膏抗折强度下降。

从磷石膏用于生产建筑材料的角度而言，杂质的不利影响非常明显。较多的研究结果显示，杂质去除后，磷石膏制备的胶凝材料凝结时间有所缩短，强度提高，有些磷石膏经预处理后煅烧得到的胶凝材料性能已接近天然石膏胶结材。因此为了减小杂质对其应用性能的影响，需要采用预处理工艺对磷石膏进行预处理。

以湖北宜化某公司生产的磷石膏为例：其吸附水含量为 22%～27%，结晶水含量为 19.4%，粒径分布在 10～60μm 之间，平均粒度为 30～35μm，晶体形态基本上为平行四边形或菱形的板状晶体，晶体结晶完整，晶体表面有大量的附着物，呈灰白色，二水硫酸含量为 92.7%，pH 为 2.27。磷石膏的 XRD 分析如图 9-1 所示，SEM 分析如图 9-2 所示。

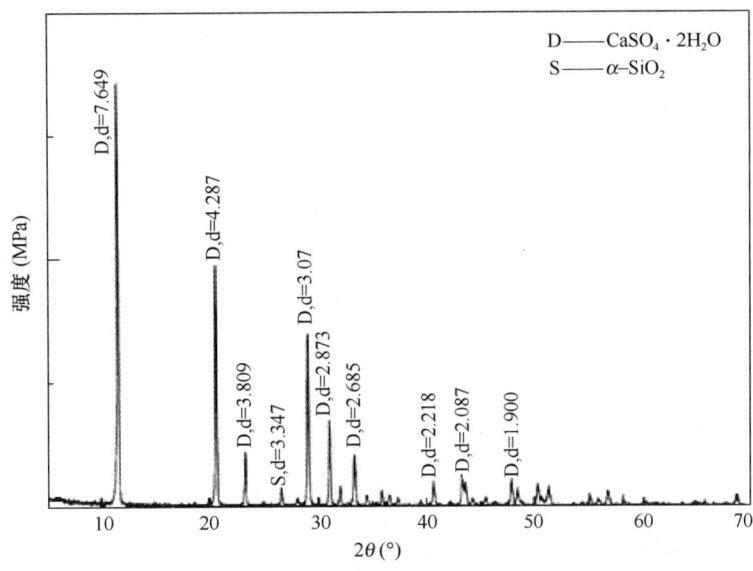

图 9-1　磷石膏的 XRD 分析

图 9-2　磷石膏的 SEM 分析

按照《建筑材料放射性核素限量》(GB 6566—2010) 中建筑主体材料的标准要求对磷石膏进行放射性核素检验的结果（表 9-1）表明，磷石膏可以作为建筑业和工业主体材料的原料使用。

表 9-1 磷石膏放射性核素检验结果

项目名称	标准要求（单位）	实测值（单位）	单项结论
放射性核素限量	建筑主体材料：$I_{Ra}\leqslant 1.0$、$I_\gamma\leqslant 1.0$	$I_{Ra}\leqslant 0.19$、$I_\gamma\leqslant 0.34$	合格

10 磷石膏净化处理

10.1 磷石膏预处理

磷石膏的预处理主要采用物理、化学、物理加化学的方法，目的是除去磷石膏中的各种有害杂质或降低其含量，使其成为能够使用的二次资源，主要有水洗法、石灰中和法、筛分处理法、球磨法、浮选法和闪烧法等。

1. 水洗法

水洗法是磷石膏处理最普遍的工艺，通常采用不同水温、水料比、水洗次数处理磷石膏，然后通过测量值来判断水洗的效果。在水洗过程中净化的关键点有两个：一是经过水洗必须获得性能稳定且杂质含量符合建材要求的二水石膏；二是解决水洗过程中所造成的二次污染。

水洗可以有效去除磷石膏中的可溶性杂质特别是可溶性磷、氟和可浮于水面的有机物，从而消除共晶磷、难溶性磷以外其他有害杂质的影响。而且水洗后的磷石膏晶体干净清晰、轮廓分明、胶结材及其硬化体显微结构接近天然石膏。但是水洗的主要缺点是生产线一次投资大、能耗高、水洗后污水排放造成二次污染。

2. 石灰中和法

其实质是使石灰与可溶性 P_2O_5、F^- 发生反应生成惰性物质，消除可溶性磷和氟的危害。石灰改性处理工艺较为简单，使用量大，无二次污染，成本也相对低廉，但不能消除有机物对胶结材料性能的影响。同时要预先对磷石膏进行均化处理，而控制好石灰掺入量是石灰中和预处理的关键，石灰掺入量以可溶 P_2O_5、F^- 等当量 CaO 计或者石灰加入量以改性后的磷石膏 pH 为 6.5～7.5 为宜。其适合于处理品质稳定、有机物含量低的磷石膏。

3. 筛分处理法

筛分处理基于磷、氟、有机物等杂质并不均匀分布在磷石膏中，不同粒度磷石膏的杂质含量存在显著差异的原理。筛分工艺取决于磷石膏的杂质分布与颗粒级配，只有当杂质分布严重不均，筛分可大幅度降低杂质含量时适用于此方法。

4. 球磨法

磷石膏的颗粒级配呈正态分布，颗粒分布高度集中。其中二水石膏晶体粗大、均匀，其生长较天然二水石膏晶体规整，多呈板状。这种颗粒结构使其胶结材流动性很差，水膏比高，硬化体物理力学性能变坏。而球磨是改善磷石膏结构的有效手段。球磨可以使磷石膏中的二水石膏晶体规则的板状形貌和均匀的尺度遭到破坏，其颗粒形貌呈柱状、板状、粒状等多样化。其颗粒粒度变小，颗粒正态分布变为漫散分布，增加胶结材流动性，从根本上弥补了硬化体孔隙率高、结构疏松的缺陷。

5. 浮选法

浮选法是利用水洗时磷石膏中的有机物上浮至水面的特性，通过浮选设备，将浮在水面上的有机物除去的方法。实质上属于湿法预处理，浮选前将水和磷石膏以合适的比例输入到浮选设备，然后搅拌、静置、除去液体表面的悬浮物质。该方法可以除去有机物和部分可溶性杂质，但对可溶性杂质的去除效果不如水洗，而且浮选设备容易被腐蚀。

6. 闪烧法

利用含磷有害杂质在高温（200～700℃）状态下分解成气体或部分转变成惰性的、稳定的难溶性磷酸盐类化合物的特点，从而将其对产品性能的危害降低到最低点，使有害物质通过高温分解或转变成惰性物质。少量有机磷经过高温转变成气体排出，无机磷在高温状态下与钙结合成为惰性的焦磷酸钙，从而消除了有机磷和无机磷等杂质对石膏性能的危害，且二次污染小。但在煅烧过程中产生了少量酸性有害气体，处理量较小。

根据具体情况可将几种方法结合起来使用：如采用水洗＋石灰中和、石灰中和＋球磨、石灰中和＋浮选、石灰中和＋煅烧、浮选＋球磨等。针对 SiO_2 含量达 8.3％的磷石膏采用水洗石灰中和＋反浮选脱硅工艺，可以脱除 80％左右的 SiO_2，同时还可以有效消除可溶性磷、氟和有机物的影响。磷石膏的预处理方式还有很多种，如将磷石膏用 5％～20％的氨水溶液处理后，磷氟转化为可溶性的铵化合物，通过水洗有效去除。通过湿法筛分和离心分离的方法提纯磷石膏，通过 300μm 湿法筛除 10％～15％磷和氟富集的粗颗粒，然后用水力涡流器分选可以有效去除磷石膏中的磷、氟、有机物、碱金属等杂质。用 3％～4％的柠檬酸水溶液代替氨水溶液处理磷石膏，经处理后磷石膏中的磷酸盐、氟化物和有机物等杂质可转化为可以水洗的柠檬酸盐、铝酸盐以及铁酸盐并去除，处理后的磷石膏与天然石膏性质相当。

10.2 磷石膏净化处理对形成 α 型高强石膏的影响

磷石膏的净化处理分为物理法和化学法。物理法为水洗和碱性；化学法为石膏分离术。

1. 水洗预处理

水洗预处理是按照水与干基原状磷石膏的质量比 3：1 的比例将水加入到磷石膏中搅拌、静置后 4h 浮选去表层有机物并移取多余水分；按照同样的方法对磷石膏进行多次洗涤，直至上层液体的 pH 接近 7 后，将底部沉淀置于 50℃烘箱中干燥至恒重并过 100 目筛后得到水洗磷石膏。当 $CaCl_2$ 溶液、水洗磷石膏按照预定比例加入到反应器中并搅拌均匀后，用 1mol/L 盐酸对水热反应体系的 pH 进行调整，以研究不同 pH 情况下磷石膏的相变反应过程。

水洗预处理可以去除磷石膏中可溶性酸、盐、有机物对其的影响，NaOH 和石灰处理磷石膏可以通过酸碱中和反应去除强酸性杂质的影响，但前者增多了浆体中可溶性钠盐的含量。因此通过对比原、水洗、碱处理磷石膏以及分析纯二水石膏的相变反应过程和产物形态，可以研究磷石膏所含可溶性杂质、不溶性杂质对磷石膏相变过程及产物晶体习性（简称"晶习"）的影响：

（1）通过原状磷石膏与水洗磷石膏的相变过程与产物晶习对比来分析可溶性杂质与有

机物的影响；

（2）通过碱处理磷石膏与原状磷石膏的相变过程与产物晶习对比来分析磷酸、氢氟酸等游离酸的影响，NaOH处理与石灰处理磷石膏的相变过程与产物晶习对比来分析可溶性钠盐的影响；

（3）通过分析纯二水石膏与水洗磷石膏的相变过程与产物晶习对比来分析不溶性杂质的影响，进而找到能经济有效地消除杂质对产品强度不利影响的技术途径。

磷石膏用于石膏建材领域的预处理工艺除了水洗外，还常用石灰中和处理的方法，其原理是基于酸碱中和反应来减弱磷石膏中的酸性，同时生成对产物性能无明显影响的不溶性矿物磷酸钙。其主要的化学反应式为：

$$OH^- + H^+ \Longrightarrow H_2O$$

$$OH^- + H_3PO_4 \Longrightarrow H_2O + H_2PO_4^-$$

$$OH^- + H_2PO_4^- \Longrightarrow H_2O + HPO_4^{2-}$$

$$OH^- + HF \Longrightarrow H_2O + F^-$$

其中NaOH溶液调整石膏浆料溶液的pH的方法是将少量溶液代替水组分直接滴加到浆体中，生石灰则是以饱和石灰水或固体形式按照一定比例掺入到磷石膏中，经搅拌均匀，陈化48h，50℃烘干，并过100目筛后作为原料使用。

2. 石膏分离术

石膏的经济价值较低，天然石膏因其开采成本较低，占据了石膏市场的绝大部分，工业副产石膏难以处置一直是个难题，例如脱硫石膏、磷石膏，这些含石膏的固体废弃物品质较低，只能作为生产纸面石膏板等低端原料使用，并且年产生量远大于年消耗量，在很多地区磷石膏、脱硫石膏都处于大量堆存的状态。

石膏分离技术，是一种低成本的石膏分离提纯技术，利用特殊的溶剂，将二水石膏进行溶解，随后与杂质分离，得到纯净的含有二水石膏的溶液，最后经过温度、离子强度等调节，将二水石膏重新结晶为产品。该过程中，溶剂循环使用，仅仅消耗少量的热能与电能，将工业副产石膏中的二水石膏成分与其他杂质分离，获得高白度、高纯度的二水石膏产品，产品经检测达到了特级石膏的标准。同时，该技术为液相法合成，相比其他酸碱中和过程产生的石膏，具有晶粒发育完全、粒径大的特点，可以直接代替现有的矿产石膏原料。

该项技术是目前国内唯一一种低成本的石膏分离技术，具有低成本、低能耗、高质化的优点，目前已完成小试、中试、工业化大试生产，将低品质的工业副产石膏转化为高白度、高纯度的特级石膏产品，可以代替天然石膏作为下游厂家的原料使用，在解决大宗工业固废的基础上，还产生一定的经济效益，并且可以减少石膏矿的开采。

3. 工艺流程说明

（1）磷石膏化浆上料工段

根据需要，将块状的磷石膏与循环反应液在化浆槽中，经过搅拌转化为可流动的浆料，浆化后的磷石膏用泵输送至缓冲罐，缓冲罐用于维持下游工艺的稳定性，下游浆料不足时，由前端石膏化浆工段进行补充，磷石膏经过化浆、缓冲后，转化为可供下游连续使用的磷石膏浆料。

（2）浸钙工段

由化浆上料工段来的磷石膏浆料，用泵输送至吸收塔，在吸收塔中吸收促溶剂，在促溶剂与化浆液中的超溶剂共同作用下，磷石膏中的石膏成分被溶解，与杂质分离，其中 NH_4-R 为超溶剂，主要成分是氨基酸、氨基酸钠盐、氨基酸钾盐、氨基酸盐的混合物，其中氨基酸是谷氨酸、缬氨酸、组氨酸、天冬氨酸、亮氨酸、异亮氨酸、丙氨酸、脯氨酸、丝氨酸、苯丙氨酸、精氨酸、苏氨酸、甘氨酸、赖氨酸、羟乙基乙二胺三乙酸、丙二胺四乙酸按照一定配比混合得到的混合氨基酸及其盐氨基酸、氨基酸的钠盐、氨基酸的钾盐、氨基酸的铵盐，Ca-R 为钙的超溶形态，可以实现硫酸钙的溶解。浸出过程中石膏在超溶剂的共同作用下溶解。主要反应：

$$CaSO_4 \cdot 2H_2O + NH_4\text{-}R \longrightarrow Ca\text{-}R + H_2O + (NH_4)_2SO_4$$

磷石膏浆料经过浸钙工序后，主要成分石膏已被溶解，溶液所含固体较少，需要将溶液中的固体在浓密机中进行浓缩，减少压滤机的进料量，提高压滤机进料效率，同时澄清的溶液溢流入后续工段。

浓密机的底流主要成分是磷石膏中的杂质，通过压滤机进行压滤分离，并进行多级逆流洗涤回收滤饼中的溶剂，洗涤后卸渣。

磷石膏浆料通过浸钙工序后，被分离为不含有杂质的石膏溶液与主要杂质为二氧化硅的硅石粉，保证了石膏产品与杂质的完全分离。

（3）二水石膏工段

自浸钙工段来液的石膏溶液进入结晶塔，在 70～80℃下通过蒸发作用，排出含有少量氨的水蒸气，返回浸钙过程使用，通过蒸发作用，挥发出促溶剂，使溶液对石膏的溶解能力下降，二水石膏从溶液中析出，转化为二水石膏固体，获得了高纯度、高白度的石膏。

二水石膏从溶液中析出后，需要一定的晶体生长时间，在蒸发釜中进行一定的时间停留，使二水石膏生长为易过滤的沙状晶体，经过本工序后，磷石膏中的石膏成分从溶液中重新结晶出来，得到了高纯、高白的二水石膏。具体反应如下：

$$Ca\text{-}R + H_2O + (NH_4)_2SO_4 \longrightarrow H_2O + CaSO_4 \cdot 2H_2O + NH_4\text{-}R$$

经过蒸发后的含钙溶液进入缓冲罐，设置缓冲罐的原因是结晶塔、蒸发釜的运行过程根据原料的成分不同，出料量会有一定的波动，设置缓冲罐缓冲进料流量，使下游工段可以维持在稳定的工况下运行。

经过缓冲后，由于本工艺产出的二水石膏颗粒较大，溶液所含二水石膏固体体积较少，需要将溶液中的二水石膏在浓密机中进行浓缩，减少离心机的进料量，提高离心机的进料效率，同时澄清的溶液溢流回磷石膏化浆工段，实现反应溶液的循环使用。

经过浓密后，浓密机的底流主要成分为二水石膏，通过卧式离心机进行连续分离。本工艺产出的石膏具有颗粒大的优点，通过离心分离、洗涤水喷洗，即可获得含水率 4%～5%的二水石膏中间产品，磷石膏中的石膏成分经过石膏结晶工序后，被分离为高纯、高白、低含水的沙状二水石膏，反应溶液进行下一批次的循环使用。

10.3 预处理对磷石膏相变过程的影响

在 $CaCl_2$ 溶液中，磷石膏中磷酸、磷酸二氢钙、氢氟酸等可溶性杂质溶于水中使溶液显酸性。当固液比（磷石膏与 $CaCl_2$ 溶液的比）不同时，溶液的 pH 不同，固液比越大，pH 越小；固液比一定时，值越小的反应体系，磷石膏的酸性杂质含量越多；经过水洗或碱处理后，磷石膏的 pH 升高，酸性减弱，因此可以用一定 pH 的磷石膏在不同固液比或用不同 pH 磷石膏在固液比一定的条件下，水热反应体系 pH 的变化来判定研究磷石膏所含杂质对磷石膏相变反应过程的影响。同时对比不同预处理工艺对磷石膏的相变过程和产物形态的影响来研究预处理对 α 石膏制备工艺与性能的影响。反应体系 pH 对磷石膏相变过程的影响见表 10-1。

表 10-1 反应体系 pH 对磷石膏相变过程的影响

编号	原料 DH	反应前 pH	反应时间 (min)	晶体相组分	反应后 pH
B0	原装 PG	0.5	210	HH	0
B1	水洗 PG	1	240	HH	0.2
B2	水洗 PG	1.5	240	HH	0.5
B3	水洗 PG	2.0	480	DH	2.0
B4	水洗 PG	3.0	480	DH	3.0
B5	水洗 PG	5.0	480	DH	5.0
B6	水洗 PG	7.5	480	DH	7.5
B7	NH 处理	0.5	210	HH	0
B8	NH 处理	1.5	240	HH	0.6
B9	NH 处理	3.0	240	DH	3.0
B10	NH 处理	5.0	480	DH	5.0
B11	CH 处理	0.5	210	HH	0
B12	CH 处理	1.8	240	HH	0.6
B13	CH 处理	3.0	480	DH	3.0
B14	CH 处理	4.4	480	DH	4.4
B15	CH 处理	6.4	480	DH	6.4
B16	分析纯 DH	1.5	300	HH	1.5
B17	弱酸性 PG	1.5	240	HH	0.4

10.4 预处理对 α 型高强石膏晶体形态的影响

经不同预处理方法处理的磷石膏以及纯二水石膏的相变产物的晶体形态见图 10-1。未处理的原状磷石膏 B0 的相变产物晶体图大多为直径 3～20μm、长度 50～200μm、长径比 5～40 的棒状晶体；经水洗处理并用盐酸调控 pH 至 1.5 的磷石膏相变产物 B2 为直径

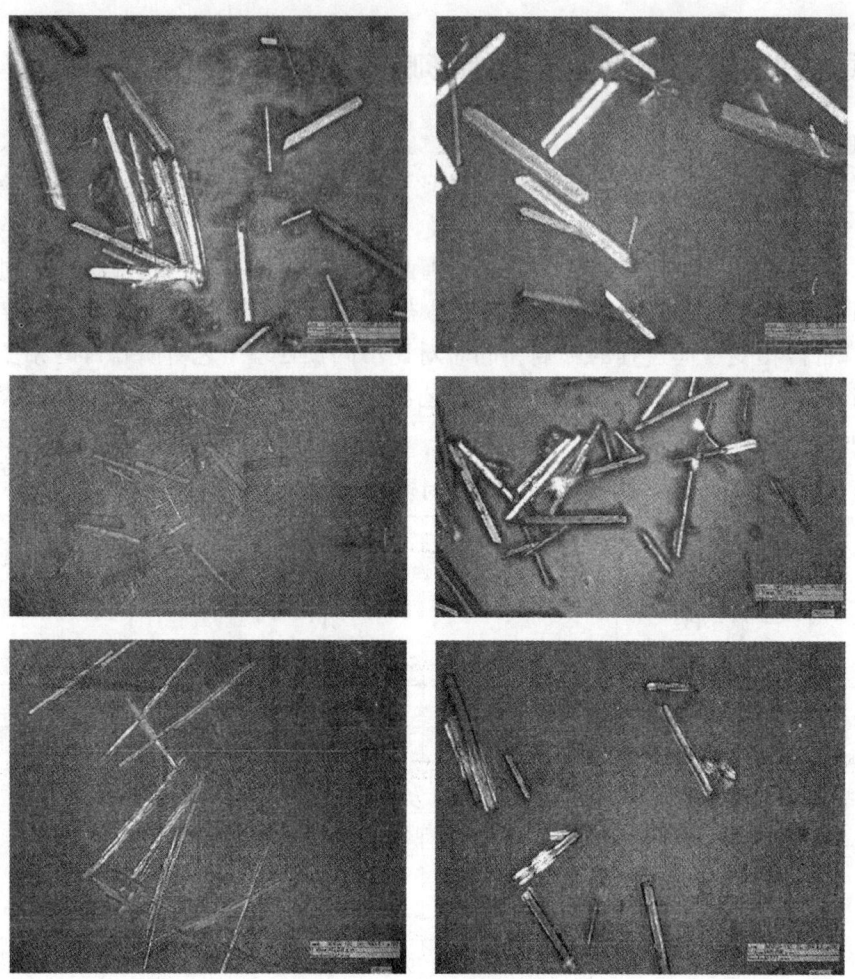

图 10-1　预处理对磷石膏相变产物形貌的影响

4～30μm、长度 60～150μm、长径比 5～15 的棒状晶体，且出现了较多晶体形态相对粗大，长径比变小的晶体，且晶体中杂质颗粒明显减少，说明原料磷石膏中的可溶性杂质和有机物使 PBGP 的晶体细小；经 NaOH 处理的磷石膏相变产物 B8 的晶体为直径 1～10μm、长度 15～80μm、长径比 3～30，经石灰处理的磷石膏的相变产物 B12，晶体为直径 4～10μm、长度 50～200μm、长径比 10～30 的晶体形态。B8 和 B12 的晶体发育尚比较均齐，但其中都夹杂有部分杂质颗粒，经 NaOH 处理后的产品 B8，α 半水石膏相对石灰处理的产品长度变短，且含有较多直径小于 2μm 的细小晶体，说明磷石膏中磷酸、氢氟酸使 α 石膏晶体变细变长，长径比变大，且可溶性钠盐使其相变产物晶形细小；而同等条件下，分析纯二水石膏制备的 α 半水石膏晶体 B16，则呈直径 1～4μm、长 20～150μm、长径比 20～80 的细长纤维状，说明磷石膏固溶的和不溶性杂质使常压相变产物晶习向短、宽方向发展。

磷石膏所含的杂质对磷石膏常压相变制备 α 石膏产生复杂的影响：

（1）可溶性磷、氟为磷石膏的相变反应提供了必需的酸性环境，同时使 α 半水石膏晶体的长径比变大、晶体直径减小，且可溶性钠盐使晶体中出现细小的纤维状；

（2）可溶性盐类杂质和有机物使α半水石膏晶体变得细小；不溶性杂质则使产物α半水石膏晶体向短棒状方向发展。而晶形发育良好、长径比小的晶体是高强α半水石膏具有优异工作性能和较高抗压强度的前提。

要保证浆体具有pH小于1.8的酸性环境。因而上述预处理方法中水洗预处理比较合适，综合生产的经济性和可行性考虑，选用经水洗处理后pH为5.0的磷石膏为原料，在上述水热反应体系中可以满足pH为1.5左右的要求（表10-2），其相变产物的晶体为直径2~18μm、长度20~150μm、长径比5~20；从产物性能看，该产物晶形优于碱处理磷石膏和天然石膏的相变产物晶形，次于磷石膏经水洗至中性后加盐酸的相变产物晶形。这也证明了磷石膏中的游离态磷使α半水石膏晶体的长径比变大，直径变小。

表10-2 原料预处理对磷石膏相变产物形态及强度的影响

序号	原料DH	晶体形态（平均）			干抗压强度（MPa）
		直径（μm）	长度（μm）	长径比	
B0	原状PG	9.0	110.5	15.6	3.43
B2	水洗PG	10.8	106.0	11.1	5.41
B8	NH处理PG	6.1	51.9	11.4	3.67
B12	CH处理PG	7.4	120.0	16.4	4.00
B16	分析纯DH	2.6	85.8	36.2	1.67
B17	水洗弱酸性	9.3	85.2	10.8	4.45

表10-2为不同预处理方法处理磷石膏以及纯二水石膏在同等水热反应体系条件下相变产物的晶体尺寸平均值和经成型后的干燥强度。可以看出水洗至中性后加盐酸处理的磷石膏相变产物B2晶体在同等长径比时直径最大，强度最高；水洗至弱酸性的磷石膏相变产物B17晶体直径和长度均有减小，因而强度次之；而碱处理后的对应产物B12和B8平均直径小于未处理磷石膏的对应产物，尤其是NH处理产物的晶体平均长度明显变小，B12和B8的强度与B0相比稍有提高；而同等条件下纯二水石膏DH相变产物B16几乎没有强度，原因是产物晶体的直径过小。

10.5 预处理对α型高强石膏形成与形态的影响机理

磷石膏常压相变制备α型高强石膏的过程中伴随着水热溶液中二水相的溶解和半水相的结晶，在此过程中磷石膏所含的磷酸、磷酸二氢钙、碱金属盐类、氟化物、有机物等杂质发生溶解或吸附，改变了二水石膏的相变环境，使弱碱性的浓氯化钙溶液显较强的酸性，同时改变了半水石膏的晶体成长速度与结晶条件。

磷石膏的相变反应体系中的酸性介质磷酸属于三元强酸，磷酸在水中可分三步电离，能够以 H_3PO_4、$H_2PO_4^-$、HPO_4^{2-}、PO_4^{3-} 四种粒子形式存在，在不同的pH环境中，其可能存在的电离方程为：

$$H_3PO_4 \rightleftharpoons H^+ + H_2PO_4^-$$

$$H_2PO_4^- \rightleftharpoons H^+ + HPO_4^{2-}$$

$$HPO_4^{2-} \rightleftharpoons H^+ + PO_4^{3-}$$

当pH逐渐增大时，磷酸根及磷酸二氢根、磷酸氢根离子的电离度都会逐渐增大。其三级电离常数为：$K_{a1}=6.7\times10^{-8}$，$K_{a2}=6.2\times10^{-8}$，$K_{a3}=4.5\times10^{-13}$，当pH=2.1时，磷酸分子和磷酸二氢根的浓度相等，当pH=7.2时，磷酸氢根与磷酸二氢根的浓度是相等的，当pH=4时，阴离子的种类主要是磷酸二氢根（占总含磷微粒的98.6%）。可见，酸性环境中，可溶磷可能以磷酸分子及磷酸二氢根、磷酸氢根离子的形式存在。为了研究这些酸性杂质对其相变过程的影响机理，以水洗至pH为7的磷石膏为原料，通过分别添加少量的盐酸和磷酸来调整磷石膏-氯化钙-水体系至不同的pH，测定水热反应6h后浆体的SO_4^{2-}浓度变化，来研究酸性杂质对α半水石膏的形成与生长的作用机理。图10-2为pH对95℃磷石膏-氯化钙-水体系中SO_4^{2-}的影响。

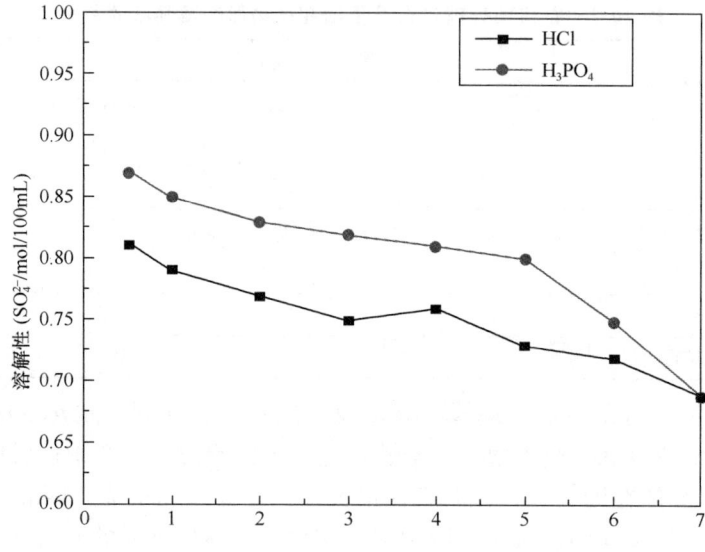

图10-2 pH对95℃磷石膏-氯化钙-水体系中SO_4^{2-}的影响

从图10-2中可以看出：

(1) 当pH由7.0减小为0.5时，溶液中的SO_4^{2-}浓度呈增大趋势。

(2) 当pH为5.0和2.0左右均出现浓度明显增大的拐点。

(3) 当pH相同时，磷酸对磷石膏溶解度增大的作用明显大于盐酸的影响。

(4) 可见酸性杂质H^+和$H_2PO_4^-$对磷石膏相变点的影响是因为改变了磷石膏的溶解度。

(5) 当pH在1.5时，虽然两者的溶解度差别较大，但都会发生相变反应。

(6) 当pH大于2.0时，即使磷石膏的溶解度达到经盐酸调整至1.5时的溶解度数值，相变反应仍不会发生，说明相转化条件除了与溶解度有关外，还可能与半水相石膏晶核的形成过程本身有关，且一定的H^+浓度为二水石膏相变转变为半水石膏的相转化提供了有利条件。

根据新相成核理论，新相从过饱和溶液中成核的概率以及相应产生结晶的速度，反比于摩尔体积和晶体与液相界面的表面自由能，而正比于溶液对新相的过饱和度。由此可以推测，在一定温度的磷石膏反应体系中，当半水石膏相的过饱和度和摩尔体积一定时，pH小于2.0是浓$CaCl_2$溶液中磷石膏由二水相转变为半水相的充分条件，原因可能是体系中一定的 H$^+$ 浓度在增大 α 半水石膏过饱和度的同时，降低了晶体与液相界面的表面自由能，且后者的作用更重要。

杂质对成核速率的影响：

(1) 取决于平衡溶解度与相对过饱和度的变化。

(2) 取决于杂质与所生成的新相晶粒的直接作用。

图 10-3 为磷石膏经水洗至弱酸性前后在氯化钙-水溶液中相变产物的 XRD 图谱，可以看出，虽然两者的主要矿物都是半水石膏，但在结构上存在差异，各峰值的相对强弱存在明显差异，也就是说不同晶面发育以及晶体的结晶度存在差异，尤其是（102）面变化较大。说明 pH 为 0.5 的试样的结晶完善程度要比为的试样高，内部质点排列更加有序、整齐，其物理化学性能则表现出反应活性较低、溶解速度及溶解度降低等特征。这可能是因为杂质粒子直接参与核前缔合物的长大过程，它也可能吸附于结晶中心的表面上。此时，成核可能减慢，也可能加快。

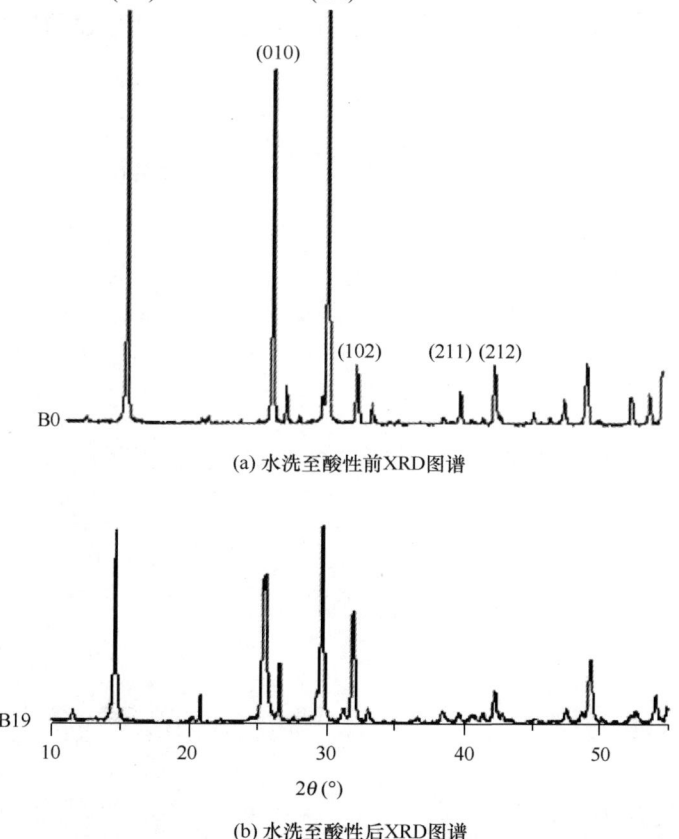

(a) 水洗至酸性前XRD图谱

(b) 水洗至酸性后XRD图谱

图 10-3 磷石膏经水洗至弱酸性前后在氯化钙-水溶液中相变产物的 XRD 图谱

磷石膏的杂质除了磷酸外，还存在磷酸二氢钙、微量的可溶性钠、有机物等，这些杂质在硫酸钙的一个变体变为另一个变体的相变过程中有双重作用。一方面它们在酸溶液中可以改变相变的速度，而另一方面在获得任何一个变体时直接影响它的稳定性。各种杂质对晶形作用的机理可能是不同的，当多种杂质混在一起，单种杂质的作用会变得相互削弱或加强，晶形的变化可能是出于杂质吸附于生长中的晶体表面上造成的，在这种情况下，吸附是杂质与固相之间相互作用的一种形式。另一种形式的相互作用可能是生成物质的有限和无限固体溶液（固溶体），这在个别情况下也可能对晶粒形状产生影响。因此磷石膏相变产物的晶体形态是多种杂质以多种方式相互作用的结果。

10.6　磷石膏净化处理对α型高强石膏晶形的影响

影响半水石膏活度的因素，除了生产工艺外，主要还有转化温度和时间、媒晶剂（转晶剂或改良剂）、原料性质、反应条件、粉磨和颗粒级配等。但根本原因在于α半水石膏的晶体形态，α半水石膏的晶体形态可能是针状、板状及双锥短柱状等多种晶体形态，不同结晶形态对标准稠度用水量影响十分显著，使标准稠度在30%～80%之间波动，以细针状或纤维状结晶形态最差，标准稠度用水量最大，强度最低；粗大的短柱状或近于立方晶型的结晶形态最好，标准稠度用水量低，制品的密实度和强度高。这也正是高强α半水石膏比β半水石膏具有更高强度、更优越的工作性能和更广泛用途的根本原因。

11 媒 晶 剂

目前常用的媒晶剂主要分为无机盐类、有机酸（盐）类、表面活性剂类以及大分子类4种。无机盐类媒晶剂主要指三价金属的可溶盐，本章选硫酸铝和硫酸铁进行试验；有机酸（盐）类如柠檬酸、草酸、琥珀酸、酒石酸等，重点选用二元酸酒石酸钾、自制三元酸盐 NS、自制四元酸 EN 进行研究；表面活性剂类如十六烷基三甲基溴化铵、烷基芳基磺酸盐，选用十二烷基磺酸钠和木质素磺酸钠进行研究；第4类为蛋白质水解物（如角蛋白、酪蛋白等），应用较少。

在未加媒晶剂的情况下，磷石膏制备的 α 半水石膏的晶形为长径比 4～7 的六方长柱状，产品的标准稠度需水量大，产品强度较低。因此，必须用适量的媒晶剂使 α 半水石膏的晶习向长径比为 1～3 的短柱状晶体发展，磷石膏制备高强度 α 半水石膏的关键是选择合适有效的媒晶剂对半水石膏的晶形进行调控。媒晶剂本质上可看作是一种能把 α 半水石膏结晶形态调整为短柱状从而提高产物强度的有益杂质。其对半水石膏晶体形态的影响可能以3种方式进行：

（1）在某一晶面上做选择性吸附，通过抑制其 C 轴端面的正常生长而改变通常的针状晶习；

（2）通过改变晶核表面的比表面自由能而影响晶体成核、生长过程，从而控制晶体形貌；

（3）进入晶体结构内部，可能导致晶体生长基元结合能力和组合方式的变化，从而改变晶习。

复合转晶剂通过在 C 轴方向的晶面上形成网络状"缓冲薄膜"吸附层阻碍了结晶基元在该方向晶面上结合、生长。由于石膏晶体各个交界面上对添加物发生不同的吸附作用，不同媒晶剂引起半水石膏晶体形状和大小均有明显差异。

11.1 无机盐类媒晶剂

1. 硫酸铁

硫酸铁掺入量对反应时间及产品强度的影响见表 11-1。

表 11-1 硫酸铁掺入量对反应时间及产品强度的影响

序号	C11	C12	C13	C14	C15
掺入量（%）	1	2	3	4	5
转化时间（min）	240	300	360	360	420
绝干抗压强度（MPa）	3.43	6.7	9.29	13.80	4.88

由表 11-1 可以看出：随着硫酸铁掺入量从 1% 增加到 5%，磷石膏相变反应时间由 210min 延长到 420min，产品的绝干抗压强度出现先增大后减小的趋势，且在 4% 掺入量

时出现极大值 13.8MPa，但硫酸铁对提高产品强度的作用有限。从产品的形貌变化与同等条件下未掺硫酸铁的原样 B17 看，随着硫酸铁掺入量的提高，产物 α 半水石膏的长度变短，但细碎晶体增多，晶体发育缺陷增多；相对来说掺入 4% 硫酸铁的 C14 产物中晶体较为完整，为直径 4～12μm（平均值 9.6μm）、长度 30～50μm（平均值 52.5μm），长径比平均值 5.5，细碎晶体较少，因而强度较高，当掺入量增加到 5% 时，直径小于 2μm 针状晶体增多，晶体缺陷增多，造成强度出现明显下降的现象。因而加入硫酸铁后，磷石膏的相变反应进程明显变慢，适当的 Fe^{3+} 能抑制 α 型半水晶体的长径比缩短，但晶体发育不完整性增加。

硫酸铁掺入量对 α 型半水石膏晶体形貌的影响，如图 11-1 所示。

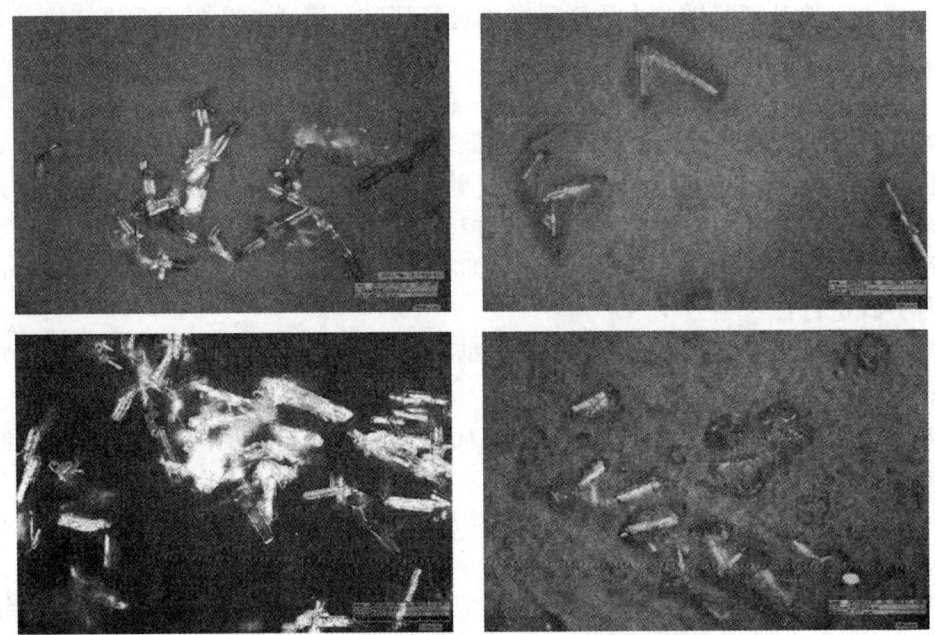

图 11-1　硫酸铁掺入量对 α 型半水石膏晶体形貌的影响

2. 硫酸铝

硫酸铝掺入量对反应时间及产品强度的影响，见表 11-2。

表 11-2　硫酸铝掺入量对反应时间及产品强度的影响

序号	C21	C22	C23	C24	C25
掺入量（%）	1	2	3	4	5
转化时间（min）	210	240	360	400	480
绝干抗压强度（MPa）	3.60	6.4	9.5	7.0	3.4

由表 11-2 可以看出：与添加硫酸铁的试验结果类似，随着硫酸铝掺入量从 1% 增加到 5%，磷石膏相变反应时间由 210min 延长到 480min，产品的绝干抗压强度也出现先增大后减小的趋势，且在 3% 掺入量时出现极大值 9.5MPa，硫酸铁对提高产品强度的作用也有限。从强度极高点 C23 产品的形貌与同等条件下未掺入硫酸铝的原样对比看，掺入 3% 硫酸铝的 α 半水石膏晶体为直径 3～12μm（平均值 8.6μm）、长度 20～60μm（平均值

49.6μm），出现了少量长径比接近3（平均值8.0）的短柱状晶体，但晶体发育很不均齐，细碎晶体增多；当掺入量增加到5%时，直径小于4μm针状晶体增多，晶体又向长径比增大的趋势发展，且晶体缺陷增多，造成强度出现明显下降的现象。因而，加入硫酸铝后，磷石膏的相变反应进程也延缓，适量的Al^{3+}可使α型半水石膏晶体的长径比变小，但形貌并不理想，对强度提高作用也有限（图11-2）。

 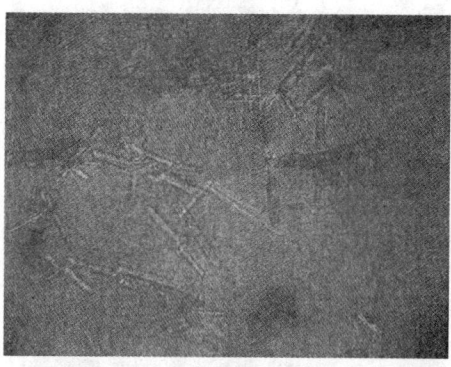

图11-2　硫酸铝掺入量对α型半水石膏晶体形貌的影响

无机盐类外加剂所起的作用主要是在温度不变的情况下相对增大溶液的过饱和度、降低反应的相平衡点，从而促进反应的进行，对α型半水石膏由针状向柱状的转化作用很小；本研究中分别加入4%硫酸铁、3%硫酸铝可以使α型半水石膏晶体长径比变小，向短棒状发展，但反应进程明显变慢，且产物中晶体发育不均齐，缺陷较多，不能得到发育良好的晶体形态，因而对强度的提高有限。可见本体系中，Fe_2O_3、Al_2O_3、SiO_2等惰性物质充当晶形转化剂，主要是通过吸附或固溶形式影响α型半水石膏晶体成核与生长过程，使半水石膏的晶形向短、宽方向发展，但影响作用有限，因而不适合作为磷石膏制备α半水石膏的高效媒晶剂。

11.2　有机酸（盐）类媒晶剂

1. 酒石酸钾

酒石酸钾掺入量对反应时间及产品强度的影响，见表11-3。

表11-3　酒石酸钾掺入量对反应时间及产品强度的影响

序号	D11	D12	D13	D14	D15
掺入量（%）	0.05	0.15	0.2	0.3	0.7
转化时间（min）	240	240	240	240	240
绝干抗压强度（MPa）	3.46	3.77	5.30	2.67	2.19

图11-3为酒石酸钾掺入量对半水石膏的晶体形貌的影响。

随着酒石酸钾掺入量从0.05%增加到0.7%，磷石膏相变反应时间变化不大，都在240min左右完成。产品的绝干抗压强度出现先缓慢增大后减小的趋势，且在0.2%掺入量的样品D13时出现极大值5.3MPa，但远远不能满足抗压强度要求。从对应产物的晶体

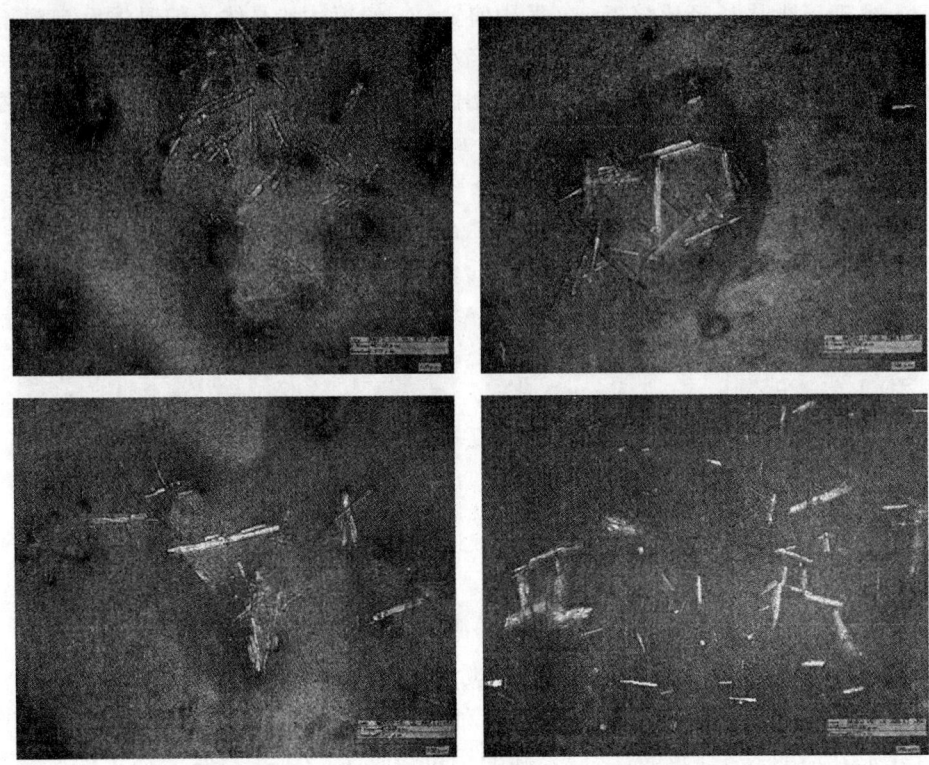

图 11-3　酒石酸钾掺入量对 α 型半水石膏晶体形貌的影响

形态与同等条件下未掺酒石酸钾的原样图对比看，各产物中均未见发育良好的短柱状晶体。抗压强度稍有提高的 D13 样品产物晶体缺陷相对较少，但晶体为直径 3～10μm（平均值 309μm）、长度 20～80μm（平均值 39.1μm）、长径比 5～15（平均值 9.5）的细棒状；之后，随酒石酸钾掺入量的继续增加，产物晶体逐渐变得细碎，尤其是掺入量为 0.7％ 的样品 D15 产物中直径小于 2μm、长度小于 20μm 的细碎针状晶体明显增多，晶体发育很不完整，造成强度很低的现象。因而，酒石酸钾对磷石膏的相变反应进程变化不明显，适当的掺入量可使 α 型半水石膏晶体长度变短，但形貌并不理想，对强度提高作用甚微。

2. 自制 NS

NS 掺入量对反应时间及产品强度的影响见表 11-4。

表 11-4　NS 掺入量对反应时间及产品强度的影响

序号	D21	D22	D23	D24	D25
掺入量（％）	0.05	0.10	0.15	0.30	0.5
转化时间（min）	240	300	360	420	≥500
绝干抗压强度（MPa）	7.68	18.14	40.85	20.42	—

随着 NS 掺入量从 0.05％ 增加到 0.5％，磷石膏相变反应时间明显延长，当掺入量在 0.5％ 时，磷石膏在同等条件下水热反应 500min 也未出现转晶的迹象。产品的绝干抗压强度也出现先增大后减小的趋势，且在 NS 0.15％ 掺入量时的样品 D23 抗压强度出现极大

值 40.85MPa，同时 D22 和 D24 的强度比同等条件下未掺入 NS 的原样 B19 的强度也明显提高。与对应产物的晶体形貌 B19 对比看，NS 掺入量变化对磷α半水石膏的晶习影响比较明显，掺入 0.10% NS 的样品 D23 晶体发育比较完整和均齐，晶体为直径 15~35μm（平均值 20.7μm）、长度 70~120μm（平均值 83.7μm）、长径比为 2~8（平均值 4.4）；当增加 NS 掺入量至 0.15%（样品 D24），产物晶体为直径 10~25μm（平均值 17.6μm）、长度 10~45μm（平均值 21.4μm）、长径比 0.5~2.0（平均值 1.2）的短柱状晶体，从该晶体的 SEM 图像可以看出，晶体为六方棱柱状，晶面发育比较完整和均齐，其中夹杂有微量杂质颗粒；而 NS 掺入量为 0.3% 的样品 D24 晶体，则缓慢发育为三方或六方片状，粒径为 5~40μm，强度下降。因而，NS 可以作为磷石膏制备高强α半水石膏的高效媒晶剂，其合适掺量为 0.15%。

NS 掺入量对α型半水石膏晶体形貌的影响见图 11-4。

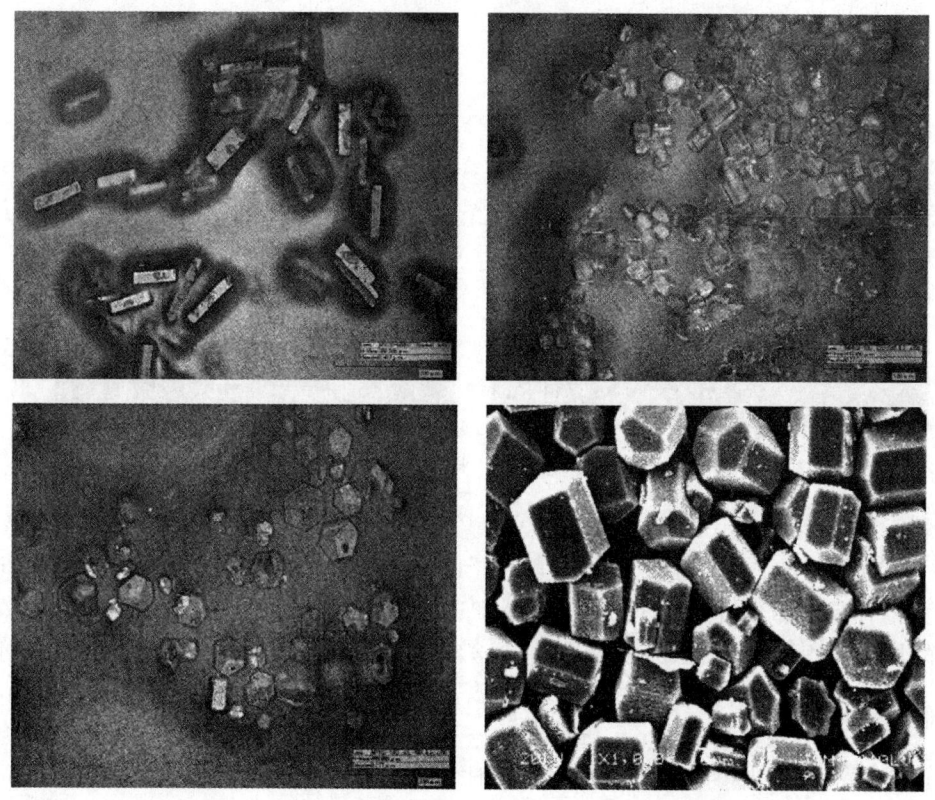

图 11-4　NS 掺入量对α型半水石膏晶体形貌的影响

3. 自制 EN

EN 掺入量对磷石膏反应时间及产品强度的影响见表 11-5。

表 11-5　EN 掺入量对磷石膏反应时间及产品强度的影响

序号	D31	D32	D33	D34
掺量（%）	0.05	0.10	0.3	0.4
转化时间（min）	240	240	300	300
绝干抗压强度（MPa）	3.95	4.48	22.43	35.99

EN掺入量对半水石膏的晶体形貌的影响见图11-5。

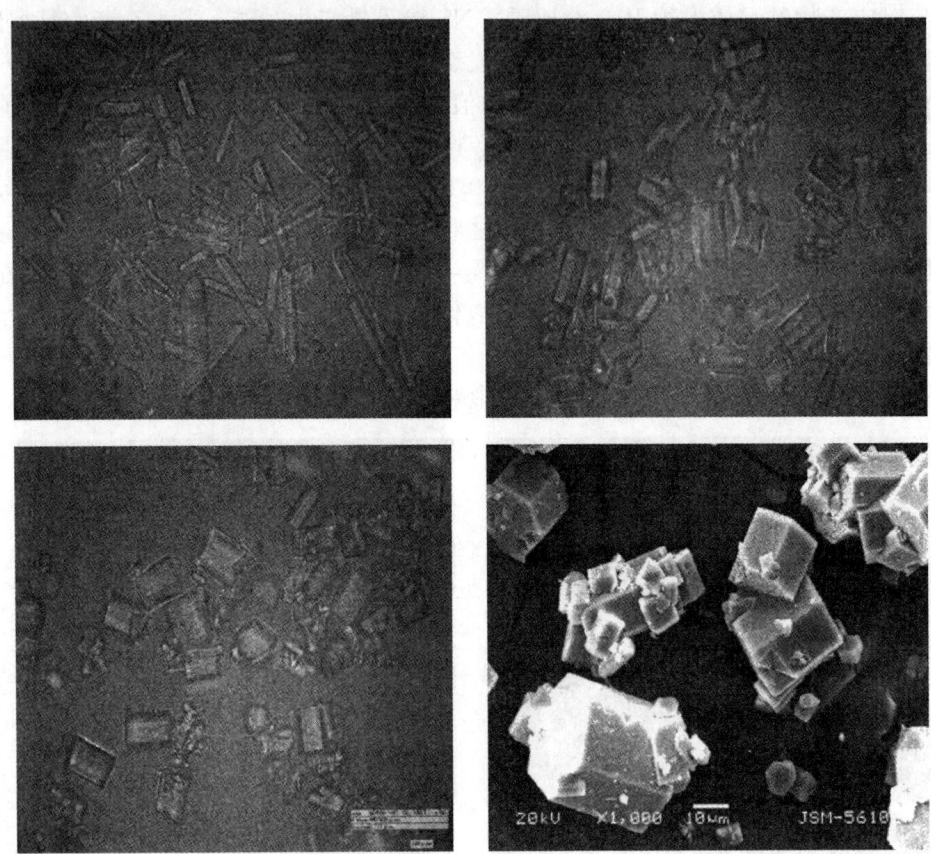

图11-5　EN掺入量对半水石膏的晶体形貌的影响

随着EN掺入量从0.05%增加到0.4%，磷石膏相变反应时间稍有延长，都在300min内完成，同时产品的绝干抗压强度在EN掺入量为0.3%、0.4%时得到了明显提高，最大值样品D34的绝干强度为35.99MPa。从对应产物的晶体形貌与同等条件下未掺入EN的原样B19对比看，EN掺入量在0.3%以上时磷α半水石膏的晶习变化也比较明显，掺入0.1%的EN样品D32中α半水石膏晶体为直径5~30μm（平均值10.6μm）、长度20~120μm（平均值63.0μm）、长径比3~10（平均值6.7）的棒状晶体，且发育不均齐，因而强度不高；当掺入量增加到0.3%时，产物α半水石膏晶体为直径5~30μm（平均值18.0μm）、长度20~50μm（平均值37.8μm）、长径比1~4（平均值2.3），同时还有少量颗粒状细碎晶体，强度增加明显；当EN的掺入量继续增加到0.4%时，产物α半水石膏样品D34，晶体为直径5~40μm（平均值25.6μm）、长度15~45μm（平均值42.0μm）、长径比1~3（平均值1.6）的短柱状晶体，同时晶体的直径粗细不均，从D34的SEM图像上可以看到一些直径小于10μm的小晶体吸附或共生在直径大于15μm大晶体的表面，出现了团聚或晶体共生现象。综上可知，加入EN后，磷石膏的相变反应进程稍有延长，适当的掺入量制备出长径比接近1的短柱状晶体，但产物中有团聚或共晶现象，从强度性能看，EN也可以作为磷石膏制备高强α半水石膏的高强媒晶剂。

有机酸盐类中酒石酸钾对α半水石膏晶习影响不明显，因而对产品强度也没有明显的提高作用，而 NS 和 EN 对 α 半水石膏晶习有明显的调控作用，可以得到长径比接近 1 的短柱状晶体，产品抗压强度在 35MPa 以上，可以作为磷石膏制备高强 α 半水石膏的高效媒晶剂，其合适掺入量分别为 0.15% 和 0.4%。下面通过 TR 分析对媒晶剂 NS 和 EN 的作用机理进行分析。

4. 机理分析

有机盐类高效媒晶剂对 α 半水石膏晶体红外图谱具有影响，各振动谱对应的基团情况见图 11-6，在 1004～1007cm^{-1} 为 SO_4^{2-} 的对称伸缩振动谱，1093～1153cm^{-1} 为 SO_4^{2-} 的反对称伸缩振动谱，599～661cm^{-1} 为 SO_4^{2-} 的反对称弯曲振动谱，423～477cm^{-1} 为 SO_4^{2-} 的对称弯曲振动谱，3554～3557cm^{-1} 为 H_2O 的对称伸缩振动谱，3609～3610cm^{-1} 为 H_2O 的反对称伸缩振动谱，1619～1622cm^{-1} 为 H_2O 的对称弯曲振动谱。从对应谱的振动看，各产物的主要成分均为半水石膏，但基团的振动强弱和位置稍有偏移，说明各产物的微观结构存在差异。当原料相同时，加酒石酸钾的相变产物 D13 各谱强度相对短柱状结晶 D23、D33 以及 HH 较弱，说明粗大短柱状晶体具有更完整的晶体发育和更高的结晶度。同时从各谱相应的基团分析发现 D23、D33 及 HH 谱图中存在亚甲基—CH_2—的特征谱，2853～2855cm^{-1} 和 2922～2925cm^{-1} 分别为对称伸缩和反对称伸缩振动，也就是说存在有机酸根离子在半水硫酸钙晶面上发生了吸附，外购高强石膏 HH 的峰值最强，可能是因为其中杂质含量较少，吸附量增多。而 D13 样品则未见亚甲基团振动谱，磷石膏中所含杂质离子以及反应介质中的其他杂质也可能发生吸附，从而使有机酸根离子的吸附数量相对减少。

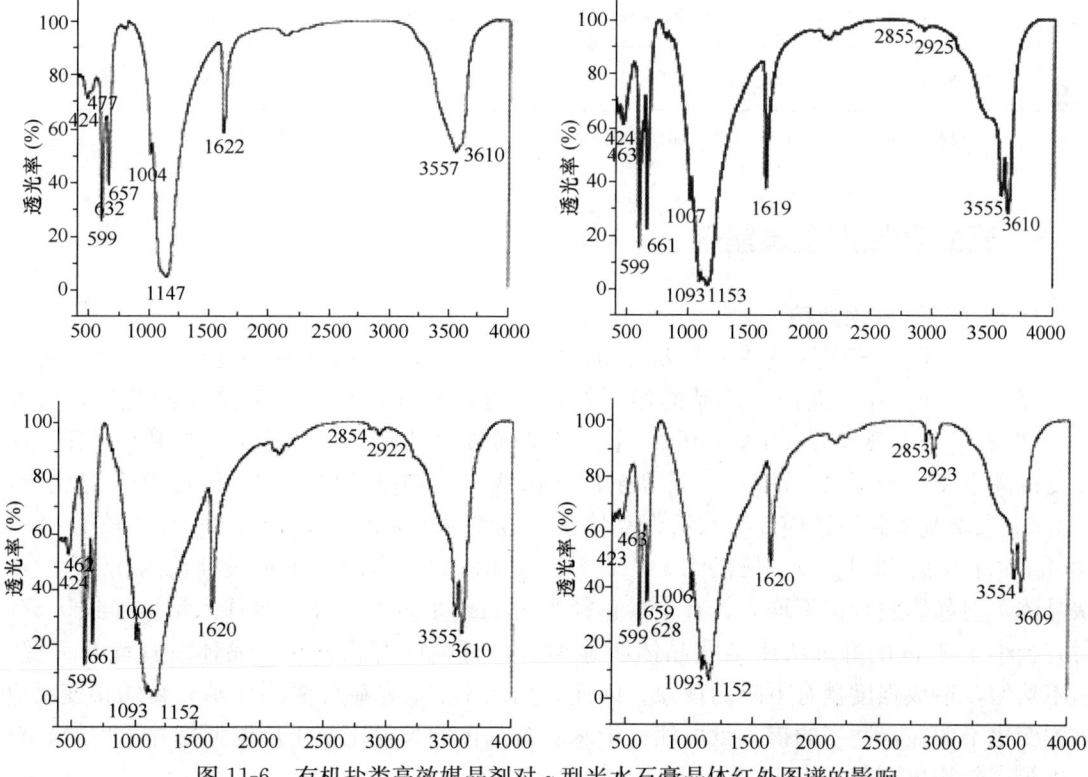

图 11-6 有机盐类高效媒晶剂对 α 型半水石膏晶体红外图谱的影响

媒晶剂对半水石膏样品曲线的影响：酒石酸钾，D13；自制 NS，D23；自制 EN，D33；高强石膏，HH。

晶体在液相中生长有 3 个阶段，即介质达到饱和或过冷却阶段、成核阶段和生长阶段，其中晶体生长阶段是控制晶体形貌的关键。在常压盐溶液水热法制备 α 半水石膏工艺中，α 半水石膏各个晶面的生长速度不一致，通常 C 轴方向最快而使其具有细长的针状结构，当体系中加入多元有机酸（盐）NS 或 EN 后，多元有机酸（盐）是通过电离出的络阴离子与新生半水石膏晶核表面的钙离子发生络合作用，吸附在生长最快的 C 轴方向上，降低该晶面上原子的叠合速率，改变各个晶面的生长速率，从而使晶体由针状变为短柱状，同时也导致 α 半水石膏晶体生长速率延缓，晶核得到充分的时间发育长大，使得 α 半水石膏晶体尺寸增大。磷半水石膏及高强石膏的红外光谱基团频率分布见表 11-6。

表 11-6 磷半水石膏及高强石膏的红外光谱基团频率分布

	SO_4^{2-}				H_2O			$—CH_2—$	
	V1	V3	V4	V2	V1	V3	V2	V1	V3
D13	1004	1147	599,632,657	477,424	3357	3610	1622	—	—
D23	1007	1093,1117 1153	599,628,661	463,424	3555	3610	1619	2855	2925
D33	1006	1093,1152	599,628,661	462,424	3555	3610	1620	2854	2922
HH	1006	1093,1115,1152	1599,628659	463,423	3554	3609	1620	2853	2923

注：V1：对称伸缩振动；V3：反对称伸缩振动；V2：对称弯曲振动；V4：反对称弯曲振动。

11.3 表面活性剂类媒晶剂

1. 十二烷基苯磺酸钠

随着十二烷基苯磺酸钠掺入量从 0.05％增加到 0.5％，磷石膏相变反应时间变化不大，都在 240min 左右完成。产品的绝干抗压强度出现先缓慢增大后减小的趋势，且在 0.3％掺入量时出现极大值 12.5MPa，十二烷基苯磺酸钠对提高产品强度的作用不明显。从强度极高点 E14 产品的形貌，与同等条件下掺入十二烷基苯磺酸钠的原样 B17 对比看，0.3％十二烷基苯磺酸钠使 α 半水石膏晶体为直径 2～20μm（平均值 9.4μm）、长度 25～100μm（平均值 62.1μm）、长径比 4～20（平均值 9.4），出现了少量长径比为 4～6 的柱状晶体，但晶体发育很不均齐，有少量直径小于 4μm 的针状晶体；当掺入量增加到 0.5％时直径小于 3μm 的纤维状或针状晶体明显增多，且呈放射状分布，晶体发育尚算完整，但不均匀，造成强度稍有下降的现象。因而，加入十二烷基苯磺酸钠后，磷石膏的相变反应进程变化不明显，适当的掺入量可使 α 半水石膏晶体的长径比变小，但形貌并不理想，对强度提高作用也有限（表 11-7、图 11-7）。

表 11-7　十二烷基苯磺酸钠掺入量对反应时间及产品强度的影响

序号	E11	E12	E13	E14	E15
掺入量（%）	0.05	0.10	0.2	0.3	0.5
转化时间（min）	240	240	240	240	240
绝干抗压强度（MPa）	4.95	6.55	8.55	12.5	8.36

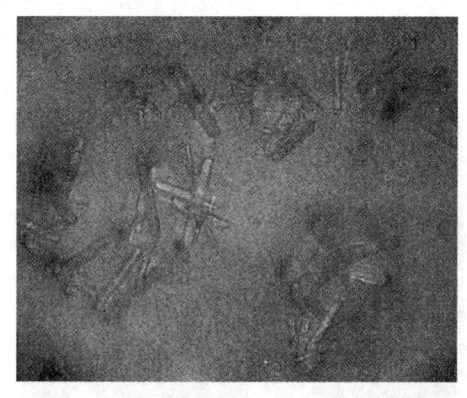

图 11-7　十二烷基苯磺酸钠掺入量对半水石膏晶体形貌的影响

2. 木质素磺酸钠

随着木质素磺酸钠掺入量从 0.05% 增加到 0.5%，磷石膏相变反应时间稍有延长，都在 270min 内完成。产品的绝干抗压强度出现先增大后缓慢减小的趋势，且在 0.1% 掺入量时出现极大值 10.02MPa，木质素磺酸钠对提高产品强度的作用也不明显。从对应产物的晶体形貌与同等条件下未掺入木质素磺酸钠的原样 B17 对比看，木质素磺酸钠掺入量变化对磷 α 半水石膏的晶习影响比较明显，掺入 0.05% 的木质素磺酸钠的产物晶体为直径 4~40μm（平均值 5.9μm）、长度 50~200μm（平均值 68.4μm）、长径比 5~15（平均值 11.6），使 α 半水石膏中出现了少量直径大于 30μm 或长度大于 150μm 的柱状晶体，晶体发育尚完整，但不均齐，因而强度不高；当掺入量增加到 0.1% 时，产物 α 半水石膏晶体为的最大晶体直径不大于 150μm（平均值 11.5μm）、长度小于 150μm（平均值 89.3μm）、长径比 5~1（平均值 9.2），晶体发育均齐性有所提高，因而强度增加明显；随着木质素磺酸钠的掺入量继续增加到 0.3%、0.5%，产物 α 半水石膏晶体中未见较为粗大的晶体，且呈直径减小的发展趋势，尤其是木质素磺酸钠的掺入量为 0.5% 时，晶体明显变得较为细碎，产物强度缓慢下降。因而，加入木质素磺酸钠后，磷石膏的相变反应进程稍有延长，适当的掺入量可使 α 半水石膏晶体中出现稍微粗大的柱状晶体，长径比变小，但形貌不理想，对强度提高作用也有限（表 11-8）。

表 11-8　木质素磺酸钠掺入量对反应时间及产品强度的影响

序号	E21	E22	E23	E24
掺入量（%）	0.05	0.1	0.3	0.5
转化时间（min）	240	270	270	270
绝干抗压强度（MPa）	3.86	19.02	9.15	8.38

表面活性剂是一种表面活性物质，能吸附在各种固体质点的表面，具有降低表面张力，增大溶液表面活性的作用。表面活性剂对结晶的粒度分布、晶形、堆密度、吸湿性等都有所改变，原因是表面活性剂容易在晶体的某些晶面和边缘棱角处选择性吸附，抑制该部位的成长，从而使结晶习性发生改变。在湿法磷酸生产中添加适量的表面活性剂（如十二烷基苯磺酸钠）能降低晶面比表面能，降低晶体的成核速率，增大其成长速率，从而使二水硫酸钙的粒度分布向增大粒径方向移动，从而使石膏的过滤性能得到改善。本研究选用的十二烷基磺酸钠、木质素磺酸钠可使α半水石膏晶体长径比变小，向短棒状发展，反应进程稍有延长，且产物中晶体发育比较完整，但得不到理想的长径比1~3的短柱状晶体，可能是因为酸性条件及体系中的微量杂质降低了表面活性剂的吸附效果，因而不适合作为磷石膏制备高强石膏胶凝材料的高效媒晶剂（图11-8）。

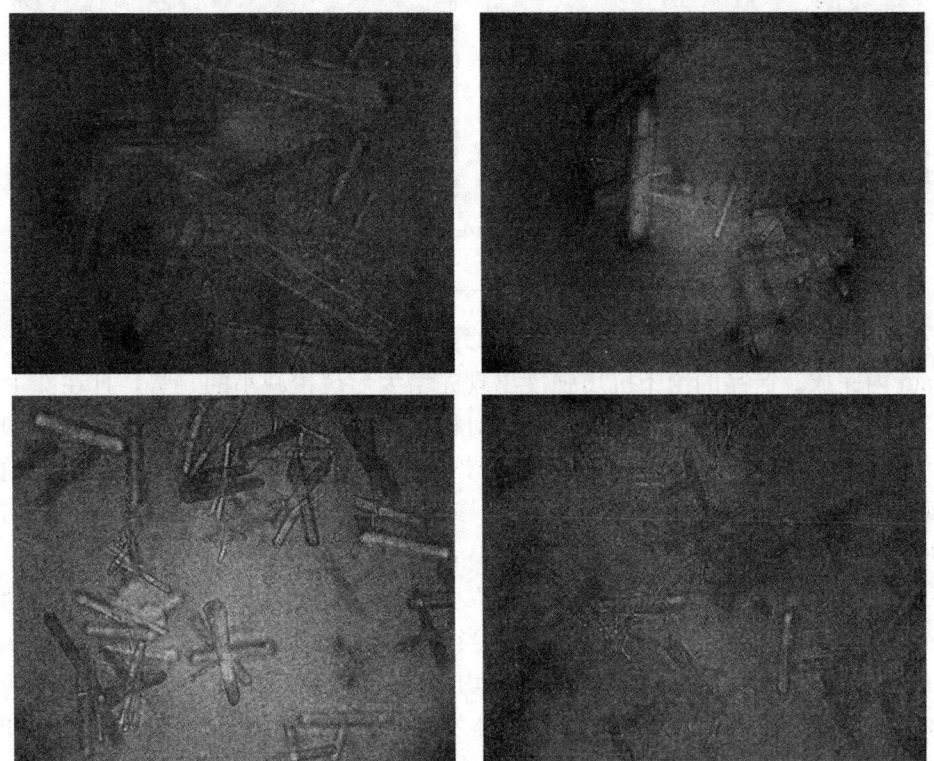

图 11-8　木质素磺酸钠掺入量对半水石膏晶体形貌的影响

11.4　预处理对α型高强石膏晶形调控的影响

以水洗至 pH=5 的弱酸性磷石膏为原料，选择 NS 为媒晶剂，对比经不同预处理工艺处理至相同 pH 的磷石膏，分析纯二水石膏制备的高强石膏形貌和强度的性能，以研究杂质对半水石膏强度性能的影响，从而选择合适的预处理工艺，优化产品性能。

由分析可知，磷石膏的水热相变反应只能在 pH 不超过 1.8 的酸性环境中进行，本节通过改变原料来源来研究原料预处理对 NS 作用效果及产品性质的影响，结果见表11-9和图11-9。

表 11-9　原料预处理对媒晶剂掺入量和产品强度的影响

序号	原料 DH	pH	NS 掺入量（%）	晶体形态（平均）			干抗压强度（MPa）
				直径（μm）	长度（μm）	长径比	
F01	原状 PG	0.4	0.4	10.5	35.0	3.5	10.69
F02	原状 PG	0.4	0.6	9.2	14.5	1.7	33.18
D23	弱酸性 PG	1.5	0.15	17.6	21.4	1.2	40.85
F03	水洗 PG	1.5	0.10	19.1	34.1	1.9	52.11
F04	NH 处理 PG	1.5	0.15	8.8	16.7	2.3	32.61
F05	CH 处理 PG	1.5	0.15	11.9	23.6	2.3	35.23
F06	分析纯 DH	1.5	0.10	7.3	11.7	1.8	15.78

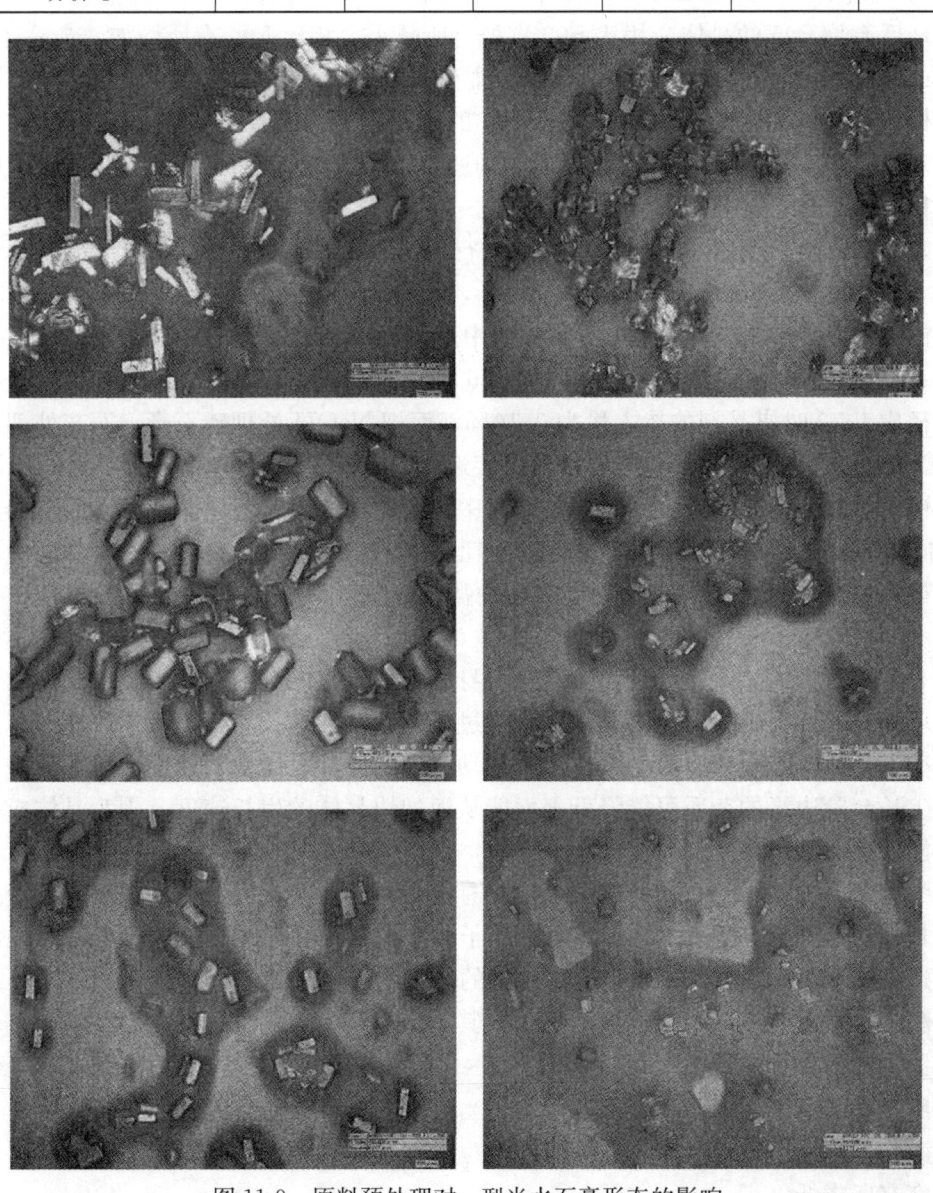

图 11-9　原料预处理对 α 型半水石膏形态的影响

表 11-9 可见不同预处理方法对晶体调控后产物的晶体形态有显著差别：当原料为原状磷石膏，固液比为 1∶1 时，体系的 pH 为 0.4，此时，掺入 0.4% 的媒晶剂 NS 时，产物晶体为直径 5~15μm、长度 15~50μm、长径比 2~5 的长棒状，晶体直径不均一，发育也不完整；当继续增加媒晶剂掺入量至 0.6% 时，产物晶体形态向长度变短的方向发展，为直径 5~15μm、长度 5~30μm、长径比 1~4 的短柱状或颗粒状，晶体较为细碎；对比当原料经水洗预处理至 pH=5 后，对于产物 D23 说明磷石膏中 H^+、$H_2PO_4^-$ 等可溶性杂质和有机物使 α 半水石膏的晶体细小，发育不均齐；当原料水洗至中性并加入盐酸调 pH 后的产物 F03 则趋向于直径变大和发育更完整，为直径 5~30μm、长度 10~50μm、长径比 1~2 的粗短柱状，说明相比 Cl^-、$H_2PO_4^-$，磷石膏的相变产物长度增大；而原料经 NaOH 处理后对应产物 F04 直径变小，为直径 415μm，长径比也均齐为 1~4，原料经石灰处理后产物 F05 的晶体，相比 F03 直径有所减小，相比 F04 有所增加，为晶体直径 5~20μm、长径比 1.5~4.0，说明可溶性钠盐和氢氟酸也使晶体直径趋于变小；而同等条件下分析纯二水石膏相变产物 F06 则呈细小的碎颗粒，为直径 2~15μm、长度 3.25μm、长径比 0.5~3.0，说明磷石膏的晶体形态和所含不溶性或固溶性杂质可以对相变产物晶体长成粗大柱状产生有利的影响。

从媒晶剂的合适使用量看：若原料未进行预处理，产物由长棒状 B0，调控为长径比接近 1（F02）时的媒晶剂合适用量为 0.6%，而原料经碱处理或水洗处理后合适的媒晶剂用量仅为 0.1%~0.15%，这说明磷石膏中过多的 H_3PO_4、$H_2PO_4^-$ 会显著增大媒晶剂使用量；当原料预处理后体系的 pH 同为 1.5 时，把水洗磷石膏、分析纯石膏调整到产物晶体长径比 1~2 时媒晶剂的掺入量为 0.10%，而把 NaOH 处理磷石膏、石灰处理磷石膏以及 pH=5 的弱酸性磷石膏调控到长径比接近 1 时媒晶剂的掺入量为 0.15%，原因是前者的酸性是由盐酸调控，后者则是因为原料中所含的酸为磷酸，磷酸使半水石膏的晶习向 C 轴方向发展，长径变大，因而媒晶剂的消耗也增大；而原料经 NH 和 CH 处理后媒晶剂的合适掺入量没有明显变化，说明可溶性钠盐和氢氟酸对媒晶剂的合适掺入量没有明显影响。

从 α 半水石膏的晶体生长看，磷石膏自身所含杂质、活度剂以及媒晶剂都是杂质，这些杂质可以选择性吸附在特定的晶面上，通过控制晶轴的生长速度来影响晶面形态。在大多数情况下，晶体吸附杂质后，晶体台阶运动受到阻碍，晶体生长速度变小，另外，吸附在晶体生长台阶边缘的杂质可能降低表面能从而加快晶体的生长速度，因为晶体成核对固液界面能变化非常敏感。

作为制备高强 α 半水石膏的有益杂质，有机媒晶剂主要是通过吸附来改变石膏晶体的晶面生长相对速度，其中 pH 是影响络阴离子的数量及存在形式的最主要因素之一，只有在一个适中的 pH 范围内，才可以得到良好的短柱状半水晶体，本研究所加入的媒晶剂为三元弱酸的正盐，在不同酸碱度的溶液中，其羧酸根离子与钙离子的络合稳定性有较大差异，因此调晶效果也差别很大，在 pH 为 1~2 的水热体系中，羧酸根离子与 H^+ 结合成络合作用最强的离子，因而有良好的效果。当加入 EN 时，其强烈的整合能力改变了 C 轴晶面的生长速度，影响其晶体形态，但同时也出现了较多的挛晶和共晶，因而晶体水化产物的强度有所降低。

11.5 α型高强石膏晶体形态与抗压强度的关系模拟

材料的宏观性能与其内在组成结构密切相关，α半水石膏晶体形态的变化同样也会引起与其宏观性能的变化。图11-10为经不同预处理方法处理并加入媒晶剂进行晶形调控前后PBGP晶体形态与绝干抗压强度的3D关系图，可以看出：当PBGP晶体的长径比大于5时，晶体的直径通常小于12μm，产品绝干抗压强度小于10MPa；当PBGP晶体的长径比小于5时，产品的绝干抗压强度随产品直径的增大和长径比的缩小而增加。从表11-9中对应产物晶体形态平均值和绝干抗压强度看，在长径比为1.2～2.3范围内，产物绝干抗压强度随着晶体直径的减小而降低：水洗至中性后加盐酸处理的磷石膏相变产物F03晶体平均直径最大为19.1μm，强度最高为52.11MPa；水洗至弱酸性的磷石膏相变产物D23晶体平均直径减小为17.6μm，强度则降为40.85MPa；CH处理后的对应产物F0晶体平均直径为11.9μm，对应强度为35.23MPa；未处理的对应产物F02晶体平均直径为9.2μm，对应强度为33.18MPa；NH处理的对应产物F05晶体平均直径为8.8μm，对应强度为32.16MPa；而同等条件下分析纯二水石膏DH相变产物B16单位平均直径最小为7.3μm，强度最低为15.78MPa。

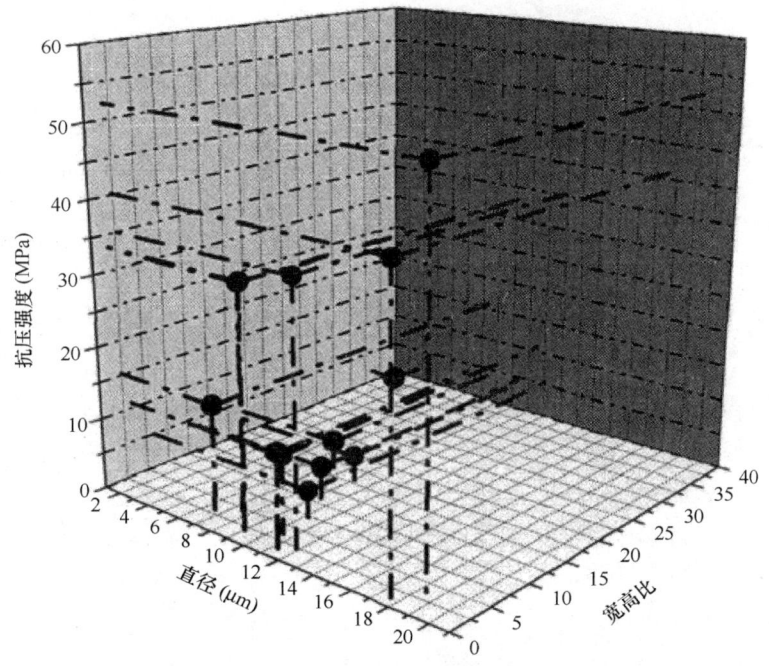

图11-10　PBGP晶粒大小与抗压强度的关系

α半水石膏的晶体为单斜晶系，六方形横断面、楔形终端，为了便于测量和计算，将晶体的长径比小于3时所测定的两个端面终端间的距离作为晶体长度l、晶体宽度d作为正六边形的2倍边长，则晶粒的体积V可以用式（11-1）表示。

$$V = \frac{3\sqrt{3}}{8}d^2 l = 0.65 d^2 l \tag{11-1}$$

对于直径大于 8μm、长径比 1~3 的 α 石膏来说，产品的绝干抗压强度与晶粒体积有良好的线性相关关系，相关系数为 0.991，其线性关系如式 (11-2)。

$$y = 0.002v + 30.50 \tag{11-2}$$

将式 (11-1) 代入式 (11-2) 可得：

$$y = 0.013d^2l + 30.50 = 0.013d^3\left(\frac{l}{d}\right) + 30.50 \tag{11-3}$$

α 半水石膏在晶体长大过程中，通常 C 轴方向最快而使其具有细长的针状结构，此时晶体的直径通常小于 8μm，长径比大于 10，当加入媒晶剂后，晶体的各个晶面相对生长速度改变，伴随着晶体长度的减小，直径增大。由式 (11-3) 可以看出，在晶粒体积一定的情况下，缩小晶体长度，增大晶体直径，强度 y 值成增大趋势。但式 (11-3) 仅适用于长径比 1~3、直径大于 8μm 的发育相对完整的 PBGP，原因是当晶体发育相对完整、直径较大时，其中平均直径 d、平均长度 l 基本可以反映 α 半水石膏晶体的晶体形态；当各个晶面存在较多缺陷，直径、长度发育存在较大极差，或发生共晶或孪晶等现象时，仅取晶体直径、长度的平均值已经不能准确反映晶体的发育情况，需要针对具体因素进行分析。

12 α型高强石膏制备方法

α型高强石膏是由二水石膏脱水制得,其制备方法较多,目前广泛使用的α型高强石膏制备方法主要有干闷法、蒸压(蒸炼)法、水热法、和煮沸(常压盐溶液)法等。干闷法是加压水蒸气法和加压水溶液法的联合制取方法,为这两种工艺的改进和变异,在生产中得到了广泛的应用,理论研究比较成熟,强度也比较高。

12.1 常压水热法制备α型高强石膏

国际上关于石膏在溶液中的溶解度及相转化已经有很长的研究历史。以浓无机酸或盐溶液为介质,在沸点温度附近用二水石膏制备α半水石膏的研究始于20世纪30年代,随后人们对免蒸压法制备α半水石膏进行了大量研究。比较NaCl、$CaCl_2$、$MgSO_4$、HNO_3等水热溶液体系,认为用浓$MgSO_4$溶液在沸点以上温度及稍增压的条件下可制出较好性能的α半水石膏;将KCl、$Ca(NO_3)_2$盐溶液体系也纳入考察范围,并将温度控制在沸点及沸点以下,发现$CaCl_2$溶液体系较具优势。研究了磷石膏在矿物酸溶液体系中的相变规律:当H_2SO_4溶液浓度超过50%时,磷石膏全部转化为无水石膏;当H_2SO_4浓度为10%~40%时,存在半水石膏区域;磷石膏作HCl溶液体系中脱水和水化的速率较之在H_2SO_4溶液体系低。

用磷石膏在100℃以上用$Mg(NO_3)_2$、$MgCl_2$、NH_4Cl、NH_4NO_3、NaCl、$CaCl_2$和硫酸溶液制备出α半水石膏,无机盐的种类对α半水石膏的形态有重要影响;在高温浓硫酸溶液中磷石膏可以转变为α半水石膏甚至无水石膏,酸浓度和温度取决于起始物质;添加适当的媒晶剂可以优化α半水石膏的晶形,半水石膏的性能与蒸压法产品相近。研究发现盐介质能改变半水石膏晶体的生长习性;半水石膏晶体的生长是以二水石膏转变为半水石膏后的晶体作为晶核为主的,而后在其晶核表面继续生长。

对磷石膏在常压水热电解质溶液中制备α半水石膏也进行了比较系统的研究。在常压80~102℃条件下KCl溶液中,α-HH的脱水过程有2个相转化途径:一个是α半水石膏-二水石膏-无水石膏(α-HH-DH-AH)历程;另一个是α半水石膏-无水石膏(α-HH-AH)历程;α-HH脱水转化为无水石膏的过程伴随有钾石膏的生成。α-HH在KCl溶液中的脱水速率和脱水途径取决于KCl浓度和反应温度对活度系数和水活度的影响。在90℃、3.74mol/L氯化钙溶液中,Mg^{2+}增加了硫酸钙晶面与水热溶液的界面张力,且Mg^{2+}在成核活性部位的吸附可能造成延缓硫酸钙成核,在0.20mol/L的高浓度Mg^{2+}溶液中,过饱和率大于3.0 Mg^{2+}表现出促进成核的效果,原因是更强的离子强度的水热溶液加速了硫酸钙形成时Ca^{2+}脱溶和界面反应。当在95℃、3.0mol/L $CaCl_2$+1.0mol/L $MgCl_2$溶液中加入0.001~0.035mol/L KCl时,相变反应速度加快;加入0.087~0.263mol/L KCl时,脱水速度延缓。当K^+浓度大于0.173mol/L时,脱水产物中出现无水石膏相,K^+在α半水石膏晶体形态中充当封端剂的作用,使α半水石膏晶体长径比缩短。α半水石膏可以在

80~100℃、3.74mol/L $CaCl_2$ 溶液中制备，加入 0.20mol/L $MgCl_2$ 后 α 半水石膏的溶解度下降，初始过饱和度增加引起晶体生长速度加快；加入 0.01mol/L KCl 后界面能减小，α-HH 的生长速度增加更加明显；在 0.01mol/L KCl＋0.20mol/L $MgCl_2$＋3.74mol/L $CaCl_2$ 溶液中 K^+ 的影响仍是 α-HH 生长的主导因素，并促进了 α-HH 晶体生长。加入酒石酸钾钠能降低脱水速度，增大长径比，加入柠檬酸钠增加脱水速度，降低长径比；证明柠檬酸钠比酒石酸钾更适合用于制备短柱状 α-HH，柠檬酸钠的量应控制在合适的范围内。他们还发现在常压 95℃、低 pH、含有 Mg^{2+} 和 Mn^{2+} 的浓 Ca^{2+} 溶液中，莲座丛状的亚硫酸钙可以直接转化为六角菱柱状的 α-HH，从而提供了一种利用含有丰富亚硫酸钙的脱硫石膏制备 α-HH 的可能方法。二水石膏还可以在 40%～73% 甲醇的水溶液、60～75℃、水反应 36h 条件下脱水制备出 α 半水石膏；甲醇浓度的提高能降低转化温度，提高成核速度；甲醇浓度较低时对晶体生长速度影响明显，较高浓度时对晶体习性影响明显；机理是增加甲醇水溶液浓度降低了水活度系数，从而增大了半水石膏成核生长的过饱和度。又以磷石膏为原料进行了循环 K-Ca-Mg-Cl-H_2O 体系中制备 α 半水石膏的工业化试验，发现在实验室条件下盐溶液在不补充新液时可以循环使用 7 次，在工业中试中盐溶液循环使用 8 次后补充 20%～30% 介质仍可以作为磷石膏制备 α-HH 的反应介质，实验室内磷石膏完全相变反应时间为 5～6h，中试时相变反应完成时间为 3.5～6h。

研究磷石膏转化生成 α 半水石膏中不同种类和浓度的盐溶液对硫酸钙溶解度及相转化的影响，结果表明温度、盐的种类及浓度对硫酸钙溶解度影响最为显著。不同的阳离子和阴离子基团对水蒸气分压有不同的影响，因而对溶液的沸点产生影响。$CaCl_2$ 明显降低水蒸气分压导致溶液沸点的明显升高，相应降低石膏相转化温度。在 $CaCl_2$ 溶液中，由于同离子效应的影响，$CaSO_4 \cdot 2H_2O$ 溶解度随着盐浓度的增加而降低；在 $MgCl_2$ 溶液中，低于 4% 浓度时由于硫酸镁离子对的形成，$CaSO_4 \cdot 2H_2O$ 溶解度随着盐浓度的增加而逐渐升高，高于 4% 浓度时溶解度随温度和浓度的变化不明显；在 KCl 溶液中，$CaSO_4 \cdot 2H_2O$ 溶解度变化总体趋势是随着盐溶液浓度增加而升高。在混合盐溶液中，随着浓度增加，$CaSO_4 \cdot 2H_2O$ 溶解度有明显的下降趋势，表明同离子效应影响最显著。

二水石膏在盐介质中部分脱水制备高强度 α 半水石膏过程中媒晶剂、盐介质、洗涤水温度、产品干燥温度、产品粒度等因素对产品的抗压强度的影响。常压碱土金属的盐溶液中媒晶剂对脱硫石膏制备 α 半水石膏结晶形态的转化影响：pH 对晶体形成速率影响最大，当控制其在 3～4h，在一定反应条件下，能较快制得高强度 α 半水石膏；发现各种碱土金属盐溶液中，以 $MgCl_2$ 溶液为盐溶液所得到的晶形为短粗状，同时反应时间短、产物维持时间长，较适于实际应用；采用复合表面活性剂（丁二酸和柠檬酸三钠）可显著改善晶体形态，有助于得到比较规整的 α 半水石膏晶体。

α 半水石膏除了采用二水石膏脱水制备外，还可以用酸、盐化学反应制取，常压条件下用浓硫酸和生石灰在 0.6～1.1mol/L H_2SO_4 平衡浓度，98～105℃ 条件下反应 1h 后可以得到 α 半水石膏；二水相转化为无水相的动力依赖于酸度水平；α 半水石膏晶体为长度 50～100μm、直径 1～3μm 的典型形态，在酸性溶液中延长平衡时间超过 24h 时，α 半水石膏晶体由细长针状变为纤维状甚至转化为无水相；而在熟石灰加入硫酸溶液则形成长度约 60μm、直径 5～10μm 的 α 半水石膏。

12.2 天然石膏制备α型高强石膏

常见的干闷法、蒸压法和盐溶液法制备α型高强石膏的工艺流程如图12-1～图12-3所示。国内关于高强石膏材料的制备也有了不菲的成果，吴羽法是1992年日本在水热法研究基础上提出的一种新工艺，它综合了添加转晶剂和晶种两方面的技术优点；岳文海首创了在常压酸介质中处理石膏原矿制备高强石膏的方法，并取得了良好的实际应用效果；王瑞磷等人通过工艺条件的控制和掺加外加剂，在实验室制备出抗压强度达100MPa的高强石膏材料；岳文海等人提出了常压盐溶液法，首次在90℃左右的较低温度的盐介质中制得结晶形态良好、试体强度较高、呈短柱状的α半水石膏晶体，低温条件下高强石膏的形成机理与特性研究成为石膏理论中的一项前沿课题，正逐渐受到人们的重视；此外，外加剂改性和合理的级配也是制备高强石膏材料的途径之一。

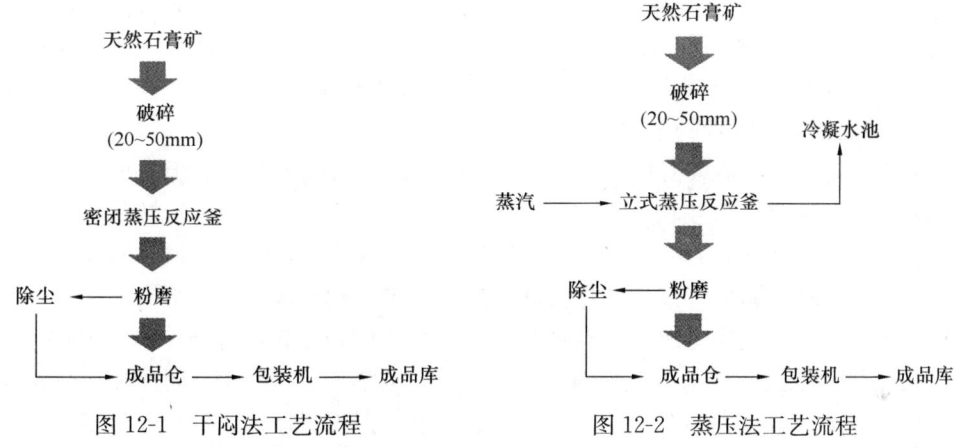

图12-1 干闷法工艺流程　　　　图12-2 蒸压法工艺流程

α半水石膏在国外很早以前就被生产和应用了。如早在20世纪30年代苏联对α半水石膏已有广泛应用，而且他们还将石膏与火山灰及其他胶凝材料混合作为楼房的承重墙使用。又如德国、美国、英国、法国、日本、澳大利亚、捷克等国家对α半水石膏的生产和应用历史都很悠久。

关于蒸压法生产α半水石膏，美国研制出了兰捷尔及捷依列依方法，它在各种不同的生产设备内，用蒸汽处理及干燥的方法制取石膏。这种方法在快速大量制取α半水石膏的同时有两大缺点：一是在蒸汽处理到一定温度后，设备压力会消失，从而材料温度降低；二是会引起二水石膏的"二次"生成，燃料用量大，并且对石膏碎石的粒度要求比较严格。在德国和法国，α半水石膏是在通蒸汽的蒸压釜

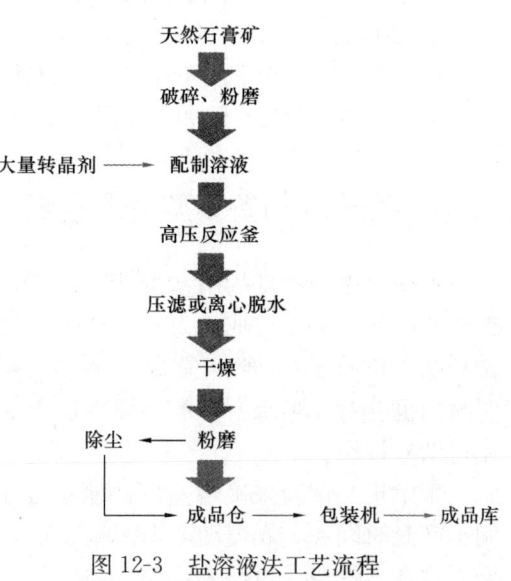

图12-3 盐溶液法工艺流程

内生产的，它需要石膏原材料同时在蒸压釜内进行蒸汽处理和干燥。

动态水热法在西方发达国家发展很快。生产过程中普遍采用外加剂控制α半水石膏晶形，它适合于磷石膏制取α半水石膏，并用于从碱渣中制备α半水石膏的研究。20世纪80年代以来，用常压盐水溶液法制备出高强度的短柱状α半水石膏，但与实际应用有一定的差距，目前，我国主要采用蒸压法生产α半水石膏。

在国外水热法生产α半水石膏一般有不经干燥制取α半水石膏和经干燥制取α半水石膏两种，如朱利尼（Gebr Glulini）公司1996年于鲁仕路德维希洪建成了第一座年产165t α半水石膏的工厂，占地面积为$1620m^2$，总投资为100万美元，该生产流程利用工业废渣磷石膏做原料，它包括：①磷石膏净化处理，将粘附于结晶表面的杂质用水洗涤除去，不溶性杂质通过浮选法除去；②在蒸压釜中使硫酸钙二水物转化为α半水物晶体，并同时脱除晶体中杂质；从硫酸厂来的石膏滤饼同水混合产生含二水硫酸钙约500g/L的料浆，加入料浆槽并送去浮选，浮选后的石膏料浆喂入增稠槽，使料浆浓度达650g/L，在连续喷雾塔（洗涤塔）中再洗涤，在塔内料浆由塔顶加入，水从塔底加入，石膏料浆在进入蒸压釜之前先加入各种添加剂，蒸压釜采用蒸汽加热使温度维持在110～120℃，离开反应器再结晶的料浆含α半水物500g/L，经离心机脱水后产生含10%～20%湿含量的滤饼。这就是生产α半水石膏的过程。

英国ICI公司生产α半水石膏的工艺流程类似于德国朱利尼公司。但有所不同的是转化中采用两个串联反应槽；料浆在30%浓度和150～160℃温度条件下进行转化，从而使转化速度大大提高，一般在3min内就能完成。由于该流程用磷石膏作为原料，所以对pH值控制比较严格，因为磷石膏的性能和转化特性，故以此来控制半水物晶体形态。另外，为了防止半水物水化和结块，用来分离半水石膏的离心机的溜槽和卸料箱必须保持在100℃以上。

蒸压法是最常见的α半水石膏的制备方法，大多数学者认为在蒸压过程中，二水石膏脱水成半水石膏的形成机理为溶解—析晶过程。蒸压釜中温度或压力过高或过低都会使二水石膏溶解转化速度与半水石膏析晶成长速度不一致，影响半水石膏发育长大成密实完美的晶体。另外，蒸压时间和升温时间也会对半水石膏的晶体生长产生影响，如升温太快会使半水石膏生成速度过快，使得结晶过小。因此，只有选择合适的蒸压制度才能保证半水石膏的结晶完整密实。本实验采用正交试验来确定蒸压法制备半水石膏的最优化工艺，选择蒸压温度、恒温时间、升温时间和干燥温度4个影响半水石膏性能的因素进行正交试验。

12.3 蒸压法制备α型高强石膏

蒸压法是最常见的制备方法，蒸压过程就是二水石膏的溶解和α半水石膏的析晶过程，蒸压釜中温度（或压力）过高或过低，都会使得二水石膏溶解转化速度与α半水石膏析晶成长速度不一致，影响α半水石膏发育长大成密实完美的晶体，另外蒸压时间和升温时间也会对α半水石膏的晶体生长产生影响，升温太快会使α半水石膏生成速度过快，使得结晶过小。

采用正交试验来确定蒸压法制备α半水石膏的最优化工艺，选择蒸压温度、蒸压时间、升温时间和干燥温度4个影响α半水石膏性能的因素进行正交试验，上述4个因素分别选取3个位级。位级表见表12-1。

表 12-1　正交试验位级表

位级	蒸压温度（℃）A	蒸压时间（h）B	干燥温度（℃）C	升温时间（min）D
1	110	6	110	75
2	120	8	120	90
3	130	10	130	105

采用极差分析法对结果进行分析（表12-2），由各因素的极差值 R 可知，选定的试验条件下，蒸压温度极差最大，其次为烘干温度，蒸压时间极差最小，因而上述4个因素在蒸压法制备α半水石膏的过程中的影响依次为：蒸压温度大于干燥温度大于升温时间大于蒸压时间，蒸压温度的极差值最大，因而它对α半水石膏性能的影响也最显著。2h抗压强度最高的1号和强度最低的9号的SEM照片如图12-4及图12-5所示。

表 12-2　正交试验结果及分析

序号	蒸压温度（℃）	蒸压时间（h）	干燥温度（℃）	升温时间（MPa）	抗压强度（MPa）
1	110	6	110	75	14.10
2	110	8	120	90	13.30
3	110	10	130	105	12.40
4	120	6	120	105	8.41
5	120	8	130	75	8.85
6	120	10	110	90	9.90
7	130	6	130	90	8.08
8	130	8	110	105	8.16
9	130	10	120	75	6.80
1位级之和	40.15	30.59	32.16	25.25	—
2位级之和	27.16	30.66	28.86	31.63	—
3位级之和	23.04	29.10	29.33	28.97	—
极差 R	17.11	1.56	3.30	2.66	—

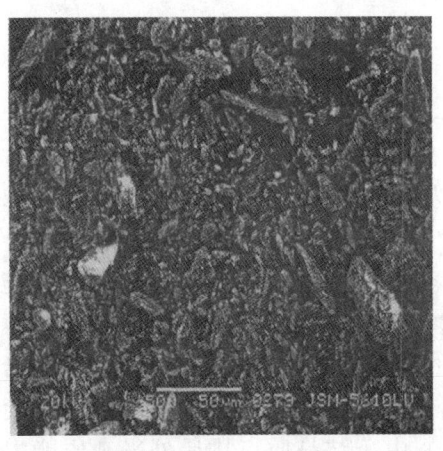

图 12-4　正交试验1号样品的 SEM 图像

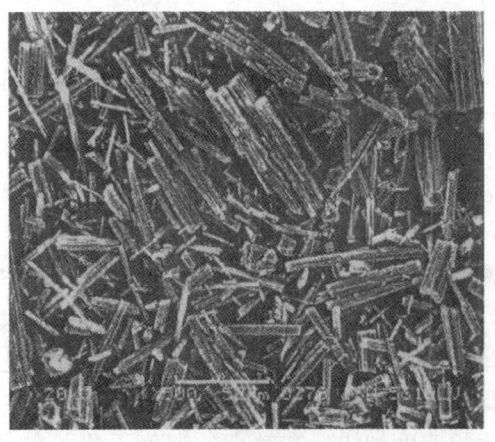

图 12-5　正交试验9号样品的 SEM 图像

从同一因素各位级的均值中选取最大值为：A1、B2、C1、D2，即蒸压法制备α半水石膏的最优化工艺中蒸压温度选取110℃，α半水石膏水化硬化后的抗压强度在蒸压时间8h时得到最大值，但与6h相差不大，由于蒸压时间是影响最小的因素，为了节约能源可以选择蒸压时间为6h。干燥温度和升温时间分别选取10℃和90min。

从出釜到进烘箱的时间间隔也是影响半水石膏性能的重要因素，时间间隔越短，石膏性能越好。因为当温度低于97℃时，α半水石膏溶解度高于二水石膏，使溶有半水石膏的液相成为过饱和状态，产生二水石膏结晶。因此要迅速将刚出釜的α半水石膏转入至少已升温至97℃的烘箱中，以减少α半水石膏转化为二水石膏的概率。

通过对1号样品（图12-4）和9号样品（图12-5）结晶形态的SEM图像进行比较可以看出，1号中α半水石膏晶体多为梭状和板状，结晶较为密实，9号晶体多为细长的针状和条状，所以1号的强度应该比9号高，而强度测试结果也证实了这一点。

12.4 盐溶液法制备α型高强石膏

将二水石膏原料粉碎使其通过60目的标准筛，称取400g二水石膏粉加入已经配制好的盐溶液中，同时加入转晶剂，并控制石膏与盐溶液的质量比为1∶4（石膏与盐溶液之比），放入反应釜内在100～120℃温度下热处理4h，然后过滤，用热水洗涤3次，过滤、洗涤时水温必须控制在97℃以上。在110～130℃温度下干燥3h，磨细即可制得α半水石膏粉。通过变换盐的种类、浓度，观察其对α半水石膏性能的影响，转晶剂为柠檬酸钠，结果见表12-3。

表12-3 盐介质及其浓度对α半水石膏性能的影响

试验序号	盐介质	盐的浓度（%）	2h抗压强度（MPa）
1	$CaCl_2$	10	7.50
2	$CaCl_2$	20	8.21
3	KCl	10	8.58
4	KCl	20	9.41
5	KCl	30	8.72
6	$MgCl_2$	10	6.67
7	$MgCl_2$	20	8.40

通过对盐介质的种类及浓度进行比较，确定盐介质为KCl，其浓度在20%左右时所得的α半水石膏性能最佳。比较有代表性的样品为4号和5号，其SEM图像如图12-6和图12-7所示。

常压盐溶液制备α半水石膏的工艺过程中，溶液中的盐介质对α半水石膏的性能影响很大，在不同盐介质的溶液中制备出的α半水石膏的强度差别较大；盐介质的浓度也是影响α半水石膏的性能的重要因素；另外，热处理的温度和干燥温度也是影响半水石膏性能的关键因素。温度本身的影响可以认为是改变晶体生长各个过程的激活能。当温度升高时，生长速度加快，在较高的温度下生长的晶体，由于结晶质点排斥外来杂质能力的增强，其长出的晶体质量一般要比在较低温度下的好些，但温度过高，就会产生大量的晶

图 12-6　盐溶液法 4 号样品的 SEM 图像

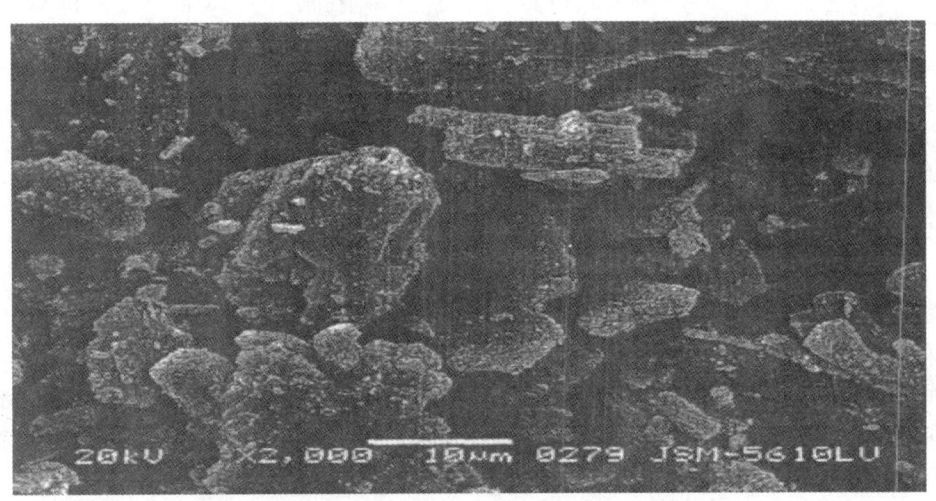

图 12-7　盐溶液法 5 号样品的 SEM 图像

核，形成的晶体形状并不理想。

对图 12-6 和图 12-7 进行比较，4 号样品的结晶多呈柱状及不规则块状，晶体表面比较光滑，结晶非常密实，因而强度较高；5 号样品的结晶比较蓬松，多为不规则的片状，晶体内部有很多孔隙，因此水化后强度比 4 号样品低。

如果干燥和洗涤时温度低于 97℃，此时 α 半水石膏溶解度高于二水石膏，使溶有半水石膏的液相成为过饱和状态，从而会析出二水石膏结晶。因此要迅速将刚出反应釜的 α 半水石膏用温度高于 97℃ 的热水过滤、洗涤，然后转入温度高于 97℃ 的烘箱中，防止 α 半水石膏转化为二水石膏。

12.5　液相法制备 α 型高强石膏

液相法是较常使用的制备 α 半水石膏的方法。液相法制备 α 半水石膏的工艺比较复杂，将二水石膏磨细，再将二水石膏和水按一定的比例混合放入高压釜，加入适量的转晶剂，升温至所需的温度，经过一定时间的高温高压热处理，二水石膏便转变成α半水石膏，将试样过滤，用沸水冲洗，干燥后即可得α半水石膏粉。加入一定质量的转晶剂（石膏质量的0.5%），改变热处理的温度，热处理的时间为7h。在热处理后的过滤及洗涤等步骤均较难操作，和常压盐溶液法一样，过滤、洗涤时水温必须控制在97℃以上。洗涤后在120℃温度下干燥12h，按一定的水膏比成型并测定其力学性能。实验结果见表12-4。

表12-4 水热法试验结果

实验序号	热处理温度（℃）	转晶剂	2h抗压强度（MPa）
1	110	柠檬酸钠	10.13
2	120	柠檬酸钠	8.13
3	145	柠檬酸钠	7.30
4	110	琥珀酸	12.96
5	120	琥珀酸	10.55

对试验结果进行分析可以看出，液相法制备α半水石膏的最佳温度为110℃，两种转晶剂中琥珀酸的晶型控制效果更好，以琥珀酸为转晶剂制备出的α半水石膏水化硬化后2h抗压强度接近13MPa。

12.6 α型高强石膏制备机理

有学者研究了石膏在水和水热NaCl溶液中溶解平衡和石膏二水-无水相的转化的热力学，并对石膏各相在硫酸、磷酸、硝酸溶液中的溶解度及相转化也进行了大量研究，其中对硫酸钙在H_3PO_4-H_2O系统中的性质和相转化规律的研究最为系统全面，并通过相应的相图成功应用于湿法磷酸生产中。研究发现80~110℃时，同等含水量的铝、铁和镁对40%~55% P_2O_5磷酸溶液中的α半水石膏溶解度的影响不明显；研究了湿法磷酸过程中温度、磷酸和硫酸浓度对二水硫酸钙转化为半水硫酸钙的影响，发现二水相转化为无水相的比例随着反应温度的升高和磷酸溶液中SO_4^{2-}与PO_4^{3-}浓度的升高而增加；较高的反应温度能促进在温和条件下的相转化，与磷酸溶液中SO_4^{2-}与PO_4^{3-}的浓度有关，添加半水石膏晶种可以在较低的反应温度和SO_4^{2-}与PO_4^{3-}含量下获得较高的半水相转化率；获得较高转化率的合适条件是：添加20%半水石膏晶种，(90±20)℃，磷酸溶液中3%~5%的SO_4^{2-}、26%~28%的PO_4^{3-}。通过建立计算硫酸钙在水中和电解质溶液中溶解度的数学模型，研究发现粒子密度随着过饱和度、硫酸密度和搅拌速度的关系变化，用矩阵法从粒子总量密度模拟计算90℃、40% P_2O_5浓度溶液中半水石膏晶体的成核与生长速度，建立了半水石膏的结晶过程模型。

用溶解平衡法测试了石膏各相特别是半水相在100℃、0~3.5mol/kg硫酸溶液中的溶解度和相转化。用传统的等温分解法测定了硫酸钙三相在HCl、$CaCl_2$及其混合溶液中的溶解度变化，发现$CaCl_2$溶液中除无水相外，硫酸钙其余相均随温度的升高而增加，在0~3mol/dm^3的HCl溶液中，随着酸浓度的增加，二水相和无水相的溶解度先增加后缓慢降低，在8~12mol/dm^3的HCl溶液中，半水相的浓度随温度升高而降低；在HCl+$CaCl_2$溶液中可能是由于同离子效应硫酸钙三相的溶解度均随温度的升高而降低；溶解度变化可以用溶液中的热力学平衡进行解释；在酸溶液中 HSO_4^- 的形成可能是溶解度降低的原因；$CaCl_2$ 可以抑制高温度浓酸溶液中，二水相和无水相短时间内转化为无水相。随后他们还利用 OLI 软件计算并绘制了 0~100℃ 水热 $CaSO_4$-HCl-$CaCl_2$-H_2O 系统相图，揭示了常压下各相的稳定区及转变条件，指出提高 HCl 或 $CaCl_2$ 浓度使二水石膏相区缩小而 α 半水石膏所在亚稳态区扩张，并降低相转变温度；同时他们还研究了 NaCl、$MgCl_2$、$FeCl_2$、$FeCl_3$ 和 $AlCl_3$ 对水热 HCl 或 HCl+$CaCl_2$ 中 $CaSO_4$ 三相溶解度的影响，三相的溶解度都随温度的升高而增加，$0.5mol/dm^3$ 的 HCl 溶液中，二水相溶解度随着 $MgCl_2$、$FeCl_2$、$FeCl_3$ 和 $AlCl_3$ 的浓度的增加先升高后降低，$3.0mol/dm^3$ 的 HCl 溶液中半水物和二水物的溶解度随着金属氯化物浓度的增加而降低；在同等离子强度下，三价金属氯化物比二价金属氯化物对溶解度的影响大，盐酸溶液中 NaCl 对二水相的溶解度影响不明显；由于同离子效应 $CaCl_2$ 使该系统中二水相和半水相的溶解度下降；然后建立了计算 298~353K 范围内 $CaSO_4$；相在 H+Na+Ca+Mg+Al+Fe（Ⅱ）+ Cl+SO_4+H_2O 系统中溶解度的化学模型，成功预测了多组分系统中硫酸钙各相的溶解度，并解释金属氯化物对硫酸钙相的复杂影响。

研究了浓 $CaCl_2$-HCl 溶液中，α 半水石膏的结晶生长动力学，研究了温度（70~95℃）、特定搅拌输入功率（0.02~1.29W/kg）、$CaCl_2$ 与 Na_2SO_4；等摩尔数加入速度（0~0.6mol/h）对 α 半水石膏晶体生长的影响，发现晶体生长速度与试剂的加入速度线性相关，生长速度来源于粒子分布，随时间的变化，整个晶体生长过程遵循 Von Weimarn 晶体生长定律；粒子分布宽度随着晶体生长速度的增大而减小；改善针状 α 半水石膏晶体的质量不仅要考虑晶体粒度和长宽比，还要考虑晶体结构。他们还研究了该体系中 $CaSO_4$ 相转化的动力学，发现该体系中不同的固相转化遵循不同的机制：二水相转化为 α 半水相遵循溶解沉淀机制，α 半水相转化为无水相遵循同时溶解 α 半水晶体表面的拓扑成核生长机制；α 半水相转化为无水相强烈依赖温度，活化能约为 107kJ/mol；存在晶种和水活性的减少（后者对应增加酸浓度）加快了相变过程，减少亚稳相（DH 或 α-HH）的存在区。

12.7 α型高强石膏的水化硬化

半水石膏与水接触后，迅速发生水化反应，由半水硫酸钙转化为二水硫酸钙，但仅形成水化产物，浆体并不一定能形成具有强度的人造石，只有当水化产物晶体互相连生形成结晶结构网时，浆体才能硬化并形成具有强度的人造石。石膏浆体的强度发展通常可分为三个阶段：

第一阶段，相当于在石膏浆体中形成凝聚结构。此阶段，石膏浆体中的微粒彼此之间存在一个水的薄膜，粒子之间通过水膜以范德华力互相作用，具有较低的强度。但这种结构具有触变复原的特性。

第二阶段，相当于结晶结构网的形成和发展。在这个阶段，水化物晶核大量生成、长大以及晶体之间互相接触和连生，使得在整个石膏浆体中形成一个结晶结构网，使它具有较高的强度，并不再具有触变复原的特性。

第三阶段，反映了石膏结晶结构网中，结晶接触点的特性。在正常干燥条件下，已经形成的结晶接触点保持相对稳定，结晶结构网完整，所获得的强度相对恒定；若结构处于潮湿状态，在结晶接触点的区段，晶格不可避免地发生歪曲和变形，使它与规则晶体比较，具有较高的溶解度，容易产生接触点的溶解和较大晶体的再结晶。伴随着这个过程的发展，则产生石膏硬化体结构强度的不可逆降低。

石膏硬化浆体的性质主要取决于：
（1）水化新生成物晶体颗粒之间互相作用力的性质；
（2）水化新生成物结晶粒子之间结晶接触点的数量与性质；
（3）硬化浆体中空隙的数量以及孔径大小的分布规律。

根据粒子间相互作用力的性质，石膏硬化浆体中的网状结构可以分为两类：
一类是以范德华力的相互作用而形成的凝聚结构；
另一类是粒子之间通过结晶接触点以及化学键相互作用而形成的结晶结构。

前者具有较小的结构强度，后者具有较高的结构强度。石膏浆体硬化初期形成凝聚结构，此时水化颗粒表面被水薄膜所包裹，粒子之间是范德华力相互作用，故强度较低。在石膏浆体结构形成过程中，如果使已形成的结晶结构网受到破坏（这种破坏可以是由于外力引起的，也可以是由于内应力引起的），此后，若浆体中半水石膏进一步水化，不能形成足够的过饱和度，又不能建立新的结晶结构网而使粒子之间重新达到以结晶接触相结合的程度，则水化物粒子之间只能是以分子力相互作用而使制品强度降低。

结晶接触点的性质和数量也是石膏浆体的一个很重要的结构特征，石膏硬化浆体在形成结晶结构网以后的许多性质由接触点的特性和数量所决定。一方面，石膏硬化浆体的强度由单个接触点的强度及单位体积内接触点的多少所决定；另一方面，由于结晶接触点在热力学上是不稳定的，在潮湿的环境中会产生溶解和再结晶，因而又会削弱结构强度，而且结晶接触点的数目越多，接触点尺寸越小，接触点晶格变形越厉害，引起的结构强度降低也可能越大。这里所指的接触点的性质，主要指的是晶格变形的程度以及掺杂的情况，它们决定了结晶接触点的强度和溶解度。

为了比较两种半水石膏的水化过程和产物性质，近些年来的研究将半水石膏的水化分为三个阶段：
第一阶段，半水石膏的溶解形成二水石膏的过饱和溶液；
第二阶段，针状二水石膏的成核与生长并形成相互交织的结晶状物；
第三阶段，半水石膏相的完全消失。

α半水石膏与β半水石膏大约在同一时间完成水化反应；但前者的诱导期短，具有较慢的二水相沉淀速度；诱导期是由半水石膏的溶解控制的，而二水石膏的沉淀速度是由成核过程控制的，一般认为诱导期与成核速率成反比。发现诱导期长短主要取决于晶格正离子/阴离子摩尔比率；这种依赖对于低的过饱和溶液尤其明显。将半水石膏的凝结分三个阶段：
第一阶段，形成二水硫酸钙结晶基质；
第二阶段，释放内应力和热；
第三阶段，富余水分的蒸发。

而α半水石膏的凝结比β半水石膏凝结快，有较高的初始和最终强度，原因是α半水石膏的水化产物是由相对短而粗硬的针状且较高程度的晶体搭接，α半水石膏水化凝结产物的结晶形貌是半水石膏水化过程中的较低沉淀速率的结果。

决定石膏硬化体最终强度的因素：

（1）晶体组分的尺寸和形状；

（2）晶体间的结合强度；

（3）可能参与结晶、水化或易使其折断的杂质；

（4）空隙的数量。

水化反应是成核控制的过程引起石膏晶体的生长，晶体交织结构是获得强度的关键因素，然而，外加剂改变了成核和晶体生长过程和微观结构，从而降低了硬化体的物理化学性能。另外，水化的环境条件如产品中所含的杂质、水化环境中的杂质以及水化反应温度等都可能对二水石膏结晶过程和性能产生影响。

在水热过程中可溶性杂质会改变母液成分，不溶性杂质固溶在晶格内部或以其他形式存在，对结晶习性都会产生不同程度的影响。在不同电解质浓度的溶液中进行石膏各相的转化时，转化方向和转化速度可能改变；杂质离子通常可能选择性地吸附在雏晶的某些晶面、生长台阶或扭折部位，也可能嵌入或替换晶格中的离子，对成核过程和晶体生长动力学产生抑制或促进作用。杂质还直接影响石膏晶体的纯度和物性。如用 NaCl 溶液体系制备出的 α 半水石膏含有一定量的 Na 元素，较之通过其他方式制备的 α 半水石膏，同等条件下其脱水产物较难水化，强度较低。高浓度镁盐溶液体系产出的 α 半水石膏，则可能出现泛霜现象。

α 半水石膏具有比 β 半水石膏更高的强度，主要原因是其颗粒的比表面积比 β 半水石膏小很多，从而大大降低了水膏比。但就 α 半水石膏结晶原粒而言，由于形成了完整的大晶体，因此粒子间孔隙较大，有相当一部分水是填充空隙的，这对进一步降低水膏比不利，因此一般通过对干燥好的 α 半水石膏进行粉磨来将其颗粒调整到最佳级配，良好的颗粒级配和长径比 1~3 的半水石膏晶体趋向于有好的流动性、低的标准稠度需水量和低的结晶速度。

硬化结构的最终强度，极大程度上取决于液相中硬化悬浮体的过饱和程度和过饱和动力学，也就是取决于原始胶结料溶解度及其溶解的总速度。为结晶体的成长而创造的条件越好（过饱和程度较高及总反应速度较低），则降低结构强度的应力就越大；相反，对于生成新结晶晶核的条件和晶核之间的接触条件越好（过饱和程度及总溶解速度较高），则应力就越小。为了得到较高的结构强度，必须具有水化的良好条件，以保证在结晶结构的形成和发展过程中所伴随着的最小应力之下，产生足够数量的新生成物。

13　α型高强磷石膏检测

1. 结晶水含量测定

α型高强磷石膏结晶水含量：参照《α型高强石膏》(JC/T 2038—2010)进行结晶水含量测定。

水化产物的结晶水含量：准确称取3.0g的高强石膏粉，按照标准稠度需水量加入不同杂质含量的水与坩埚中，水化一定时间后立即将试样放在无水乙醇中终止其水化作用；然后将终止水化的试样先用酒精，再用醚加以洗涤，除去未参与水化的多余水分；并置于真空干燥箱中干燥至恒重后，按照《α型高强石膏》(JC/T 2038—2010)进行结晶水含量测定。

2. 硫酸根离子浓度测定

从待测滤液中准确移取10.0mL液体到100.0mL容量瓶中，定容至100.0mL后，吸取5.0mL用蒸馏水稀释至50mL，用酸性铬酸钡分光光度法于420nm波长处测定溶液中硫酸根离子浓度，从而推出硫酸钙的溶解度。所用仪器为UV-5200型紫外可见分光光度计和台式电动离心机。

3. α型高强磷石膏的杂质含量测定

α型高强磷石膏中的吸附水、可溶磷、可溶氟及二水硫酸钙测定按照标准《磷石膏》(GB/T 23456—2018)进行测试，可溶磷测试用其中的磷钒钼黄双波长光度法。

有机物测定：称取适量的50℃干燥至恒重的磷石膏，按照3∶1的水膏比，加入水后搅拌静置，浮选和富集出表面漂浮的有机物，用四氯化碳萃取，蒸馏分离后用重量法进行定量。

成分分析：石膏样品在50℃下烘干2h，用X射线荧光光谱仪按照《波长色散X射线荧光光谱分析方法通则》(JY/T 0569—2020)进行成分检测。检测电压：30~60kV；检测电流：50~100mA。

4. pH测定

将磷石膏在50℃下烘干至恒重后按水固比为10∶1的比例加水搅拌并静置4h，经过中速定性滤纸过滤后用精密实验室酸度计测定溶液pH，同时结合精密pH试纸确定溶液的pH。

浆体pH测定：取适量待测浆体用中速定性滤纸过滤后，用精密实验室酸度计测定溶液pH，同时结合精密pH试纸确定溶液的pH。

5. 标准稠度用水量测定

参照《α型高强石膏》(JC/T 2038—2010)进行标准稠度用水量测定。

6. 凝结时间

参照《α型高强石膏》(JC/T 2038—2010)进行凝结时间性能测试。

7. 强度测定

参照《α型高强石膏》(JC/T 2038—2010)进行强度性能测试。

8. 微观分析

（1）X 射线衍射（XRD）

试样经丙酮固定后，置于（50±1）℃烘箱中干燥至恒重后，置于玛瑙研钵中磨至要求细度的粉末进行测试。测试仪器为 X 射线衍射仪，CuKα 辐射，管压为 40kV，电流为 20mA；单色器：石墨；步长：0.02°/step。

（2）热重示差扫描量热（TG-DSC）

试样制备同 XRD 分析。测试时采用氮气作为保护气体，Al_2O_3 作为参比样，测试条件为从室温升至 800℃，升温速度为 10℃/min。

（3）量热分析

准确称取 500mg 样品（精确到 0.1mg），按照 1∶1 水膏比用注射器吸取相应 500mL 的去离子水和外加剂溶液于微量热仪专用瓶中，将称量好的半水石膏加入瓶中，快速搅拌数秒后盖上瓶盖并将瓶子置于量热仪相应的测试通道中进行测试，测试温度为 25℃。

（4）扫描电镜（SEM）

测试条件：加速电压 20kV，束流 60nA。

（5）红外光谱测定

试样制备同 XRD 分析，测试仪器中红外 10000～4000cm。

（6）光学显微镜观察

用丙酮将待观察样品充分分散在载玻片上，用三维视频显微镜观察晶体形态，并通过其中的 2D 测量工具对晶体的直径、长度数值进行测量分析。

14 杂质对磷石膏水化硬化性能的影响

14.1 不同酸对α型高强石膏水化硬化性能的影响

1. 酸对高强石膏凝结时间的影响

从不同酸对高强石膏初凝时间的影响（图 14-1）可以看出：

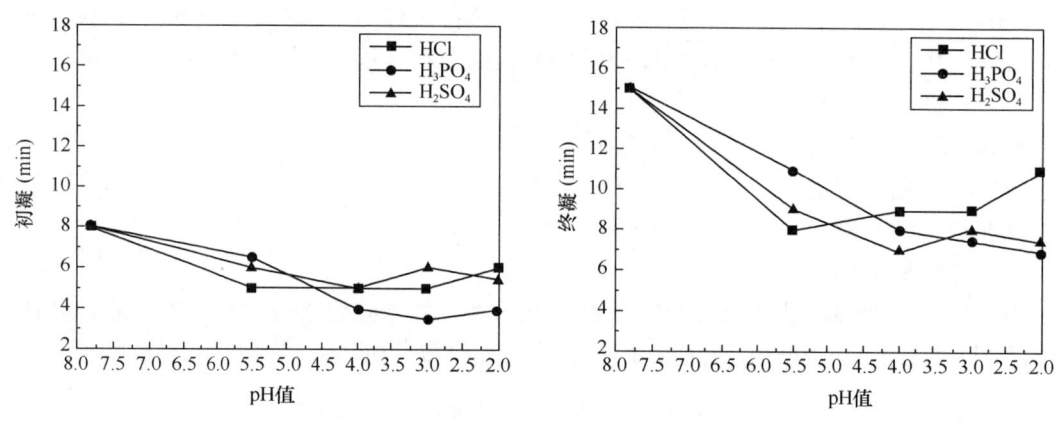

图 14-1 不同酸对高强石膏凝结时间的影响

（1）HCl、H_3PO_3 和 H_2SO_4 这三种酸溶液对高强石膏的初凝、终凝均起促进作用，且对初凝时间、终凝时间的影响规律大致相同，即初凝时间缩短程度大的，终凝时间缩短程度也大。

（2）对于 pH 大于 4.0 的磷酸、硫酸环境，高强石膏的初凝、终凝时间随 pH 的减小表现出较快缩短的趋势，当 pH 在 4.0～2.0 时，高强石膏的初、终凝时间趋于稳定。

（3）在盐酸溶液中，随着 pH 的减小，高强石膏的初凝、终凝时间先变短，随后在 pH 小于 5.5 以后趋于稳定，而 pH 为 2 时，凝结时间变长，原因是体系中盐酸有挥发现象，浆体中出现了明显的气泡，造成了缓凝。

（4）在相同 pH 的酸溶液中，高强石膏的初凝时间、终凝时间不同，也就是说除了 H^+ 外，酸根离子还对石膏浆体的凝结产生影响。

对比高强石膏在相同 pH 硫酸溶液中的凝结时间，可以发现酸性环境中（除了 pH 大于 5.0 的磷酸溶液）中，可溶磷主要以 H_3PO_4、HPO_4^{2-} 形式存在，对初凝时间起延长作用，其余 pH 的溶液中，$H_2PO_4^-$、H_3PO_4、Cl^- 对石膏浆体的初凝起促进作用。从终凝时间变化看，Cl^- 在 pH 5.0 以上时，对高强石膏终凝起促进作用，在 pH 为 2.0～5.0 时，则对石膏浆体终凝起延缓作用；在 pH 大于 3.5 的磷酸溶液中，磷主要以 $H_2PO_4^-$、H_3PO_4 或 HPO_4^{2-} 形式存在，这些离子对石膏浆体终凝起延缓作用，pH 小于 3.0 时，磷酸溶液中磷主要以 $H_2PO_4^-$、H_3PO_4 形式存在，对石膏浆体凝结起促进作用。

2. 酸对高强石膏强度的影响

从不同酸对高强石膏强度性能的影响（图 14-2）可以看出：

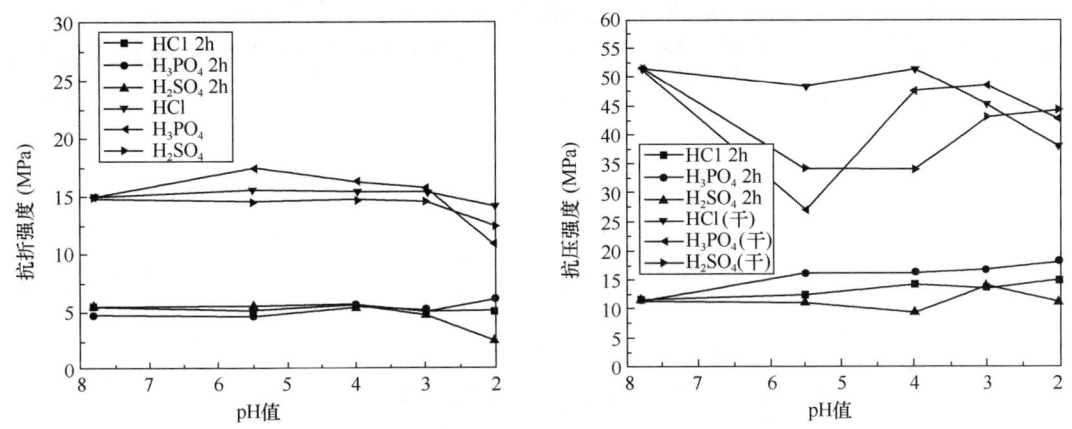

图 14-2　不同酸对高强石膏强度的影响

（1）高强石膏硬化浆体 2h 抗折强度和 2h 抗压强度在 pH 为 7.8 到 2 的磷酸、盐酸溶液中变化不明显，在 pH 大于 3.0 的弱硫酸溶液中也趋于稳定，当 pH 小于 3.0 硫酸溶液中时，2h 抗折强度和 2h 抗压强度出现明显的下降趋势。

（2）高强石膏硬化浆体绝干抗折强度在 pH 大于 3.0 的这三种酸溶液中变化不明显，且 pH 小于 3.0 时均出现下降现象。

（3）高强石膏硬化浆体的绝干抗压强度则随酸种类和 pH 的不同呈现较为复杂的变化：绝干抗压强度随着硫酸溶液的 pH 由 7.8 减小到 5.5 出现明显降低，且在 pH 为 4.0 到 5.5 之间出现低谷平台，之后随着硫酸溶液 pH 由 4.0 减小到 2.0，抗压强度出现先稍有增大后稍有减小的波动趋势，但总体趋于稳定；在 pH 为 7.8 到 3.0 的磷酸溶液中，高强石膏硬化浆体绝干抗压强度则在 pH 为 5.5 时出现低谷，后在 pH 为 2.0 和 3.0 时稳定在略低于 pH 为 7.8（去离子水）的水平上，随后在 pH 为 2.0 的磷酸溶液中，出现明显的下降趋势；高强石膏硬化浆体的绝干抗压强度在 pH 为 7.8 到 4.0 的盐酸溶液中趋于稳定，在 pH 小于 4.0 的盐酸溶液中出现明显的下降趋势。

对比高强石膏在相同 pH 硫酸溶液中的强度变化，可以发现：

（1）pH 大于 3.0 时的各类酸根离子对高强石膏 2h 抗折强度影响不明显，pH 小于 3.0 时 Cl^-、$H_2PO_4^-$、H_3PO_4 对 2h 抗折强度起增强作用。

（2）Cl^-、$H_2PO_4^-$、H_3PO_4 或离子对高强石膏 2h 抗压强度起增强作用，在 pH 小于 3.0 时 $H_2PO_4^-$、H_3PO_4 起破坏作用，Cl^- 起增强作用。

（3）石膏硬化体绝干抗压强度则随酸根离子的种类不同而呈现复杂的变化：$H_2PO_4^-$、$H_3PO_4^-$ 对高强石膏绝干抗压强度的影响对水化环境的变化比较敏感，其在 pH 为 5.5 时对绝干抗压强度起降低作用；当 pH 小于 3.0 时，其对硬化体的强度是起促进作用；当 pH 小于 5.0 时，其对硬化体的强度又起破坏作用；在 pH 小于 4.0 的弱酸性环境中，Cl^- 使高强石膏绝干抗压强度出现较快下降，对硬化体的强度起破坏作用，在 pH 大于 4.0 的弱酸性环境中，Cl^- 对硬化体的强度起增加作用。因而从强度影响综合考虑，在有 H^+、

$H_2PO_4^-$、HPO_4^{2-} 以及 Cl^- 存在的溶液中 pH 应大于 4.0。

3. 活性剂对高强石膏凝结硬化性能的影响

随着水化环境中 $CaCl_2$ 含量的增加，初凝时间和终凝时间都表现出逐渐缩短的趋势（图 14-3）。未掺入 $CaCl_2$ 的原样中，初凝时间为 8min，终凝时间为 15min，但当 $CaCl_2$ 含量增大到 3% 时，初凝时间为 3min，终凝时间为 6.5min。可见 $CaCl_2$ 对高强石膏具有明显的促凝作用。

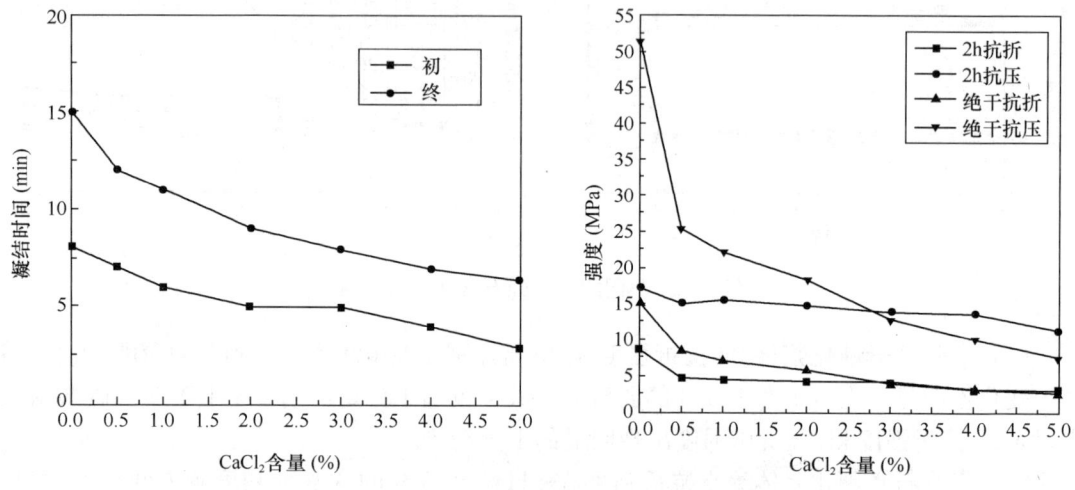

图 14-3 $CaCl_2$ 浓度对于高强石膏性能的影响

由图 14-3 可以看出：随着 $CaCl_2$ 浓度的升高，2h 抗折抗压强度及绝干抗折、抗压强度均出现下降的趋势，且绝干强度的下降最明显，当 $CaCl_2$ 掺入量超过 3.0% 时，绝干试样的强度比 2h 湿强度还低；未掺入 $CaCl_2$ 的试样绝干抗折、抗压强度分别为 15.0MPa、51.4MPa；当掺入 5.0% $CaCl_2$ 时试样相应强度值分别为 2.7MPa、7.8MPa，绝干抗折、抗压强度损失率分别达 81.3% 和 84.8%。可见 $CaCl_2$ 对高强石膏的强度发展尤其是绝干强度极其不利。

14.2 微观机理分析

为了进一步分析各类杂质对高强石膏水化硬化过程的影响机理，并找到合适的杂质控制指标，重点研究高强石膏在相同 pH、不同种类酸溶液及不同 $CaCl_2$ 含量的水溶液中高强石膏的水化硬化过程及形态变化：从水化初期的结晶水含量变化来分析其水化速度；用偏光显微镜观察各水化过程的产物形貌；结合水化过程的量热变化来分析各类杂质对高强石膏水化过程的影响；通过 XRD 分析相应龄期各硬化体矿物组分，最后用 SEM 对比各类杂质对硬化体形貌的影响。

1. 结合水含量分析

（1）高强石膏在酸溶液中结晶水含量随时间变化（图 14-4、图 14-5）

从图 14-5 可以看出，不同 pH 的稀酸溶液中，完全水化时间都在 30min 以内，无论是硫酸、磷酸还是盐酸环境，高强石膏都是在 pH=3.0 的溶液中结晶水的含量增加最快，

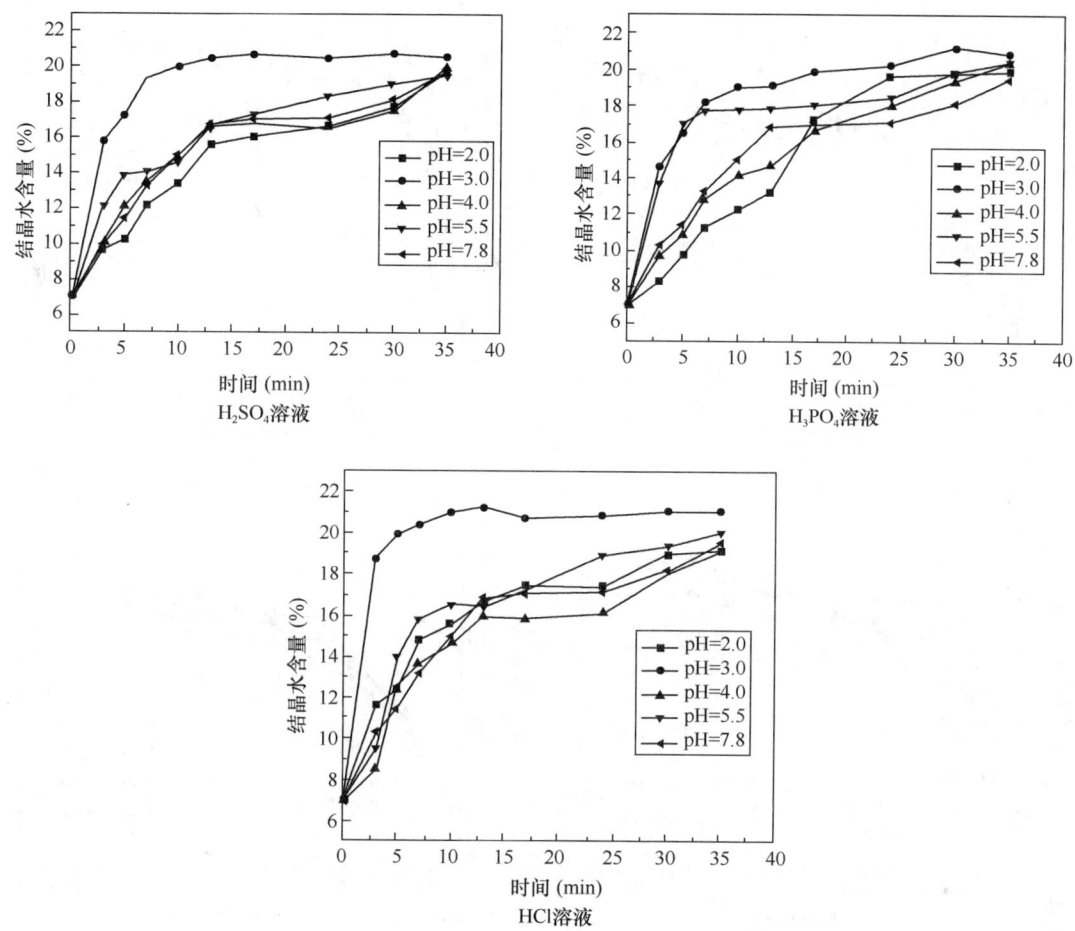

图 14-4 高强石膏在酸溶液中结晶水含量随水化时间的变化

其次是在 pH＝5.5 溶液环境；而高强石膏在其余酸性环境以及弱碱性的蒸馏水环境中的水化速度则相差不大；在 pH＝3.0 的酸性环境中，高强石膏在 15min 内的水化速度由快到慢依次为 $HCl>H_2SO_4>H_3PO_4$；而在 pH＝5.5 的酸性环境中，高强石膏在 15min 的水化速度由快到慢依次为 $H_3PO_4>HCl>H_2SO_4$；而在 pH＝3 和 pH＝5.5 这两个值点，高强石膏浆体的凝结时间和抗压强度都出现了明显的降低现象，说明水化速度加快是影响凝结时间缩短和强度降低的一个原因。

相比中性环境中高强石膏的水化样品 G0，在相同 pH 的不同酸溶液中对高强石膏的水化速度影响不同。当 pH＝2.0 时，盐酸对高强石膏水化加速的影响主要在 13min 以前；硫酸对高强石膏的水化速度则起延缓作用，其延缓作用尤其在 24min 以前表现得更明显；磷酸在 17min 以前对水化起延缓作用，17min 以后起加速作用。当 pH＝3.0 时，各种酸在水化过程中均对高强石膏的水化起明显的加速作用，样品在 13min 都已经完全水化；在盐酸溶液中水化最快，磷酸溶液中水化加速最明显，其次是硫酸溶液。当 pH＝4.0 时，各种酸在水化过程中对高强石膏水化的加速趋势均比 pH＝3.0 时减弱，且主要体现在 17min 以前，样品水化结束的时间基本一致；整体来看磷酸溶液中水化最快。当 pH＝5.5

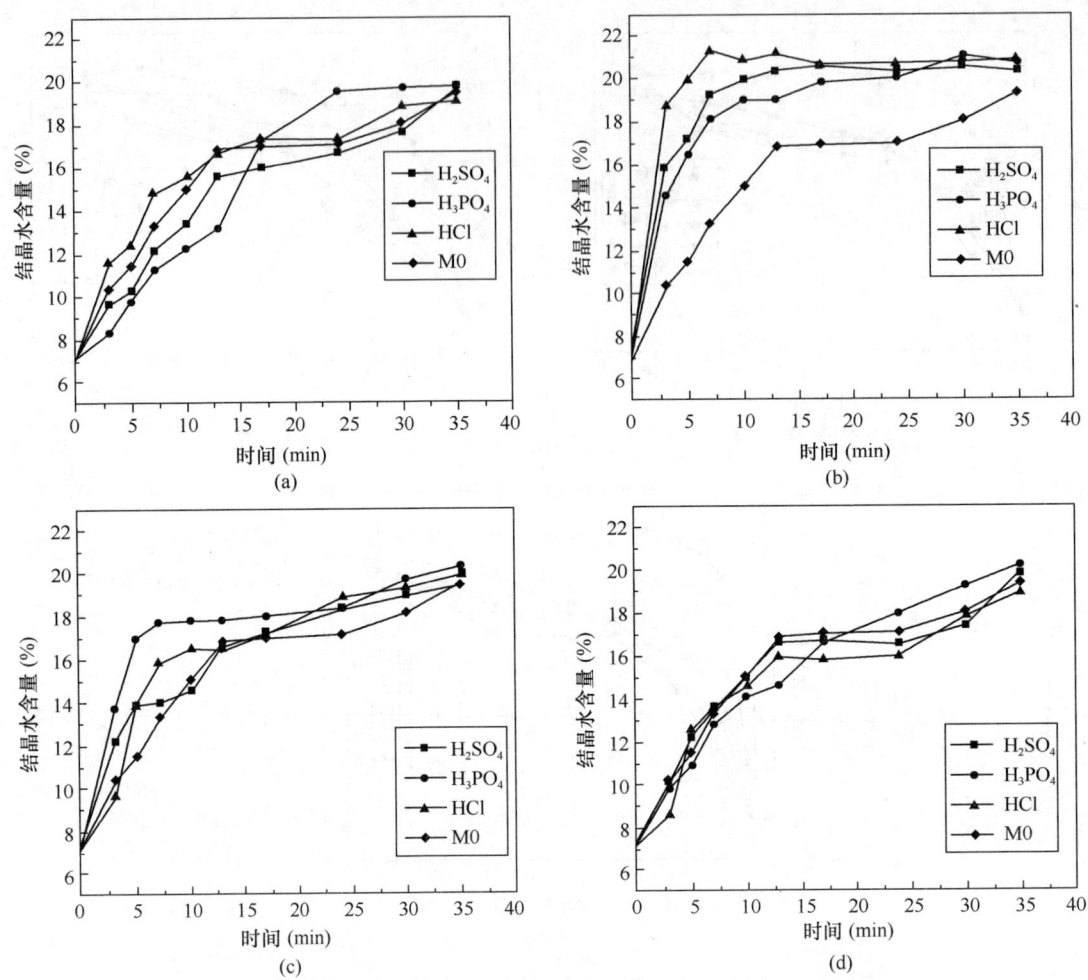

图 14-5 高强石膏在不同 pH 酸溶液中结晶水含量随水化时间的变化

时，盐酸和硫酸溶液对高强石膏水化速度的影响不明显，高强石膏在磷酸溶液中的水化 17min 以前相对较慢，在 17min 以后明显加快，各样品水化结束的时间基本一致。

对比相同 pH 硫酸溶液中高强石膏的水化过程，可以发现：当 pH=2.0 时，Cl^- 加速了高强石膏的水化，PO_4^{3-} 在 17min 以前对高强石膏的水化起延缓作用，17min 以后起促进作用；当 pH=3.0 时，Cl^- 加速了高强石膏的水化，PO_4^{3-} 对高强石膏的水化起延缓作用；当 pH=4.0 时，Cl^- 和 PO_4^{3-} 均对高强石膏的水化起促进作用，且 PO_4^{3-} 的影响更明显；当 pH=5.5 时，17min 以前 Cl^- 和 PO_4^{3-} 对高强石膏水化速度稍有延缓，17min 以后则起加速作用。

在不同 pH 的同种酸溶液中及相同 pH 的不同酸溶液中，结晶水含量随时间的变化不同，造成在不同 pH 的不同酸溶液中高强石膏凝结时间和强度呈现较为复杂的变化。

(2) 高强石膏在 $CaCl_2$ 溶液中结晶水含量随时间变化

添加不同含量 $CaCl_2$ 后高强石膏浆体的结晶水含量随时间的变化见图 14-6。当 $CaCl_2$ 含量在 2.0% 及以上时，水化产物中的结晶水含量从刚开始接近纯二水石膏的结晶水含量,随后趋于稳定;而当 $CaCl_2$ 含量小于 2.0% 时,高强石膏的结晶水含量随时间延长而缓慢增加,且 Cl^- 对石膏水化速度的促进作用主要体现在 17min 以后,随后 30min 左右都趋于稳定。考虑到氯化钙在水中的溶解度很大,在不同的温度范围具有形成含 1、2、4、6 个结晶水的水合物〔$CaCl_2 \cdot 2H_2O$(低于29℃),$CaCl_2 \cdot 2H_2O$(29~45℃),$CaCl_2 \cdot 2H_2O$(45~175℃),$CaCl_2 \cdot 2H_2O$(200℃以上)〕的性质,结合图 14-6,可以推测当 $CaCl_2$ 含量小于 2.0% 时,$CaCl_2$ 水合物结晶对高强石膏结晶水含量的变化影响不很明显,当 $CaCl_2$ 含量超过 2.0% 时,体系中含有较多的 $CaCl_2$ 水合物结晶,通过 230℃ 干燥脱去石膏浆体中的结晶水时,$CaCl_2$ 水合物也在发生相变,因而此时仅从结晶水含量变化很难看出半水石膏的实际水化程度。下面从相应溶液环境中水化产物的形态对比来分析杂质离子对产物性能的影响。

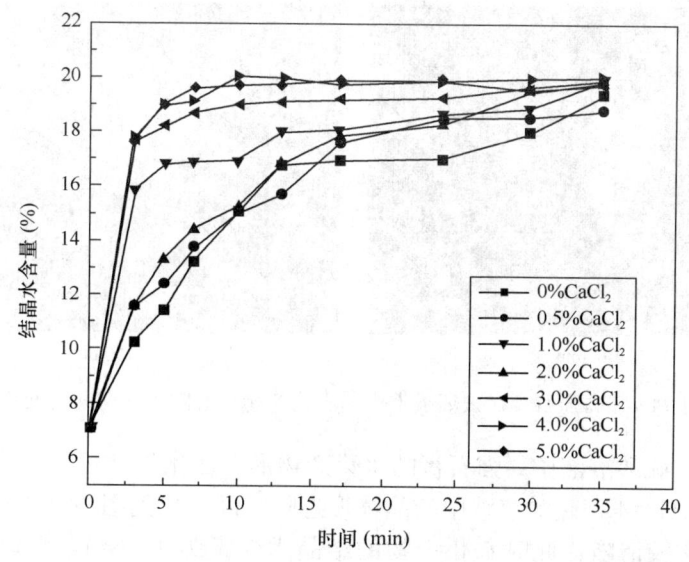

图 14-6　高强石膏在 $CaCl_2$ 溶液中的结晶水含量随水化时间的变化

2. 水化产物形态的影响

pH=4.0 的硫酸和盐酸环境是高强石膏凝结时间和强度性能的一个转折点,同时这三种酸也使高强石膏的强度性能出现明显差异,因此选用 pH=4.0 的酸溶液来对比它们的水化产物形态变化。

(1) 中性环境高强石膏的水化产物形态变化

高强石膏在中性去离子水中的晶体形态随时间的变化(图 14-7),可以看出,10min 时,晶体的边界轮廓比较清晰,此时水化产物的结晶水含量为 15.0%,如果按照该样品初始结晶水含量 7.0%(有微量已经水化),完全水化后结晶水含量 19.5% 计算,此时的水化程度为 64%,已经初凝;30min 时,样品的晶体边缘趋于模糊,晶体粒度变小,大颗粒晶体数量明显减少,小晶粒增多,且开始出现少量针状或纤维状晶体,此时产物的结晶水含量为 18.1%,水化程度为 90%,已经终凝;60min 时,晶体已经完全水化,大量针状晶体相互搭接或团聚在少量的大晶粒周围,可以看到明显的结晶结构网络;150min 时,水化物晶核大量生成,大量的针状晶体之间互相接触和连生,使得石膏浆体中形成结晶结构网，水化产物已经具有了较高的强度。

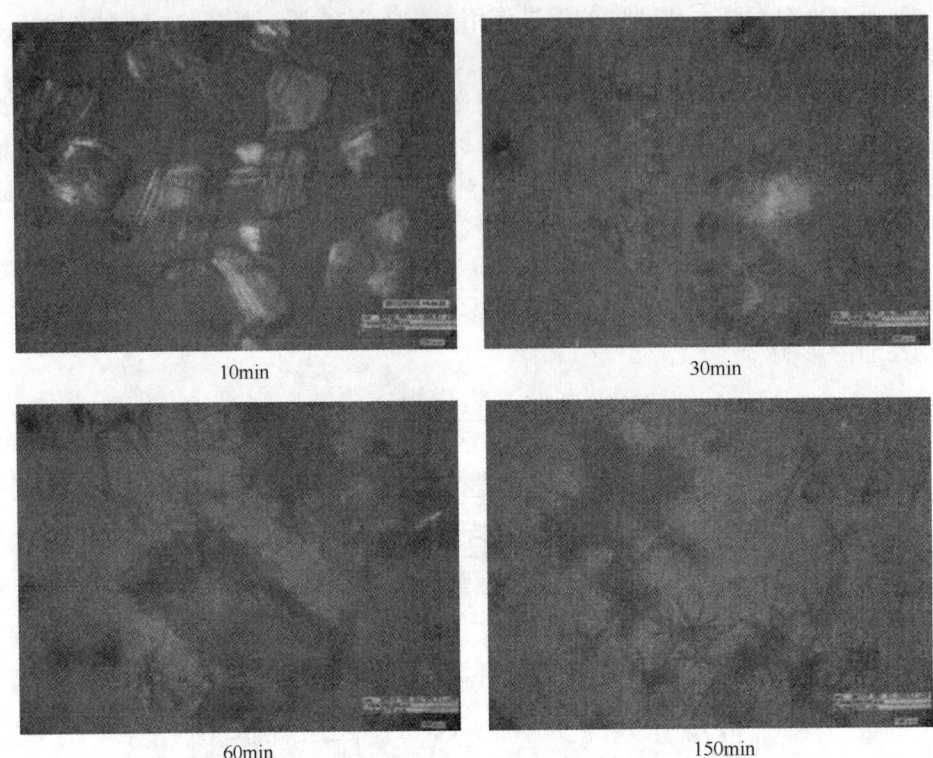

图 14-7　高强石膏在去离子水中的水化产物形态随水化时间的变化

（2）pH=4.0硫酸溶液中高强石膏的水化产物形态变化

高强石膏在 pH=4.0 硫酸溶液中的晶体形态随时间变化见图 14-8，可以看出，10min 时，晶体的边界比较清晰，此时水化产物的结晶水含量为 14.5%，水化程度约为 60%，但已经终凝；30min 时，样品的晶体边缘清晰度变差，晶体粒度变小，但大颗粒晶体相对原样较多，晶体边缘出现较多的针状或纤维状晶体，且新生晶体的长度较短，此时产物的结晶水含量为 19.0%，水化程度为 96%；90min 时，晶体已经完全水化，大量棒状、针状及树枝状晶体相互搭接或连生形成明显的结晶结构网络；130min 时，水化产物可以看到大量蝴蝶状晶核、晶体互相接触和搭接程度增强，但结晶网络中晶体比较细小。

相比中性环境中原样的水化产物形态，可以发现，pH=4.0 的磷酸溶液促进了高强石膏的早期水化过程，但后期水化产物中小晶体的数量增多，结晶网络的搭接程度减弱；相比 pH=4.0 硫酸溶液的水化产物形态，可以发现，$H_2PO_4^-$ 促进了高强石膏的早期水化过程，但后期抑制了新生小晶核的快速长大，因而在提高结晶网络密实度的同时，减少了大晶体的数量，削弱了晶体的连生和搭接程度，从而造成硬化体强度的降低。

（3）pH=4.0磷酸溶液中高强石膏的水化产物形态变化

高强石膏在 pH=4.0 磷酸溶液中的晶体形态随时间的变化见图 4-9，可以看出，10min 时，晶体的边界轮廓同中性环境中的原样差别不大，但小晶粒数量稍多，此时水化产物的结晶水含量为 14.1%，已经终凝，水化程度为 57%；30min 时，样品的晶体边缘清晰度变差，晶体粒度同 10min 样品变化不大，晶体边缘出现少量的细小针状或纤维状

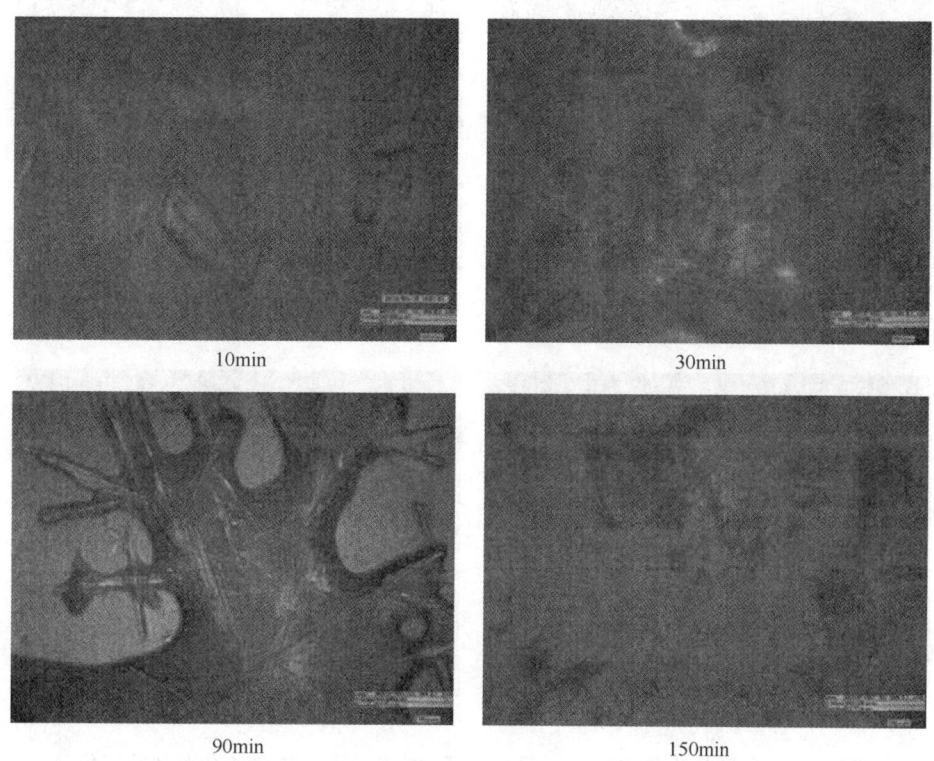

图 14-8 高强石膏在 pH＝4.0 硫酸溶液中的水化产物形态随水化时间的变化

晶体，且基本完全水化；90min 时，针状或纤维状晶体共生或连生出短柱状晶体表面，形成结晶结构网络；150min 时，水化物中针状晶体互相接触和搭接程度增强，形成结晶结构网络，但结晶网络中夹杂有较多的细小晶体，也就是说有一些小晶体没有长大填补在网络空隙中。

相比中性环境中原样的水化产物形态，可以发现，pH＝4.0 的磷酸溶液促进了高强石膏的早期水化过程，但后期水化产物中小晶体的数量增多，结晶网络的搭接程度减弱；相比 pH＝4.0 硫酸溶液的水化产物形态，可以发现，$H_2PO_4^{2-}$ 促进了高强石膏的早期水化过程，但后期抑制了新生小晶核的快速长大，因而在提高结晶网络密实度的同时，减少了大晶体的数量，削弱了晶体的连生和搭接程度，从而造成硬化体强度的降低。

（4）pH＝4.0 盐酸溶液中高强石膏的水化产物形态变化

高强石膏在 pH＝4.0 盐酸溶液中的晶体形态随时间的变化，见图 4-10，可以看出，10min 时，水化产物中原始粗大短柱形态的晶体数量减少，晶体粒度变小，边界轮廓比较清晰，小晶粒数量也较中性环境中的原样稍多，此时水化产物的结晶水含量为 14.6%，水化程度为 63%，已经终凝；45min 时，样品的晶体边缘尚比较清晰，可以看到较多的细小纤维状晶体聚集在少量大晶体的两个端面上，此时产物的结晶水含量为 17.9%，水化程度为 88%；90min 时，晶体已经完全水化，细小纤维状晶体相互搭接或连生在大晶粒的周围，并形成结晶结构网络；160min 时，水化物的晶体的相互搭接程度继续增加，出现了较多的蝴蝶状晶体颗粒。

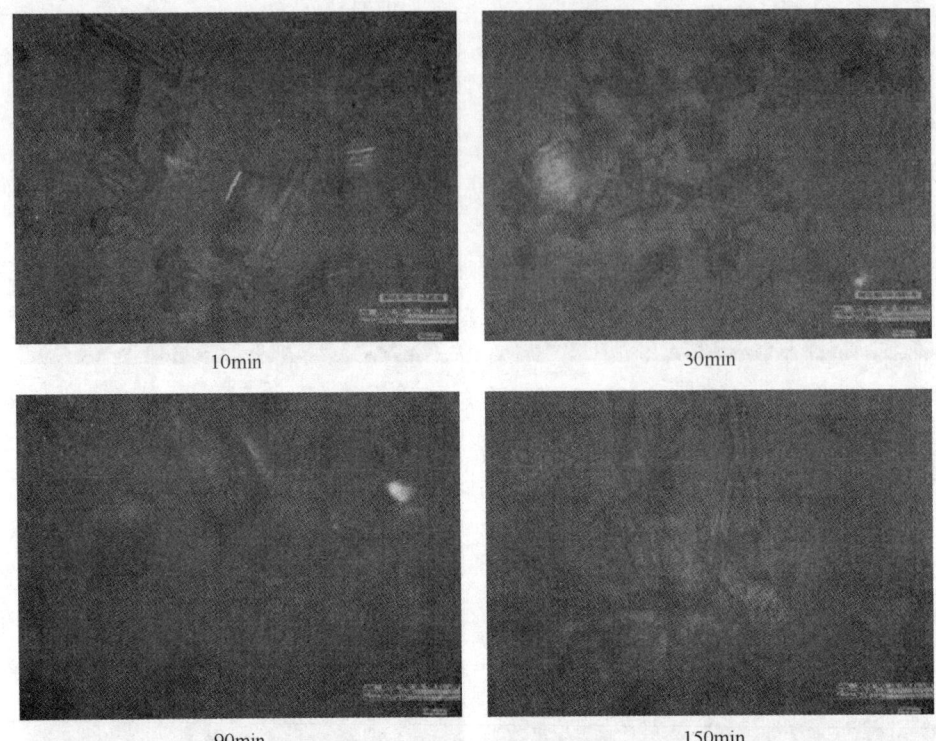

图 14-9　高强石膏在 pH=4.0 磷酸溶液的水化产物形态随水化时间的变化

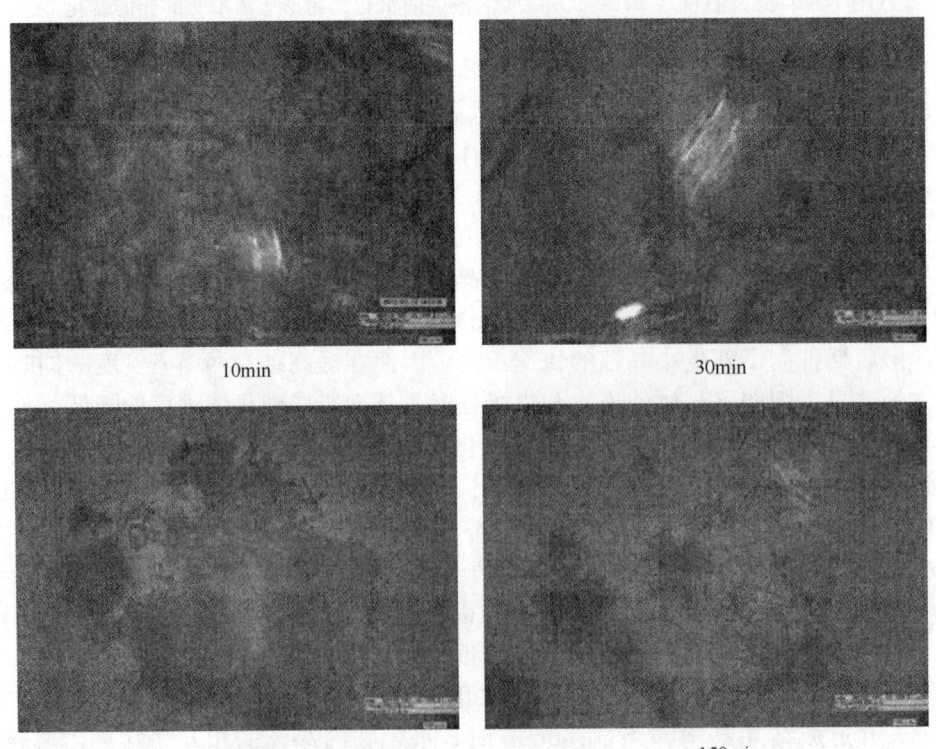

图 14-10　高强石膏在 pH=4.0 盐酸溶液中的结晶水含量随水化时间的变化

相比中性环境中原样的水化产物形态，可以发现，pH=4.0的盐酸对高强石膏水化进程的影响作用不明显，水化产物的最终形态变化也不大，因而此时硬化体的强度变化不大；相比pH=4.0硫酸溶液的水化产物形态，可以发现Cl⁻延缓了高强石膏的早期水化过程，并在后期抑制了新生小晶核的快速长大，增强结晶网络搭接程度，减少了小晶体的数量，因而使硬化体强度相对较高。

（5）$CaCl_2$溶液中高强石膏水化产物形态变化

高强石膏在3%$CaCl_2$溶液中水化产物的晶体形态随时间的变化见图14-11，可以看出，同前面结果类似，15min时，晶体的边界轮廓还比较清晰且小颗粒增多，已经终凝，此时水化产物的结晶水含量为19.2%，如果不考虑$CaCl_2$水合物的影响，水化反应基本完成；70min时，样品的晶体边缘模糊度继续增加，大颗粒晶体数量减少，小晶粒增多，且开始出现细碎纤维状晶体；100min时，大量短碎状或纤维状晶体相互连生或团聚在大晶粒周围，结晶结构网络尚不明显；160min时，水化物晶核大量生成、大量的针状晶体之间互相接触和连生，石膏浆体中形成结晶结构网。当$CaCl_2$含量增加至5.0%时，对于产物的形态变化见图14-12，对比图可以发现：$CaCl_2$含量增加，45min以前的产物中细碎晶体颗粒增多，但水化产物的最终形态差别不大。

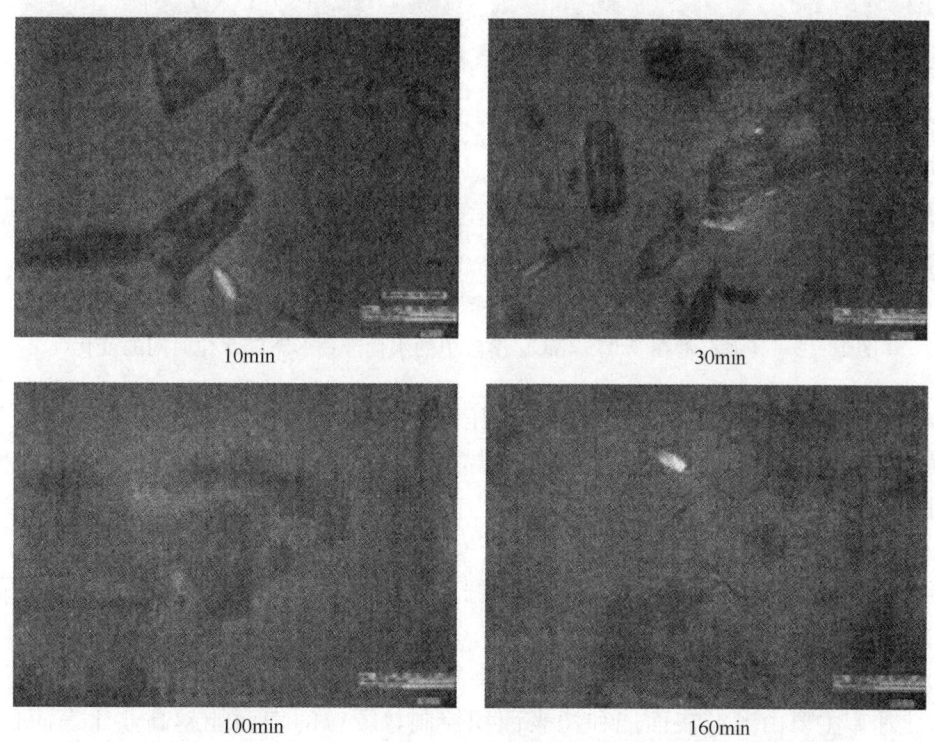

图14-11 高强石膏在3.0% $CaCl_2$溶液中的水化产物形态随水化时间的变化

加入$CaCl_2$后，产物形态与pH=4.0的盐酸溶液类似，但水化过程明显滞后，相比原样的形态，也存在70min以前水化进度滞后，也就是说针状晶体出现时间滞后，但160min以后，产物形态差别不大。石膏浆体的硬化过程就是结晶结构网络的形成过程。浆体结晶结构网络的形成过程一定伴随着强度的发展。然而在宏观性能上，引入杂质后高

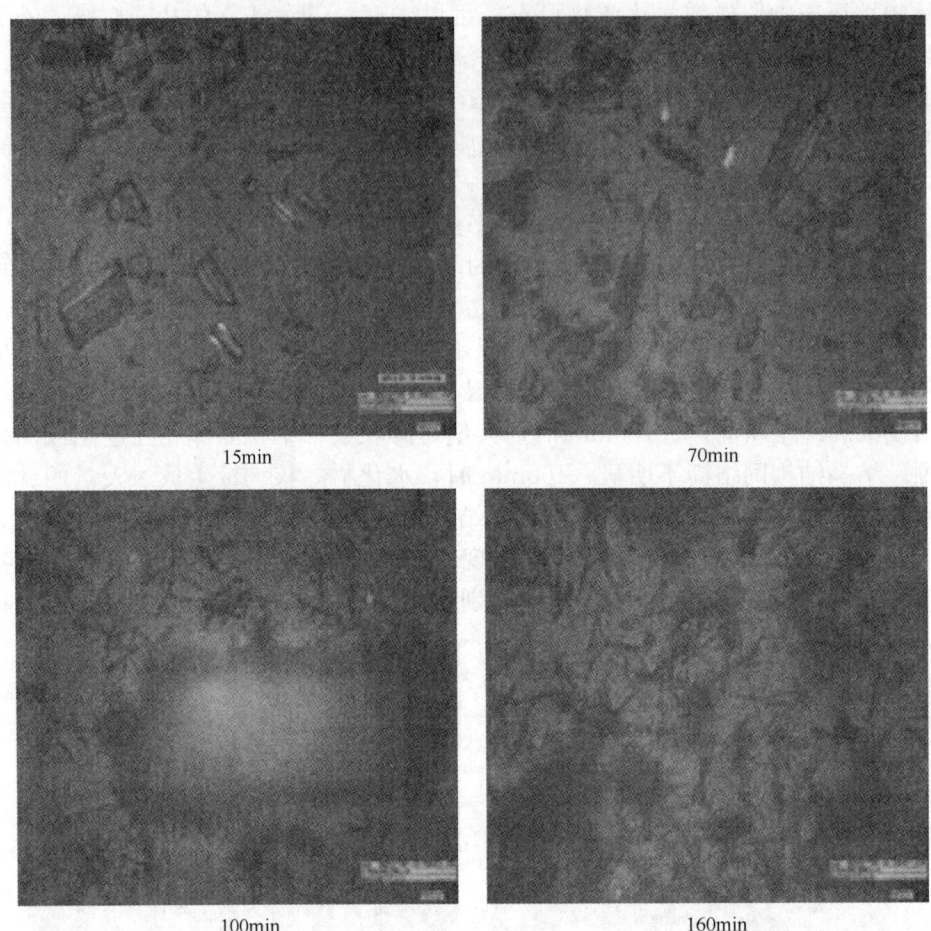

图 14-12　高强石膏在 5.0% $CaCl_2$ 溶液中的水化产物形态随水化时间的变化

强石膏水化产物的凝结时间,尤其是绝干抗压强度有明显差别。考虑半水石膏的水化过程是一个放热反应,下面用微热量热计测定放热过程的热量变化情况来研究杂质对半水石膏水化过程的影响。

3. 量热分析

半水石膏的水化是一个放热的过程,根据其放热曲线,人们习惯上把半水石膏的水化过程分为四个阶段:

(1) 初始期,半水石膏颗粒表面被水快速溶解并达到饱和浓度,时间一般为 20~30s,水化速率主要由颗粒表面能和比表面积控制,颗粒的表面能越高,比表面积越大,初始反应速率越快。

(2) 诱导期,此时已经形成了二水石膏的过饱和溶液,并开始生成二水石膏晶核,此阶段为晶核控制阶段,反应速度主要由液相中 Ca^{2+} 和 SO_4^{2-} 浓度控制,提高液相离子浓度则可缩短诱导期。

(3) 加速期,此阶段二水石膏结晶、生长,液相的 Ca^{2+} 和 SO_4^{2-} 浓度不断降低,半水石膏继续溶解,水热放热速率迅速增大,浆体开始稠化凝结、强度增加,半水石膏的初凝、终凝都在此阶段，晶核迅速长大。

（4）减速期，此阶段半水石膏晶体继续长大，但水化程度已经很高，半水石膏含量减小，水化逐渐减慢，加速期和减速期都是晶体生长阶段，是 Ca^{2+} 和 SO_4^{2-} 由半水石膏颗粒上溶解出来，并向二水石膏晶体表面扩散生长的过程，因此水化速度主要由半水石膏的溶解速度所控制。

石膏浆体初凝之前的诱导期是结晶准备阶段，初凝之后二水石膏开始急剧结晶，终凝之后二水石膏晶体大量搭接，形成结晶结构网络。

高强石膏在杂质溶液中的水化放热曲线见图 14-13。

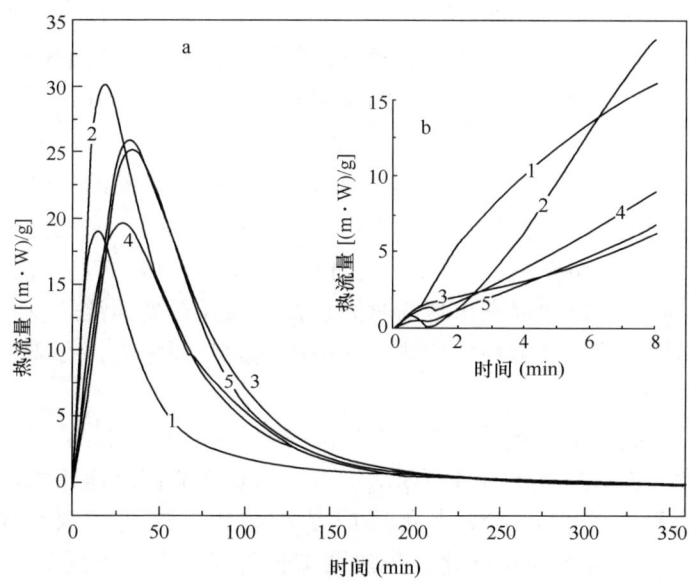

图 14-13 高强石膏在杂质溶液中的水化放热曲线

注：a—代表放热速率随水化时间的变化；
b—前 8min 局部放大图；
1—去离子水；
2—pH=4.0 H_2SO_4；
3—pH=4.0 H_3PO_4；
4—pH=4.0 HCl；
5—3.0% $CaCl_2$。

目前多数学者认为，半水石膏的水化同样也遵循析晶过程，也就是半水石膏的溶解和二水石膏的沉淀结晶。其中，二水石膏的成核生长需要临界尺寸，临界成核半径可以用式（14-1）表示。

$$r_c = \frac{2\sigma v}{kT \log S} \quad (14\text{-}1)$$

式中：r_c——临界成核半径；
σ——表面张力；
v——水膏比；
k——过饱和度；

  T——温度；
  S——比表面积。

  可以看出，降低过饱和度可以增大成核的临界直径，从而降低成核概率。然而晶体生长还受其他因素的影响，如：过饱和度、杂质、半水石膏种类和比表面积、温度、水膏比等。

  由图 14-13 看出，水化放热曲线表征了高强石膏在不同杂质溶液中的水化反应特征，当高强石膏与水接触时，立即出现一个很小的放热台阶，对于 pH=7.8 的去离子水和 H_2SO_4 溶液，这个时间约为 1min，且放热较为剧烈；而 HCl 溶液、H_3PO_4 溶液和 $CaCl_2$ 溶液，放热反应较为缓和，时间稍长，约为 2min；这一阶段对应水化初始期和诱导期，是石膏粉溶解颗粒润湿和溶解引起的，此时石膏浆体中因高强石膏的迅速溶解而出现了二水石膏的过饱和溶液；与原样去离子水中的试样相比，硫酸溶液中，前 6min 的放热速率较小，说明 H^+ 降低了二水石膏的溶解速度和溶解度。

  在相同 pH 的 H_3PO_4 和 HCl 溶液中，高强石膏 2.5min 以前的放热速率较硫酸溶液中的放热速率大，说明酸性环境中 H_3PO_4、$H_2PO_4^-$ 和 Cl^- 对高强石膏的溶解起促进作用，而在 $CaCl_2$ 溶液中，水化放热速率最小，原因是同离子效应，$CaCl_2$ 抑制了高强石膏的溶解。

  因此，加入杂质后，临界晶核出现的时间延长，高强石膏颗粒的表面能和比表面积有所降低，使诱导期的放热速度减小，放热速率由小到大的顺序为：去离子水＞磷酸＞盐酸＞硫酸＞氯化钙。

  诱导期过去后，曲线中出现了一个剧烈的放热峰（主要来自结晶相变热），水热反应进入溶解析晶阶段，也就是半水石膏不断溶解，二水石膏晶体迅速长大，产生剧烈的放热效应。随后，曲线趋于平坦，表明水化反应基本结束，这几组反应结束的时间都在 200min 左右，石膏浆体逐渐凝结硬化，是强度增长阶段。引入不同的杂质，浆体的放热峰出现时间和峰值大小均出现了变化，对应于晶体长大时间和晶体尺寸不同。相应杂质溶液中高强石膏的结晶水含量随时间变化一致（$CaCl_2$ 溶液除外）。高强石膏在各杂质溶液中对应的反应可见，这几类杂质均延长了加速期的反应时间，增大结晶相变热。从宏观凝结时间和强度性能看，初凝、终凝时间缩短，绝干抗压强度出现不同程度的降低。

  石膏在硬化过程中，二水石膏结晶结构的形成分两个阶段进行：

  第一阶段，随着新生成物晶体之间穿插接触和晶体的可能增长，形成结晶结构骨架；

  第二阶段，新的结晶接触点不再生成，而仅仅产生已存在骨架的长大，也就是说所组成的晶粒增长，不只是使结构强度提高，而且由于晶体定向增长的结果，可产生内部拉应力，结构强度反而会降低。

  按照这样的论点，硬化结构的强度不仅与过饱和度有关，而且与过饱和度形成的速度有关，也就是与半水石膏胶结料的溶解度和溶解速度有关。溶解速度快，过饱和度形成得快，有利于初始结构的形成。溶解速度慢，过饱和度持续的时间长，则在初始结构形成之后，水化物仍继续增加，开始可使结构密实，但到一定界限值以后，水化物的增加将引起内应力的增大，导致最终强度降低。因此，为了得到较高的结构强度，必须创造良好的水化条件，以保证在结晶结构的形成和发展过程中，结晶体的数量和大小要增长适度，既不致产生破坏结构的内应力，又应有足够数量的结晶体使结构密实，接触面积增大。但从硬化体强度与晶体尺寸的关系来看，晶体的尺寸增大，强度会随之降低，这是因为大晶体中存在微裂纹等缺陷的概率比较大,所以大晶体的强度比小晶体低。按照这样的观点,石膏重结晶时或硬化速度缓慢时,都将导致石膏制品强度的降低。

虽然从量热分析上各杂质溶液中高强石膏水化的加速期最晚在 35min 都已经结束,但从形态变化看,在除了硫酸溶液外的其他杂质溶液中,前 30min 水化产物的晶体形态中并未出现明显的针柱状晶体搭接,而大量的二水石膏晶体长大和结晶结构网络形成过程是在加速期后的减速期进行的。硫酸溶液中针状晶体出现较早,可能是因为引入的 SO_4^{2-} 加快了过饱和度和初始结构,但同时也引起后期内应力的增加,导致硬化体绝干抗压强度的降低。

4. SEM 分析

引入杂质后产物的 SEM 照片见图 14-14。

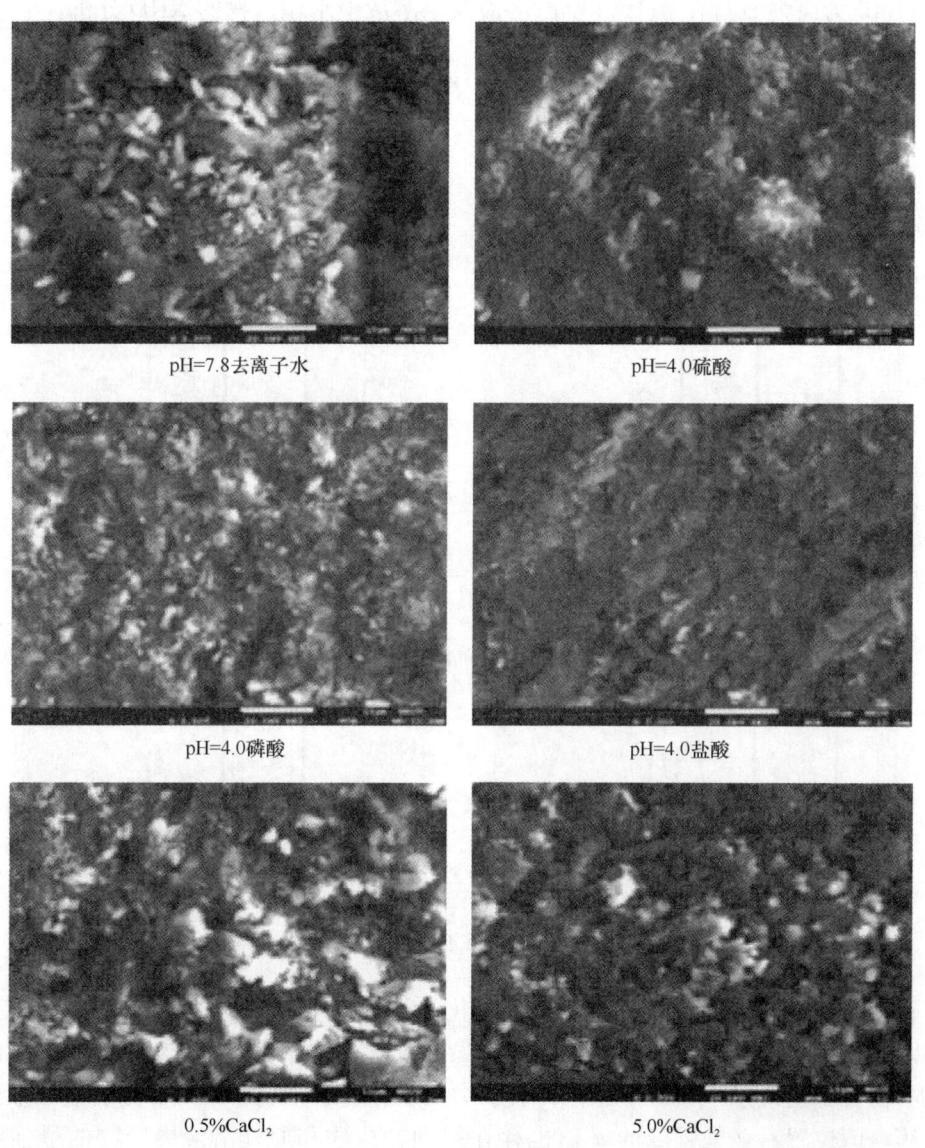

图 14-14 高强石膏在杂质溶液中水化产物的 SEM 分析

由图 14-14 可以看出：在 pH＝4.0 的不同酸溶液中，虽然其绝干抗压强度差别很大，但其硬化体中晶体都具有较高的相互搭接程度，晶体结构也比较密实。掺入 $CaCl_2$ 后，高强石膏硬化体中可以看到一定的块状晶体，晶体共生或成簇现象比较突出，晶体共生体或晶体簇进行堆积，减弱了其相互搭接程度，使结构密实度降低，造成强度相差也很大。这是因为石膏硬化浆体在形成结晶结构网络以后，一方面其硬化浆体的强度由单个接触点的强度及单位体积内接触点的多少所决定，另一方面掺入杂质离子后会引起二水石膏晶格变形，削弱接触点的强度和溶解度，引入杂质后，产物的 2h 强度性能影响不明显，绝干状态下的强度都出现明显下降，可能是由于杂质的存在引起了绝干状态下结晶接触点的性质不稳定。下面通过 XRD 来分析水化产物的物相性质。

5. XRD 分析

图 14-15 为高强石膏在 pH＝4.0 酸溶液及水溶液中水化产物的 XRD 分析。

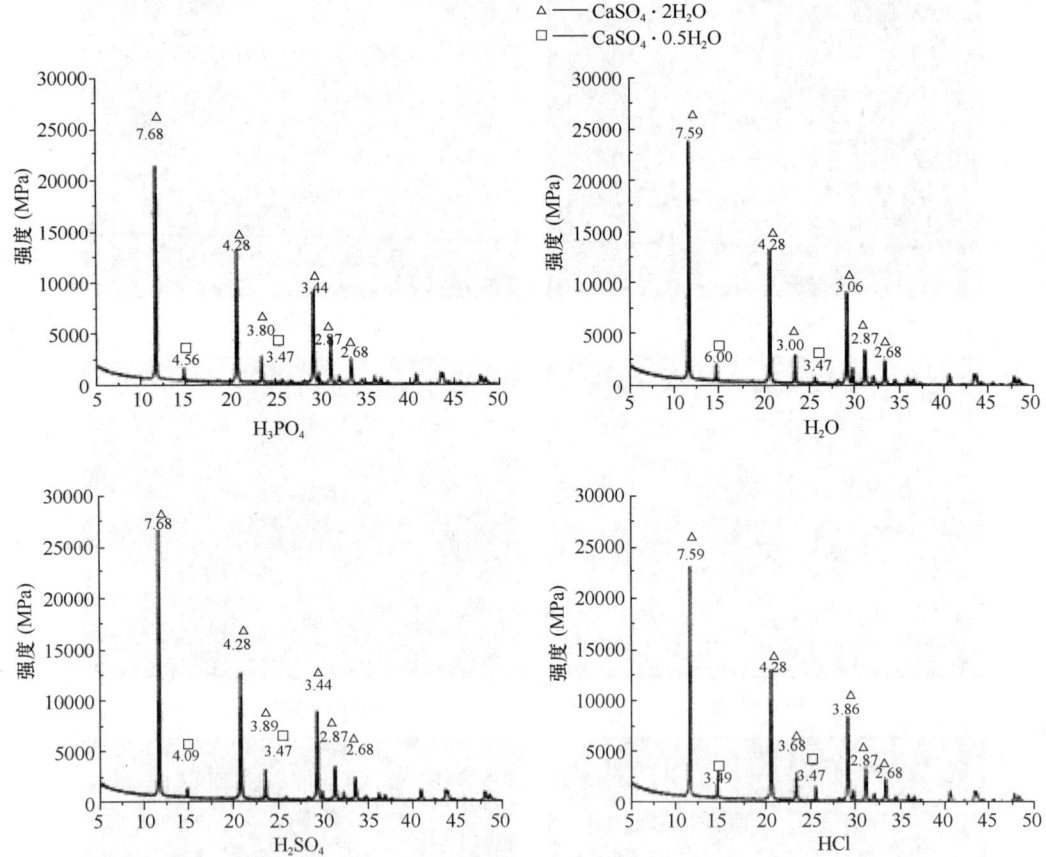

图 14-15　高强石膏在 pH＝4.0 酸溶液及水溶液中水化产物的 XRD 分析

由 pH＝4.0 酸溶液及原样中高强石膏水化 24h 后绝干样品的 XRD 分析图（图 14-15）对比可以看出，各样品水化产物主要相均为二水石膏，从各峰值的相对强度看，硫酸溶液中水化产物各峰值最强，其次是原样，盐酸中产物比纯水中稍弱一些，而磷酸溶液中峰值最弱；从峰值位置看，最强峰的 d 值也存在差别，盐酸和原样溶液中产物的最强峰对应的面的晶面间距为 7.59，而硫酸和磷酸溶液中产物的最强峰对应的面的晶面间距为 7.60；

此组样品中溶液产物的绝干抗压强度由高到低的顺序却是原样＞盐酸＞磷酸＞硫酸，说明水化产物中二水石膏相的含量只是影响产物强度的一个因素，而杂质离子 $H_2PO_4^-$、H^+、Cl^- 改变了结晶接触点的性质，对产物绝干强度起重要的作用。硫酸中水化产物的二水相最强，是因为同离子效应促进了硫酸二水相石膏沉淀，同时改变了水化产物的晶体结构，使二水石膏面的晶面间距由 7.59 变为 7.60，因而强度下降；磷酸溶液中存在的 $H_2PO_4^-$ 在使二水石膏面的晶面间距由 7.59 变为 7.60 的同时，还使产物结晶度变差，因而干燥后强度最低；盐酸溶液中产物的晶体结构与原样最接近，因而强度损失最小。

图 14-16 为高强石膏在 $CaCl_2$ 溶液中水化产物的 XRD 分析。

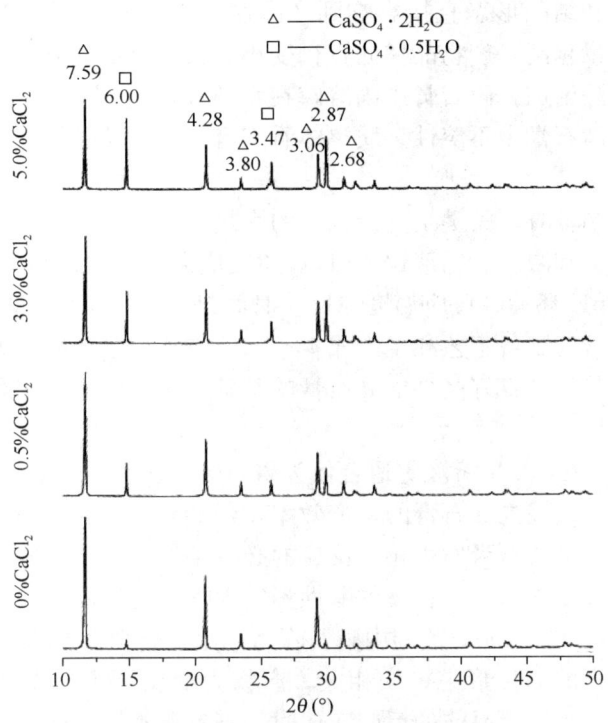

图 14-16　高强石膏在 $CaCl_2$ 溶液中水化产物的 XRD 分析

高强石膏中掺入不同含量 $CaCl_2$ 后，从水化产物的 XRD 图谱（图 14-16），可以看出，随着 $CaCl_2$ 含量的增加，水化产物中二水石膏峰值逐渐增强，半水石膏峰值增强，说明产物中的 $CaCl_2$ 抑制了半水石膏的水化，但未看到明显的 $CaCl_2$ 结晶物存在，原因可能是含量较少。结晶水化过程中结晶水的变化情况，以及 $CaCl_2$ 吸湿性极强且在不同的温度下有不同的结晶水存在形式的性质，可以认为当按照标准稠度需水量的比例加入一定含量的 $CaCl_2$ 时，高强石膏的水化过程受到不同程度的抑制，含量越高，未水化的比例越高，因而进行凝结时间测定时，$CaCl_2$ 促进了浆体的早凝；进行强度尤其是绝干强度性能试验时，样品的放热以及 50℃ 干燥处理的过程使 $CaCl_2$ 以结晶水合物的形式存在，引起硬化体中结晶接触程度减弱，造成强度尤其是绝干强度的明显下降。而从热量分析看，$CaCl_2$ 溶液中半水石膏可以完全水化是因为热量分析试验所用的水膏比为 1:1，且在 25℃ 条件下，水分过量，$CaCl_2$ 是以溶液的形式存在，对半水石膏水化程度的影响不明显。

14.3 影响α型高强石膏性能的因素分析

磷石膏不具有胶凝性，α型高强石膏良好胶凝性能实现经历了磷石膏在活性剂、媒晶剂和磷石膏所含杂质的水热反应体系中由二水石膏相转变为合适晶体形态α半水石膏相，以及高强半水石膏相的水化硬化过程。为了获得高性能的α石膏，应考虑以下因素。

1. 原料性质

磷石膏常压制备高强石膏胶凝材料的重点是从磷石膏的原料性质出发，从α石膏制备看，磷石膏所含杂质和结晶形态直接影响到产品制备工艺和使用性能。磷石膏的pH越小，可溶磷、氟的含量越高，产物晶体向直径变小、长度增加的方向发展，影响媒晶剂作用效果，晶体发育缺陷增加；磷石膏中固溶磷在水热反应过程中会从磷石膏中释放出来，增加体系中的酸性；磷石膏中不溶性杂质整体看来有利于产品晶体变得粗大。

2. 制备工艺

在完成α石膏的制备时，关键是选择合适的水热反应体系环境，即磷石膏相变反应的浆体组分（活度剂种类和浓度、固液比、pH）和反应温度、时间以及运动状态等反应条件。合适的活性剂、pH环境、反应温度和反应时间是二水石膏常压相变的必要条件，同时也直接影响到α石膏的制备工艺和生产成本；而反应体系中合适的固液比、媒晶剂、溶液运动速度是获得结晶发育良好高性能α石膏的基础。这些因素互相影响直接决定了α石膏的生产工艺和材料性能。

相比NaCl溶液，浓$CaCl_2$溶液更适合作为磷石膏常压相变转化为α半水石膏相的活性剂；较高的固液比可以提高α石膏的生产效率，但会影响半水石膏的晶体形态；pH不大于2.0的溶液环境则是磷石膏发生相变反应的必要条件，但过强的酸性会增加媒晶剂的使用量和设备的锈蚀程度，因此磷石膏的酸性不宜太强，这就要采取合适的预处理工艺来减弱磷石膏的酸性；在90~100℃范围内磷石膏由二水相转变为半水相的水热反应时间与活度剂浓度、半水石膏的晶体形态密切相关，产物为细长针状晶体时反应完成的时间较短，而在媒晶剂作用下短柱状晶体的反应完成时间则有所延长，适当增大活性剂浓度，可以缩短水热反应完成时间或降低二水相到α半水相的转变温度；而媒晶剂的选择和使用是获得结晶发育完整、直径为8μm、长径比为1~3的柱状晶体和使α石膏具有优异性能的技术关键；此外，还要保证整个反应体系在合适的溶液运动速度下进行，以获得α半水石膏均齐的结晶发育。

3. 使用环境

α石膏的最终性能还与其水化硬化环境直接相关，因此当获得结晶良好的α半水石膏后，还要考虑α石膏中可能含有的酸性杂质、活度剂等对α石膏水化硬化性能的影响，同时还要采取必要的措施保持α石膏的胶凝活性，进而选择合适的α石膏净化技术和质量控制指标。

制备高强石膏是在较多氯化钙，少量磷酸、磷酸二氢钙，微量可溶性碱金属的盐类、媒晶剂以及有机物的条件下进行的，高强石膏的晶体形态是多种离子共同作用的结果，相变反应结束后，这些杂质主要以可溶物形式存在于溶液中，同时还以不溶物的形式包含在固相产物中。而主要的杂质$CaCl_2$对高强石膏的水化过程和硬化体性能起破坏作用，含量越多，破坏作用越严重；游离态的 H_3PO_4、Cl^-、$H_2PO_4^-$、H^+ 含量的不同都会造成高强石膏不同程度的早凝和强度损失。因此，为了保证高强石膏有稳定的品质和良好的使用性能，必须对固相产物进行净化处理，尽可能降低这些杂质离子的含量。为了提高洗涤效率，最好采用真空快速过滤，同时固液分离后的产品还应迅速进行干燥。生产中为了便于检测和控制，可以采用控制产品中 Cl^- 的含量和洗液 pH 的方法来保证产品的纯度。

图 14-17 为影响 PBGP 性能的主要因素分析。

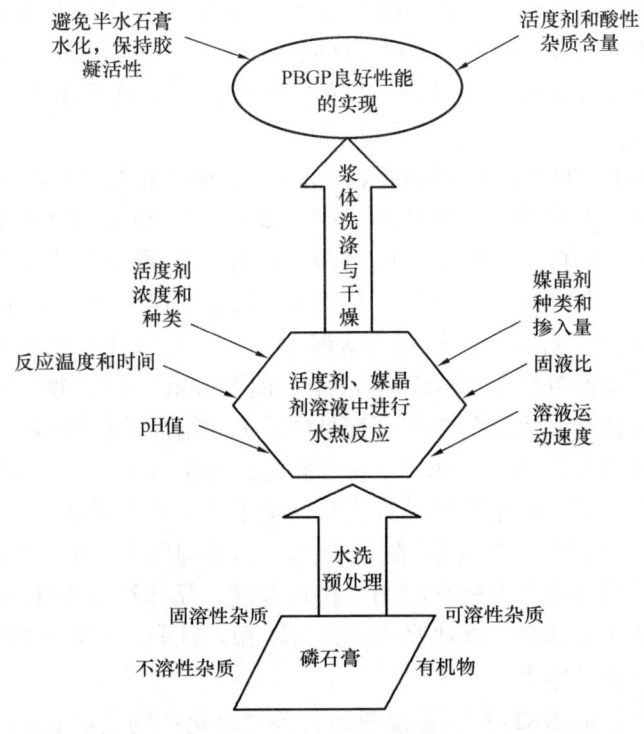

图 14-17　影响 PBGP 性能的主要因素分析

（1）酸对高强石膏的初凝、终凝均起促进作用，且对初凝时间、终凝时间的影响规律大致相同；对于 pH 大于 4.0 的磷酸、硫酸环境，高强石膏的初凝、终凝时间随 pH 的减小表现出较快缩短的趋势，当 pH 在 4.0～4.2 时，高强石膏的初、终凝时间趋于稳定；在盐酸溶液中，随着 pH 的减小，高强石膏的初凝、终凝时间先变短，随后在 pH 小于 5.5 以后趋于稳定，而 pH 为 2.0 时，凝结时间变长，原因是体系产生了气泡缓凝。

（2）pH 大于 3.0 时的各类酸根离子对高强石膏 2h 抗折强度影响不明显，pH 小于 3.0 时，H_3PO_4、Cl^-、$H_2PO_4^-$ 对 2h 抗折强度起增强作用；H_3PO_4、Cl^-、$H_2PO_4^-$ 或 $H_2PO_4^{2-}$ 离子对高强石膏抗压强度则起增强作用，在 pH 大于 3.0 时对高强石膏绝干抗折强度影响不明显，在 pH 小于 3.0 时，H_3PO_4、$H_2PO_4^-$ 起破坏作用，Cl^- 起增强作用；石膏硬化体绝干抗压强度则随酸根离子的种类不同而呈现复杂的变化：$H_2PO_4^-$、HPO_4^{2-} 在 pH＝5.5 时对绝干抗压强度起降低作用，当 pH 小于 5.0 以后对硬化体的强度起促进作用，当 pH 小于 3.0 以后对硬化体的强度又起破坏作用；在 pH 小于 4.0 的弱酸性环境中 Cl^- 使高强石膏绝干抗压强度出现较快下降，pH 大于 4.0 的弱酸性环境中 Cl^- 对硬化体的强度起增加作用。

(3) 随着水化环境中 $CaCl_2$ 含量的增加，初凝时间和终凝时间都表现出逐渐缩短的趋势，$CaCl_2$ 对高强石膏的强度发展尤其是绝干强度起破坏作用。

(4) 从浆体的结晶水含量随时间变化看，加入不同值的稀硫酸、磷酸和盐酸后，高强石膏完全水化时间都在 30min 以内，都是在 pH＝3.0 的酸中结晶水的含量增加最快，其次是在 pH＝5.5 环境。水化速度加快是影响凝结时间缩短和强度降低的一个原因。相同 pH 的不同酸对高强石膏的水化速度影响不同。当 $CaCl_2$ 含量小于 2.0%时，$CaCl_2$ 水合物结晶对高强石膏结晶水含量的变化影响不很明显，当 $CaCl_2$ 含量超过 2.0%时，体系中含有较多 $CaCl_2$ 的水合物结晶，此时仅从结晶水含量变化很难看出半水石膏的实际水化程度。

(5) 从高强石膏在 pH＝4.0 不同酸以及 3.0%溶液中水化热和产物形态看：H^+ 降低了二水石膏的溶解速度和溶解度；酸性环境中 H_3PO_4、$H_2PO_4^-$ 和 Cl^- 则对高强石膏的溶解起促进作用，$CaCl_2$ 抑制了高强石膏的溶解，这几类杂质均延长了临界晶核出现的时间，降低了诱导期的放热速度；且这几类杂质均延长了加速期的反应时间，增大结晶相变热，改变了水化产物的结晶尺寸。各杂质溶液中高强石膏水化的加速期最晚在 35min 都已经结束，但在除了硫酸外的其他杂质溶液中，前 30min 水化产物的晶体形态中并未出现明显的针柱状晶体搭接，大量的二水石膏晶体长大和结晶结构网络形成过程是在减速期中进行的。硫酸溶液中针状晶体出现较早，可能是因为引入的 SO_4^{2-} 加快了过饱和度和初始结构，但同时后期内应力的增加也导致硬化体绝干抗压强度降低。

(6) 由石膏硬化产物的 SEM 看：在 pH＝4.0 的不同酸中，虽然其绝干抗压强度差别很大，但其硬化体中晶体都具有较高的相互搭接程度，晶体结构也比较密实。掺入 $CaCl_2$ 后，高强石膏硬化体中晶体共生体或晶体簇进行堆积，减弱了其相互搭接程度，使结构密实度降低，造成强度相差很大。

(7) 从石膏硬化体的 XRD 对比可以看出，各样水化产物主要相均为二水石膏，且硫酸溶液中水化产物结晶度最好，磷酸溶液中水化产物结晶度最弱；水化产物中二水石膏相的含量只是影响石膏硬化体强度的一个因素，而杂质离子 $H_2PO_4^-$、H^+、Cl^- 改变了结晶接触点的性质，对硬化体绝干强度有重要的影响。$CaCl_2$ 对高强石膏的水化起抑制作用，$CaCl_2$ 含量越高，高强石膏未水化的比例越高，绝干强度下降越明显。为了保证高强石膏有稳定的品质和良好的使用性能，必须对固相产物进行净化处理，尽可能降低这些杂质离子的含量。

15 α型磷石膏凝结膨胀性能研究测定

关于石膏的水化机理问题最早是由 Lavoisier 于 1768 年提出的，此后，许多学者对它进行了大量的研究，至今还没有得到彻底解决。但前人已对其水化过程的水化膨胀、水化机理有些基础性研究。关于石膏的水化机理一般认为有两种，即溶解析晶理论和胶体理论。

溶解析晶理论认为：石膏加水拌和后，首先是半水石膏在水中的溶解，由于半水石膏的溶解度比二水石膏的溶解度大（在 20℃时，前者为 8.85g/L，而后者为 2.04g/L），当溶液达到半水石膏的饱和溶解度时，这时对于二水石膏的平衡溶解度来说已高度过饱和，所以在半水石膏的溶液中二水石膏会自发地析晶。由于二水石膏的析出，破坏了半水石膏溶解的平衡，使半水石膏进一步溶解，以补偿溶液中由于二水石膏析晶所消耗的 Ca^{2+} 和 SO_4^{2-} 离子，如此不断地进行，直到半水石膏完全溶解，全部形成二水石膏为止。

胶体理论认为：在半水石膏水化过程中，半水石膏首先与水生成某种吸附络合物（即形成某种水溶胶），水溶胶凝聚形成胶凝体，然后这些凝胶体再进一步转化为结晶态二水石膏。

国外一些工业发达国家（如美、日、英、俄、德等国）对石膏应用于精密铸造这项技术的研究开发与应用已有 60 多年的历史（自 20 世纪 60 年代至今）并取得了重大进展，对能够应用于精密铸造的石膏的水化凝结膨胀性能要求比较严格，特别是美、日、英等国对石膏的凝结膨胀制定了一系列标准，把膨胀率的大小作为评价石膏性能的标准之一。

随着陶瓷行业的快速发展，我国才对石膏的凝结膨胀性能重视起来，一些企业将其列入了质量控制、检测把关项目，并取得了许多研究成果。

1. 石膏粉种类对石膏凝固膨胀率的影响

石膏是单斜晶系矿物，主要化学成分是硫酸钙（$CaSO_4$），它是一种气硬性胶凝材料，具有 α 和 β 两种形态，将生石膏在 107~170℃条件下煅烧脱去部分结晶水而制得的半水石膏为 β 型半水石膏。将生石膏在 125℃、0.13MPa 压力的蒸压锅内蒸炼则生成 α 型半水石膏，硬化后强度较高。α 型半水石膏结晶良好、坚实，常呈柱状、短柱状或针状，晶体较粗大、致密，有一定的结晶形状，而且具有较低的标准稠度需水量和较高的强度；β 型半水石膏是片状并有裂纹的晶体，结晶很细，比表面积比 α 型半水石膏大得多。由其在宏观性能上的差别，可以得出 β 型半水石膏比 α 型半水石膏水化速度快，水化热高，需水量大，胶体的强度较低，而且水化硬化后的孔隙率也比 α 型半水石膏要高得多，因此 β 型半水石膏的膨胀系数较 α 型半水石膏低很多，因而得出：

在水膏比以及其他外部环境条件相同的情况下，β 石膏粉膨胀系数最小，α＋β 混合粉次之，α 石膏粉最大。在实际生产中使用的 α 半水石膏的水膏比一般以 1∶1.3~1∶1.4 为最佳。采用 β 半水石膏浇模，当水膏比为 1∶1.6~1∶1.2 时，石膏的膨胀率较小，但模型强度却很低。如果将 α 和 β 半水石膏混合使用，就有比较好的效果。当 α 和 β 半水石膏以各 50% 混合使用时，水膏比为 1∶1.2 时的膨胀率和强度最理想。

2. 石膏粒度对石膏凝固膨胀率的影响

粒度是指原料颗粒的尺寸，通常球体颗粒的粒度用直径表示，立方体颗粒的粒度用边长表示，对不规则的矿物颗粒，可将与矿物颗粒有相同行为的某一球体直径作为该颗粒的等效直径。当石膏粉粗细度不同时，石膏膨胀性能亦不同，试验时使用同一种类的石膏，但石膏粉粗细度的325目筛余不同，在相同水膏比时，分别测试各自的线膨胀。通过试验得到了石膏粉粗细粒度对石膏凝结膨胀率及其强度的影响，如图15-1所示。

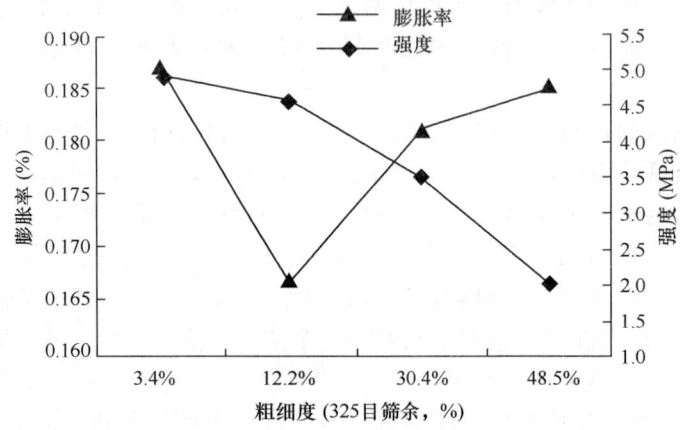

图 15-1　石膏粉粒度对石膏凝结膨胀及其强度的影响

随着325目筛余的上升，石膏的膨胀率先降低后增大。由于适当的粗细粒度，水化初期形成的二水石膏晶核与反应过程中生成的新的二水石膏晶核将形成颗粒级配效应，而且有可能会使晶粒之间的排列更加有序。因此得出结论：粗颗粒石膏的线膨胀率会小于细颗粒石膏的线膨胀率，但随着细度的降低，石膏的强度也会逐渐降低。

3. 水膏比对石膏凝固膨胀率的影响

石膏进行水化时加入水的质量与石膏粉的质量之比就是水膏比。保持搅拌时间以及其他外部环境条件不变，当混合水量增加（水膏比增大）时，石膏空隙中的自由水和二水石膏晶体增加，烘干过程中自由水挥发掉，孔隙率增大，升温过程中石膏脱水，线性膨胀率逐渐减小；反之，当混合水量减少（水膏比变小）时，石膏的膨胀系数变大。混水率对凝结膨胀的影响至今只有理论分析，还未出现系统的试验专门对其验证。

4. 缓凝剂对石膏凝固膨胀性能的影响

在拌和水与石膏中，没有加缓凝剂的半水石膏一般会在2h内转变为二水石膏，加入一定量的缓凝剂，可减慢半水石膏的溶解反应速度，降低石膏的膨胀系数。常用的石膏缓凝剂主要有3类：有机酸及其可溶盐、碱性磷酸盐以及蛋白质类大分子化合物。近年来国内外对缓凝剂作用效果、影响因素以及缓凝机理进行了较为广泛的研究，但关于缓凝剂在使用中对石膏线膨胀率的影响则少有考虑。随着石膏在陶瓷母模、精密铸造、工艺美术品等方面的广泛应用，对石膏线膨胀的要求也更加严格，因而缓凝剂对石膏粉线膨胀特性的影响也不容忽视。针对缓凝剂焦磷酸钠对石膏线膨胀的影响也做了相关的试验，其试验结果如图15-2所示。

由图15-2可知，当水膏比一定时，加入的焦磷酸钠越多，石膏的线膨胀就越低，缓

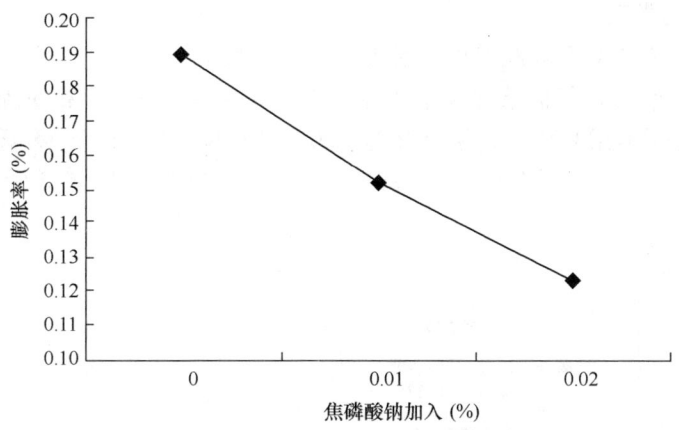

图 15-2 不同焦磷酸钠加入量对石膏线膨胀的影响

凝剂对石膏的线膨胀影响显著。但实际使用过程中，焦磷酸钠的加入量是有一定限制的，加入量过多，虽然会使石膏线膨胀降低，也会引起强度的降低。

5. 拌和水温对石膏凝结膨胀性能的影响

与石膏相混合的拌合水的温度也会影响石膏的线膨胀，因为石膏水化是一个放热的过程，当系统温度较高时，反应进程较系统温度低时进行得慢；根据热动力学原理，拌和水温度增高将阻碍二水石膏结晶生成，反应速度减慢，使得生成的结晶颗粒变大，排列疏松，显气孔率升高，表现为线膨胀相对增大。

6. 石膏制备时搅拌的影响

石膏浆在进行制备搅拌时，其搅拌方法、搅拌机转速、搅拌时间等对石膏的水化膨胀会产生直接的影响。

（1）搅拌方法的影响

石膏的搅拌方法分为：真空搅拌、手工搅拌和机械搅拌 3 种。保持混水率为 75％（水膏比为 1∶1.33）以及其他外部条件不变，手工搅拌时膨胀系数最大，机械搅拌次之，真空搅拌时最小。

（2）搅拌机转速的影响

在混水率为 80％（水膏比为 1∶1.25）以及其他外部条件不变的情况下，搅拌机转速越高，则膨胀系数越大。原因是当石膏浆搅拌的速度很快时，水分子与半水石膏颗粒之间的碰撞次数增多、机会增大，单位体积里（H_2O）与（$CaSO_4 \cdot 1/2H_2O$）相互吸附后转化成二水石膏的转化单位的数量较多，转化率较高，使得系统的最终线膨胀率增大，同时生成的晶体大小均匀，晶粒的排列相对比较松散，系统吸水率相对较大。

（3）搅拌时间的影响

在混水率75％（水膏比为 1∶1.33）以及其他条件不变的情况下，随着搅拌时间的增加，热膨胀系数减小。原因是当搅拌速度一定、搅拌时间延长时，水化初期形成的二水石膏的晶核部分长大，与反应中不断生成的新的二水石膏晶核形成颗粒级配效应，随着搅拌时间的延续，搅拌可能会使晶粒之间排列更为有序、随机性降低，表现为系统总的线膨胀率降低，晶粒排列紧密，吸水率降低。

7. 养护方式的影响

为了验证养护方式对石膏凝结膨胀性能的影响，研究人员做了以下试验研究：在其他外界条件不变的情况下，养护条件采用 3 种方式：空气自然养护；相对湿度＞90％（用湿毛巾覆盖即可），环境温度 15℃；相对湿度＞90％，环境温度 25℃。石膏模型脱模后先养护 90h，每隔 3h 测量一次膨胀值。纯石膏型膨胀值测试结果如图 15-3 所示。

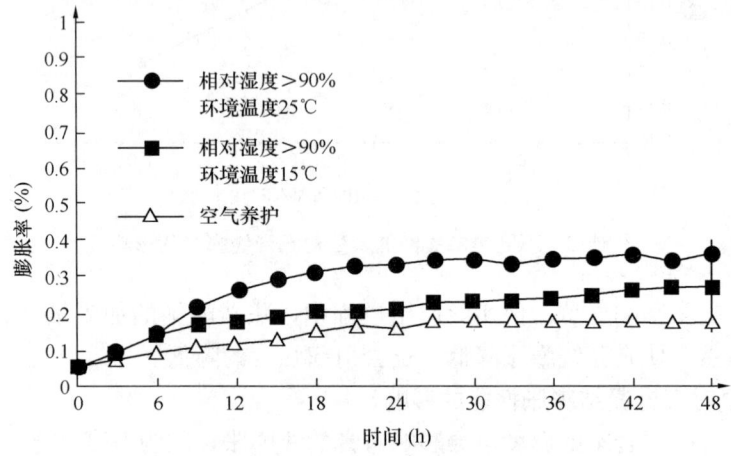

图 15-3　在养护过程中纯石膏型膨胀率随时间变化曲线

由图 15-3 可知，纯石膏型脱模后在养护过程中产生微膨胀，膨胀率随养护湿度和温度的升高而显著增大，随养护时间的延长而逐渐增大，但养护时间达一定值（该值随养炉湿度和温度的升高而延长）后，石膏型的膨胀率不再增大。

16 α型高强石膏凝结膨胀率系统研究

研究人员对α型高强石膏粉的物理性能指标、粒度分布、凝固膨胀率等性能进行了分析，研究了粒度和混水率对石膏初终凝时间、2h抗折强度、3h水化率、水化产物以及凝固膨胀率的影响规律，又对加入缓凝剂、减水剂等外加剂的石膏抗折强度、膨胀率等性能进行了具体的研究，主要流程如图16-1所示。

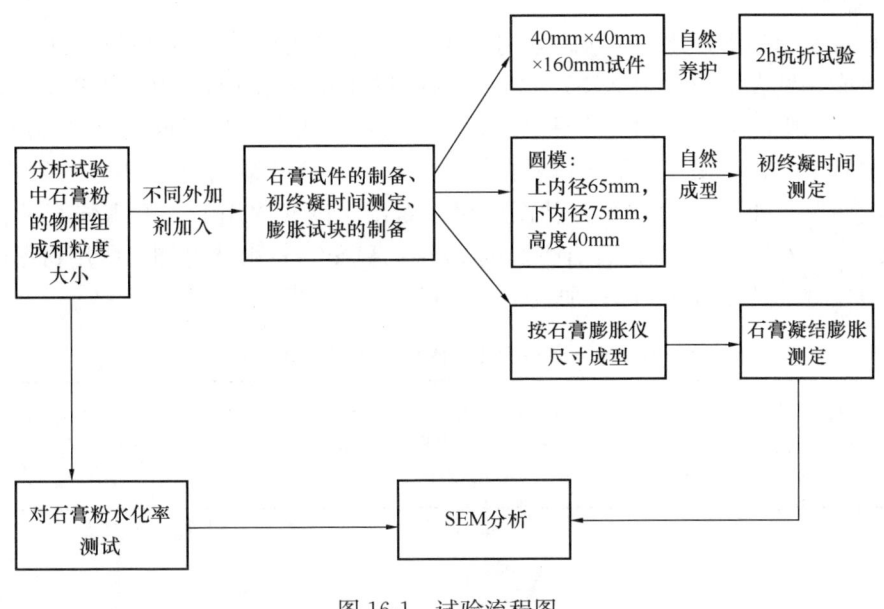

图16-1 试验流程图

16.1 原材料

1. 石膏

试验中所用的高强石膏主要有脱硫石膏基α型高强石膏粉、天然石膏基α型高强石膏粉和α型高强石膏粉3种。

（1）脱硫石膏基α型高强石膏粉

使用X线荧光光谱分析仪（XRF-1700）分析原料的化学组成（质量分数），见表16-1。利用Computrac Max 5000测定石膏结晶水含量，结果见表16-1。

表16-1 脱硫石膏基α型高强石膏粉样品化学成分分析（质量分数,%）

SO_3	CaO	SiO_2	Al_2O_3	Fe_2O_3	Na_2O	K_2O	Cr_2O_3	SrO	结晶水
57.57	40.31	1.02	0.51	0.21	0.15	0.12	0.09	0.03	5.9

（2）天然石膏基α型高强石膏粉

天然石膏基α型高强石膏使用 X 线荧光光谱分析仪（XRF-1700）分析原料的化学组成（质量分数），见表 16-2。利用 Computrac Max 5000 测定石膏结晶水含量，结果见表 16-2。

表 16-2　天然石膏基α型高强石膏粉样品化学成分分析（质量分数,%）

SO_2	CaO	SiO_2	Al_2O_3	Fe_2O_3	Na_2O	K_2O	Cr_2O_3	SrO	结晶水
57.19	41.91	0.39	0.07	0.10	0.08	—	—	0.27	6.17

（3）α型高强石膏粉

高强石膏粉标准水膏比为 0.4。运用 X 射线荧光光谱分析仪（XRF-1700）分析其相应的化学组成，见表 16-3。用 XRD 分析仪分析材料的物相组成，如图 16-2 所示，从图中可以看出，样品中的主要物相成分是半水石膏，其他杂质主要是石英和无水石膏，根据它的三强峰和对应的归一化强度值可以看出，样品具有良好的结晶度；用激光粒度分析仪分析材料粒度情况，如图 16-3 所示，从图中可以看出，试验中用的α型高强石膏粉主要成分是 $CaSO_4 \cdot 1/2H_2O$，此外还含有少量的 $CaSO_4$ 和 SiO_2；由此可知，所用材料的粒径分布主要集中在 0.2～110μm，体积加权平均粒径为 10μm。

表 16-3　原料的化学组成（质量分数,%）

SO_3	CaO	SiO_2	Al_2O_3	Fe_2O_3	Na_2O	K_2O	Cr_2O_3	SrO
57.61	40.32	1.02	0.46	0.24	0.12	0.13	0.09	0.02

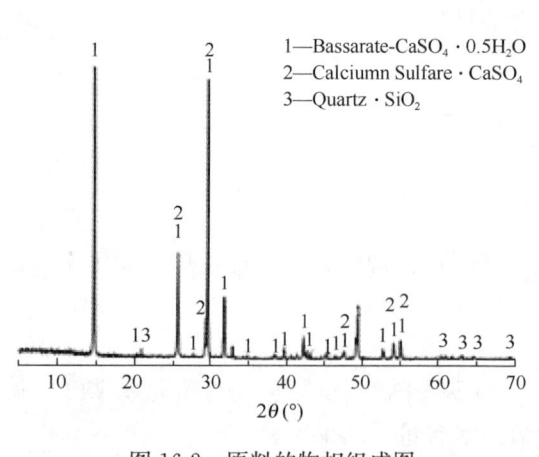

图 16-2　原料的物相组成图　　　　图 16-3　原料的粒度分布

2. 减水剂

MNC-SM 型蜜胺系高效减水剂（粉体），符合《混凝土外加剂》（GB 8076—2008）高效减水剂指标。其性能指标见表 16-4。

表 16-4　蜜胺系高效减水剂匀质性指标

试验项目	性能指标
外观	白色粉末
细度（0.315mm 筛余）	≤15%
Na_2SO_4 含量	≤5%
氯离子含量	≤0.4%
pH	7～9

3. 缓凝剂

选用的缓凝剂有：柠檬酸钠，系分析纯；酒石酸，系分析纯；焦磷酸钠，系分析纯；石膏专用缓凝剂 1，砖红色，系分析纯；石膏专用缓凝剂 2，米白色，系分析纯。

4. 其他

（1）在整个试验中用到的水均是自来水。

（2）试验中用到的无水乙醇，系分析纯。

16.2　试验仪器和设备

1. 电子天平

型号 1：HZT-A2000；规格：$Max=2000g$，$e=0.1g$，$d=0.01g$；电源：DC9V。

型号 2：AR2140；准确度等级：Ⅰ；规格：$Max=210g$，$d=0.0001g$，$e=0.001g$；电源：交流（8～14.5）V 50Hz 或直流（9.5～20）V 6W。

2. 搅拌器

搅拌器应采用《建筑石膏　净浆物理性能的测定》（GB/T 17669.4—1999）中规定的搅拌碗和搅拌棒。

3. 成型试模

根据《膨胀水泥膨胀率试验方法》（JC/T 313—2009）中的三联试模标准要求定制，由 3 个水平磨槽组成，可同时成型 3 个 40mm×40mm×160mm 棱形试体。

4. 标准稠度仪及凝结时间测定仪

稠度仪采用《建筑石膏　净浆物理性能的测定》（GB/T 17669.4—1999）中规定的稠度仪，型号为 CHD-50。

凝结时间测定仪采用《水泥净浆标准稠度与凝结时间测定仪》（JC/T 727—2005）中规定的凝结时间测定仪。

5. 抗折试验机

试验中使用的电动抗折试验机型号为 KZJ-500，最大负荷 5000N，精度 1%，电压 220V，功率 10W。抗折试验机上使用的可逆电动机型号为 ND-30，频率 50Hz，电压 127V，电流 0.1A，转速 1200r/min，减速比 1∶39.06，消耗功率 10W。

6. 石膏膨胀仪

根据《建筑石膏》（GB/T 9776—2008）的规定，测量石膏的凝结膨胀应该使用图 16-4 要求的凝固膨胀测定仪。

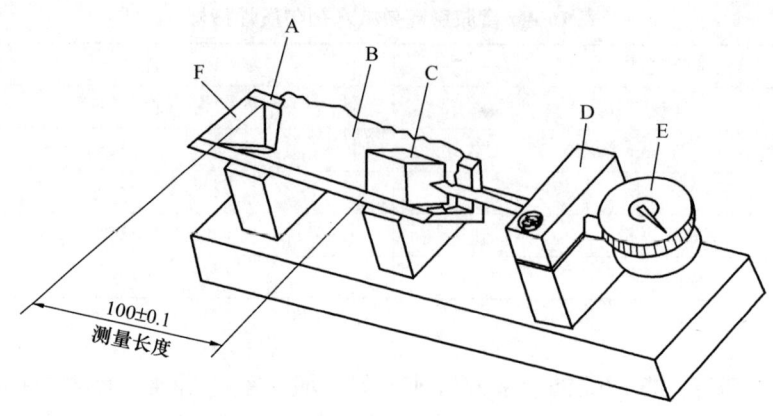

图 16-4　凝固膨胀仪
A——金属槽侧面板；B——塑料薄膜；C——金属挡块；
D——固定千分表制作；E——千分表；F——槽端挡板

凝固膨胀仪的规格要求：

A：内边长为 30mm，互成 90°的等边凹槽，凹槽的最小尺寸为长 140mm，厚 4mm，凹槽的一端用槽端挡板（F）挡住；B：塑料薄膜用 0.1～0.2mm 厚的聚四氟乙烯薄膜；C：金属挡块是边长约 30mm，质量为 200g±10g 的立方体挡块；E：当刻度计或测量施加的外力不超过 0.1N(98g) 时，能测定小于 0.01mm 位移的装置。

7. 试验材料分析仪

运用 X 射线荧光光谱分析仪（XRF-1700）分析其相应的化学组成；用（D/max-RB，Rigaku）X 射线衍射仪（XRD）分析材料的物相组成，试验条件：40kV、100mA、Cu 靶、扫描速度 4°/min；步进扫描条件：40kV、120mA、Cu 靶、步宽 0.01、步进 3s；用激光粒度分析仪分析材料粒度情况，试验条件：进样器名 Scirocco 2000(A)、颗粒折射率 1.531、颗粒吸收率 0.1、粒径范围 0.020～2000.000μm、分散剂折射率 1.000。用带有能谱探测器（Be4-U92）的扫描电子显微镜（SEM）（JSM-6460LV，JEOL）观察石膏颗粒以及石膏硬化体形貌。

8. 标准检验筛

型号：ϕ200×50、规格筛号为 320 目、筛孔边长为 0.045mm 的孔筛。

9. 烘箱

X101-3 型电热鼓风干燥箱，电源 220V，电热功率 5kW，工作室尺寸 500mm×600mm×750mm，鼓风电机 40W，温度范围 10～250℃，灵敏度±1℃。

10. 其他

秒表、游标卡尺、料铲、料勺、锤子、烧杯、纸杯、量筒、滤纸、搅拌棒等若干。

16.3　试验方法

1. 试验环境

参照《建筑石膏》（GB/T 9776—2008）的规定：实验室温度为（20±5）℃，试验设备、仪器及材料（试样和水）的温度均为室温。空气的相对湿度为 65%±10%。

2. 标准稠度用水量测定

具体标准参照《建筑石膏 净浆物理性能的测定》（GB/T 17669.4—1999）。严格按照标准规定将充分搅拌均匀的石膏浆边搅拌边迅速注入稠度仪筒体，并用刮刀使浆面与筒体上端面齐平。待筒体提去后，待测料浆扩展成试饼，量取垂直方向上的直径，计算其算术平均值。记录料浆扩展的直径等于1805mm时的加水量，该加入的水质量与试样质量之比，以百分数表示。将试样按上述步骤连续测定2次，取2次测量结果的平均值作为该待测试样标准稠度用水量，精确到1%。

3. 初、终凝时间测定

将石膏从加水拌和开始一直到浆体开始失去可塑性的过程，称为初凝，对应的这段时间称为初凝时间。将从加水拌和开始一直到浆体完全失去可塑性，并开始产生强度的过程称为终凝，对应的这段时间称为终凝时间。石膏的初、终凝时间测定参照《建筑石膏 净浆物理性能的测定》（GB/T 17669.4—1999）的标准进行测定。

具体步骤为：将待测试样充分搅拌均匀后用凝结时间测定仪测定，记录从试样和水接触开始，到测定仪的钢针第一次不能碰到玻璃底板所经历的时间，就是试样的初凝时间。从试样和水开始接触，到测定仪的钢针插入料浆的深度不大于1mm所经历的时间，就是试样的终凝时间。凝结时间以分钟计数，将相同的试验连续测定2次，取2次结果的平均值作为试件的初凝时间和终凝时间。

4. 试件成型

参照《建筑石膏》（GB/T 9776—2008）的规定进行。选定石膏型基础材料的水膏比（水和石膏混合料的质量比），将石膏基材混合均匀，按标准稠度用水量称量水，并把水倒入搅拌容器中。在10s内将试样均匀地撒入水中，浸泡20s，用搅拌棒在30s内搅拌30圈。搅拌的时间过短，石膏浆不均匀，石膏浆中将有大量的气体不能排出，造成石膏模中有很多气泡和硬块；搅拌的时间过长，石膏浆将变硬，流动性变差，很难浇灌到模具中，影响石膏模型质量，最终影响试件的强度和其他性能。标准搅拌时间应从均匀搅拌直到搅拌棒可以在石膏浆表面留下很清晰的划痕时则可制模，搅拌时间为2min左右。当料浆被搅拌均匀时用料勺将其灌入预先涂有矿物油的标准试模内，试模充满后，用手将试模一端提起10～30mm，使其自由落下，振动10次，用同一操作将试模另一端振动10次，以排除料浆中的气泡。在初凝前，用刮平刀将溢浆刮去，但不需抹光表面。待水和试样接触到1h，在试件的表面编号并拆模。

5. 石膏的抗折强度测定

石膏的抗折强度测定按照《建筑石膏》（GB/T 9776—2008）进行，测定其自然条件养护2h的抗折强度。自然养护条件：平均气温为25℃，平均湿度为90%。

6. 石膏的凝固膨胀率测定

将挡块放在适当的位置，使槽达到一定的长度，准确称量100g待测样品加到按要求达到标准稠度的适量自来水中（此时按下秒表记录时间），按照试件成型时的基本要求进行调和，将调和物完全充满槽内，在初凝前，用刮平刀将溢浆刮去，但不需抹光表面。为了尽量减少水分蒸发，在槽内的样品上放一片橡胶薄膜。此时将千分表与挡块接触，并将千分表读数调至零点。在测量凝结膨胀的试件成型后，一直关注着千分表指针的读数，当千分表指针开始走动时记下此时秒表的时间，此后每隔10min记录一次秒表的读数，让样品的一端无限制地膨胀 3h，读取千分表最后的读数 L_1，精确至 0.001mm。将凝固膨胀仪中试块拆下用游标卡尺测量其长度 L_2，精确至 0.02mm。

试样的凝固膨胀率按式（16-1）计算：

$$E = \frac{L_1}{L_1 - L_2} \times 100\% \qquad (16\text{-}1)$$

式中：E——石膏的凝固膨胀率，精确至 0.0001%，如此试验进行 2 次，计算这 2 次的平均值，作为最后的凝固膨胀结果。

7. 石膏粉水化率的测定

精确称量 100g 待测试样，按照测量凝固膨胀率时用的水膏比加水拌和，将调和好的石膏浆倒入纸杯中，称量纸杯与料浆的质量 m_1，水化 2h 后，将硬化的石膏粉碎用无水乙醇终止水化，将水化被完全终止的石膏粉与纸杯放入 45~50℃ 的烘箱中烘干至恒重，精确称量烘干后试块与纸杯的总质量 m_2，根据前后质量之差来推算水化率，具体计算方法如下：

$$CaSO_4 \cdot 0.5H_2O + 1.5H_2O \longrightarrow CaSO_4 \cdot 2H_2O$$

$$\begin{array}{ccc} 145 & 27 & 172 \\ 100(g) & & 118.62(g) \\ & (m_2 - m_1)g & M \end{array}$$

由上述化学方程式可知，100g 待测试样如果完全水化理论上能生成 118.62g 二水硫酸钙。根据实际试验中的测试，$(m_2 - m_1)$ 即为参加反应的水的质量，从而可以求得实际水化生成的二水硫酸钙的质量 M，则石膏的水化率按式（16-2）计算：

$$\frac{M}{118.62} \times 100\% \qquad (16\text{-}2)$$

8. 扫描电镜分析

石膏是非导电性的物质，在利用电镜进行观察时，会产生严重的荷电现象而影响观察，因此需要在样品表面镀金属层，这样不仅可以阻止荷电现象，也可以减少样品表面损伤，提高图像清晰度。

具体方法：样品采用 40mm×40mm×160mm 模具成型，真空干燥，取中间原始断面，镀金待测。

17 粒度对 α 型高强石膏凝结膨胀性能的影响

粒度又称粒径，是指原料颗粒的尺寸，一般球形颗粒用直径来表示，方形颗粒用边长来表示，对于不规则的颗粒，可用与它有相同行为的球体直径作为等效直径。常用来表征粉体粗细程度的特征参数有很多，如比表面积（SSA）、80μm 筛余、中位径（D50、D90、D10）等。粉体的比表面积与粒度负相关，颗粒的比表面积越大，粒径越小，粉体越细。比表面积可以用来表示物料。对物料粒度分布的原始数据进行处理和分析，也可得出一些具有代表性颗粒的粒径来表征整个颗粒群的粗细程度，这个粒径又被称为特征粒径。在本试验中，我们选择"目"来表征粉体的粒度大小。网目是表示标准筛筛孔尺寸的大小，在泰勒标准筛中，所谓网目就是 2.54cm（1 英寸）长度中的筛孔数目，并简称为目。例如，200 目的筛子是指这种筛子每 2.54cm 长度的筛网有 200 个筛孔，其筛孔尺寸为 0.074mm（网目越少，筛孔尺寸越大）。

17.1 试样中使用材料的粒度分布

我们使用 A1 粉为原样，然后用 320 目的筛子进行筛分，筛下部分我们取名为 A1-320 目下，筛上我们取为另一对比样 A1-320 目上，用激光粒度分析仪分析材料粒度情况，根据粒度与范围内体积的关系，用 origin 做出粒径关系图如图 17-1～图 17-3 所示。

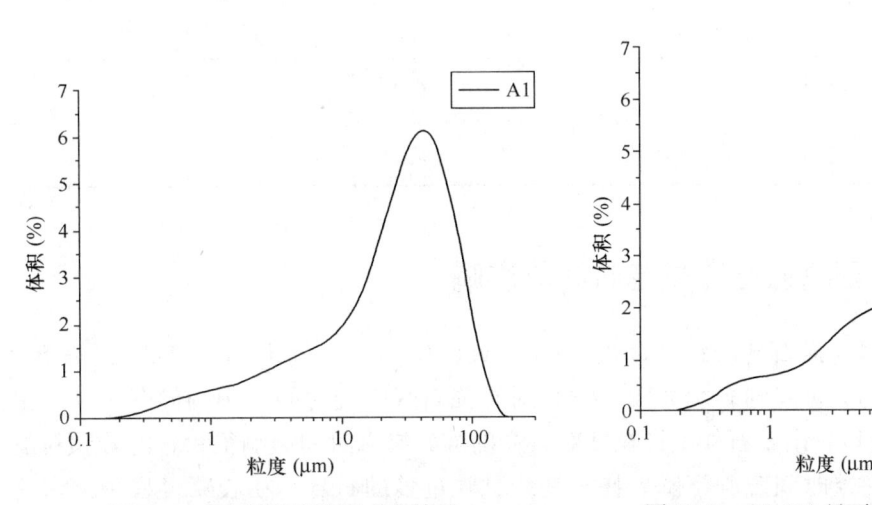

图 17-1　A1 原样的粒度成分情况　　　　图 17-2　A1-320 目下的粒度成分情况

从以上表和图中可以看出，A1 试样的粒度分布范围最广，最大粒径为 200μm，A1-320 目筛下试样的最大粒径为 100μm 左右，比 A1 相差了近 100μm。A1-320 目上、A1、A1-320 目下 3 种试样的表面积平均粒径 $D[3,2]$ 依次为 12.291、6.110、4.566，体积平

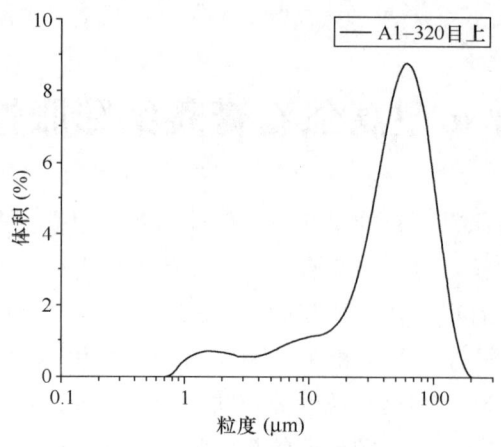

图 17-3　A1-320 目上的粒度成分情况

均粒径 $D[4，3]$ 依次为 45.280、43.339、33.269，结合表 17-1 可以得出，A1-320 目上、A1、A1-320 目下 3 种试样的颗粒平均粒径逐渐减小，粉体也越来越细。

17.2　粒度对 α 型高强石膏基本性能的影响

试验中使用的石膏试样的标准需水量为 0.31，在保持水膏比不变的情况下，对不同粒度的石膏进行试验研究，具体情况见表 17-1，由表中的扩散度可知，随着颗粒粒度的减小，石膏的需水量越来越大。

表 17-1　不同粒度的试验方案

试验标号	A1-320 目筛上	A1	A1-320 目筛下
水膏比	0.31	0.31	0.31
扩散度（mm）	180	175	150

17.3　粒度对 α 型高强石膏凝结时间的影响

考察不同粒度对高强石膏凝结时间的影响，A1、A1-320 目筛上和 A1-320 目筛下 3 种粒度对高强石膏初凝时间的影响如图 17-4，对高强石膏终凝时间的影响如图 17-5。由图 17-4 和图 17-5 可以看出，石膏试样粒度对石膏的初、终凝时间影响很大，随着颗粒的减小，石膏的初、终凝时间急剧下降。特别是细颗粒过多的石膏粉在胶凝过程中需水更多，从而降低了石膏浆的流动性，会使石膏浆出现迅速凝固的现象。尤其是对初凝时间的影响效果更显著，A1-320 目筛下石膏的初凝时间为 10.83min，A1-320 目筛上石膏的初凝时间下降到 5.24min。

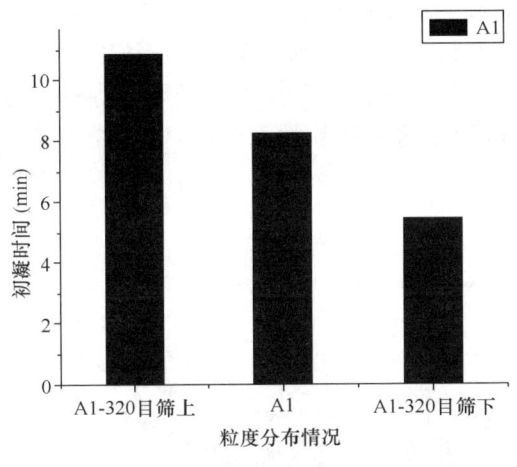

图 17-4　不同粒度对石膏初凝时间的影响　　图 17-5　不同粒度对石膏终凝时间的影响

17.4　粒度对 α 型高强石膏抗折强度的影响

考察不同粒度对高强石膏 2h 抗折强度的影响如图 17-6 所示。由图 17-6 可知，在一定的范围内随着粒度的降低，石膏的松散表观密度下降，颗粒级配良好，从而使石膏的强度增高，A1-320 目筛下这种颗粒的石膏的 2h 抗折强度比 A1 原料提高了 40%。也就是说，石膏颗粒越细，比表面积越大，石膏块体的强度越高；颗粒分布越窄，石膏的强度也越高。

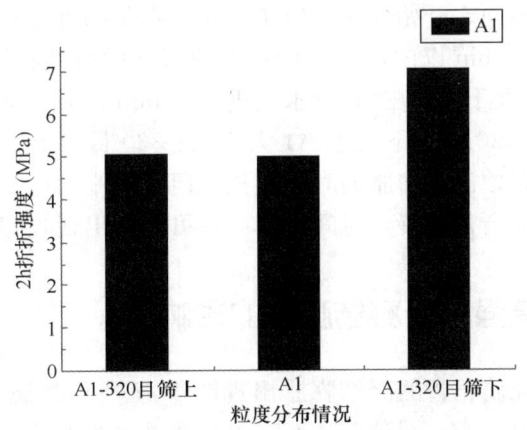

图 17-6　不同粒度对石膏抗折强度的影响

17.5　粒度对 α 型高强石膏凝结膨胀性能的影响

不同粒度的石膏在同一水膏比的情况下，测试石膏的凝结膨胀率，不同粒度对高强石膏 3h 膨胀性能的影响如图 17-7 所示，但是不同粒度的石膏粉在水化的不同时间内膨胀速度却大不相同,其在 3h 内,同一粒度在不同时间内的凝结膨胀速率如图 17-8。由图 17-7 可以看出,同一种类的石膏,当它的粗细度不同时,其凝结膨胀性能也大不相同。随着石膏细度的增大,石膏的凝结膨胀呈增大趋势。A1 这种颗粒的石膏的 3h 凝结膨胀率比 A1-320 目筛上原料提高了 15% 左右,而 A1-320 目筛下这种颗粒的石膏的 3h 凝结膨胀率比 A1 原料也提高了 14% 左右。从图形及数据中可以看出,随着粒度的减小,石膏的凝结膨胀率线性增加。

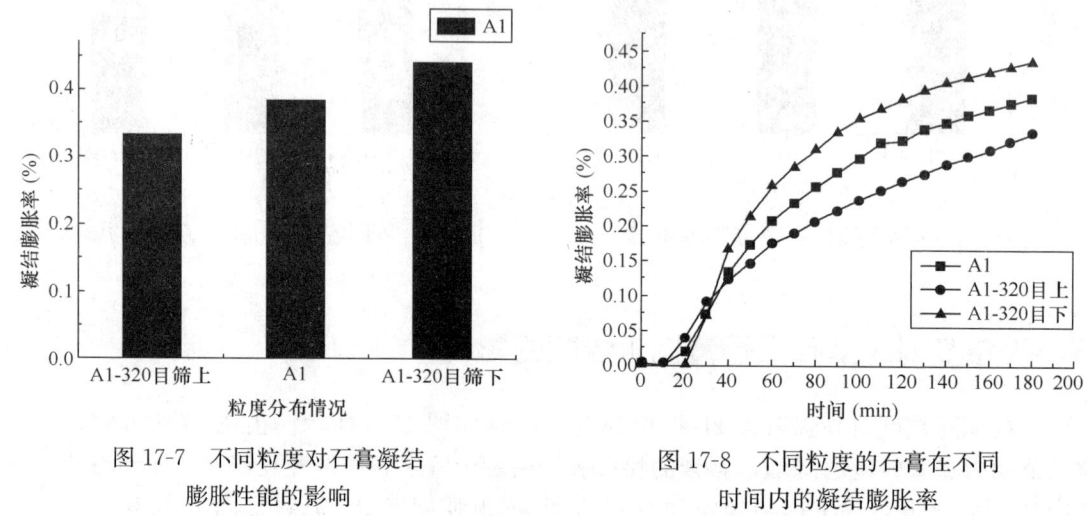

图 17-7　不同粒度对石膏凝结膨胀性能的影响

图 17-8　不同粒度的石膏在不同时间内的凝结膨胀率

由图 17-8 可以看出,结合待测石膏试样的初、终凝时间我们得出,石膏粉在其初凝之后终凝之前开始出现膨胀,同一粒度的石膏随着时间的增加凝结膨胀率逐渐变大,但是在不同时间内变化幅度不同,开始变化比较快,随着水化的进行石膏的凝结膨胀也趋于缓慢。在石膏粉与水接触 40min 以内,这 3 种粒度的石膏的凝结膨胀率顺序为:A1-320 目筛上大于 A1-320 目筛下大于 A1;当石膏水化进行 40min 以后,这 3 种粒度的石膏的凝结膨胀率顺序变更为:A1-320 目筛下大于 A1 大于 A1-320 目筛上。从图中可以很明显地看出,石膏的粒度越小,开始出现膨胀的时间越长,但是膨胀的速率越大。当石膏的凝结膨胀达到一定程度后变化就会很缓慢,时间再久一些可能会出现收缩现象。

17.6　粒度对 α 型高强石膏凝结膨胀的影响

分析认为,粒度情况使石膏的凝结膨胀出现图 17-7 所示的规律的原因是粒度对石膏的其他基本性能的影响引起的。同种石膏不同的粒度对水的需求量不相同,试验中,在相同水膏比(0.31)条件下,随着石膏粒度的减小,石膏水化率相对变大,水化后的晶体形貌搭接完好,晶体结构相对密实,粒度在一定的范围内,堆积密度越大,颗粒分布越均匀,水化越充分,石膏的凝结膨胀率就越大。从石膏的粒度分析中可以看出,石膏的颗粒越小,石膏间的镶嵌结合状态越好,它的孔隙率和填充率越小,石膏的凝结膨胀要先补偿自身的空隙再向外扩张,自身空隙比较小,继而对外膨胀就比较大,因此石膏的凝结膨胀率是随着颗粒的减小逐渐变大的。结合颗粒对石膏性能影响图看,石膏的粒度与石膏的 2h 抗折强度、3h 凝结膨胀率、2h 水化率的关系图走向大体一致。

1. 粒度对石膏水化率的影响

按照上述水化率试验方法的要求,我们对不同粒度的石膏进行了 2h 水化率测试试验,根据求出的水化率数据,粒度与水化率的关系如图 17-9 所示。由图可以看出,随着石膏粒径的减小,其 2h 水化率有增大的趋势,但是变化不太明显。石膏粒度越细,体表面积越大,石膏的水化就越充分,由于在试验中,水膏比不变,石膏粒径细度虽然达到一定程度,但是水分不足,仍然对石膏的水化影响效果不明显。

2. 石膏硬化体的形貌分析

对 A1、A1-320 目筛上和 A1-320 目筛下 3 种粒度的石膏水化硬化体进行扫描电镜(SEM)观测,结果如图 17-10 ～ 图 17-12 所示。

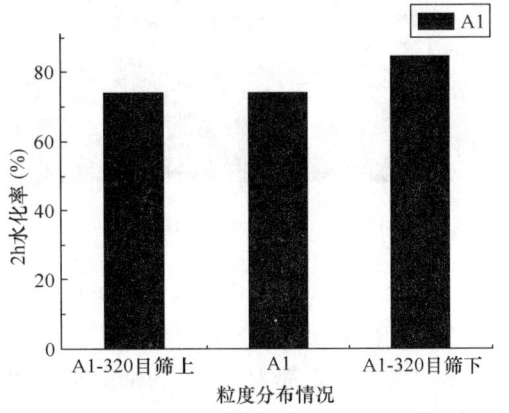

图 17-9 不同粒度对石膏 2h 水化率的影响

图 17-10 是试验中使用的 A1 原粉在标稠状态下水化的形貌图,其水化产物为柱状或长棒状,晶体交叉搭接堆积不是太紧密,晶体宽度为 2～3μm,长度为 4～5μm。而图 17-11 中石膏的水化产物形貌依旧为柱状,但与原样相比晶体的长度明显缩短,晶体之间依旧呈现交叉搭接的形貌,但是致密度显著增大。图 17-12 是细度最大的石膏粉水化后的形貌图,它细度很大,与前两图相比,水化产物短小,晶体的长度和宽度为 1～4μm,晶体之间交叉搭接堆积很致密,从而使其强度、凝结膨胀率和水化率都比较大。

图 17-10 石膏粉原样

图 17-11　A1-320 目筛上

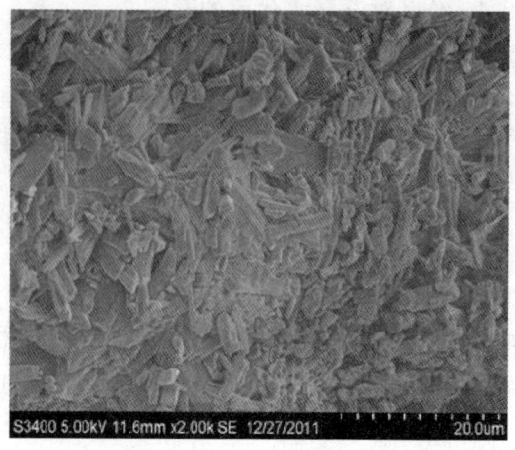
图 17-12　A1-320 目筛下

（1）在相同的混水率下，石膏的初、终凝时间随着粒度的减小而降低。

（2）石膏的 2h 抗折强度会随着粒度的减小逐渐增大。

（3）在水膏比都为 0.31 的情况下，单一方面考虑粒度对石膏水化率的影响，则随着粒度的减小，石膏水化越充分。适当的粒度会使石膏的硬化体形貌为短柱状，晶体之间交叉搭接堆积很致密，从而增大其强度、凝固膨胀率和水化率等。

（4）同一种类的石膏，当它的粗细度不同时，其凝固膨胀性能也大不相同。随着石膏细度的增大，石膏的凝结膨胀呈增大趋势。石膏的粒度越小，开始出现膨胀的时间越长，出现膨胀后的速率越大。

18 混水率对α型高强石膏的凝结膨胀性能的影响

石膏粉料只有与水混合均匀后，才能制得石膏料浆，得到有一定强度的石膏模型。水的加入使石膏浆具有流动性，使 $CaSO_4 \cdot 1/2H_2O$ 溶解、水化、析出 $CaSO_4 \cdot 2H_2O$，晶核长大，晶体交错搭接，聚集连接成晶体结构网络，形成有内聚力和粘附力的石膏硬化体，具有了强度。水的性质、状态和含量的多少必然会对石膏的性质造成很大的影响。如果试验中使用的水有机杂质过高，就会影响石膏的凝结时间。多数的有机物会影响半水石膏的溶解，会使溶解度减小，从而使半水石膏的水化和析出程度降低，导致石膏的结构网络出现很大的缺陷，使其强度降低、收缩减小。水中含有的一些可溶性盐如 Na_2SO_4、$MgSO_4$、$NaCl$ 等也会对石膏的一些性能产生一定的影响。在试验中，我们全部使用自来水，自来水中的有机杂质不会超标，而且使用方便，对试验的影响可以忽略不计。水和石膏粉料的比例（也就是所谓的混水率）也会影响石膏浆的流动性、凝结时间、强度、凝结膨胀率等。

18.1 混水率对α型石膏性能的影响研究

在试验中，我们使用的石膏的标准稠度为 0.39，为了验证混水率即水膏比（水与石膏的比值）对石膏某些性能的影响，我们把混水率设为 4 个等级，分别为：0.35（标号为 K1）、0.4（标号为 K2）、0.45（标号为 K3）、0.5（标号为 K4）。对这 4 种不同型号的石膏按试验中的测试要求分别进行各种性能的试验研究。

1. 混水率对石膏凝结时间的影响

图 18-1、图 18-2 是 4 种不同混水率的石膏对应的初、终凝时间。同种石膏，随着混水率的不断增大，对应的石膏的初、终凝时间也逐渐变长，而且混水率越大，石膏的初、终凝时间增加的幅度也越来越大。当石膏的混水率达到 0.5 时，其初凝时间比混水率为 0.35 的石膏延长了 1.22 倍。但是在试验过程中，随着混水率的增大，料浆的浓度不断降低，流动性过大，成型过程中出现泌水现象。为了满足石膏在一些浇注工艺中的应用，石膏的混水率应该相应地大一些，有利于操作，但是混水率不应过大，太大反而影响石膏的使用。

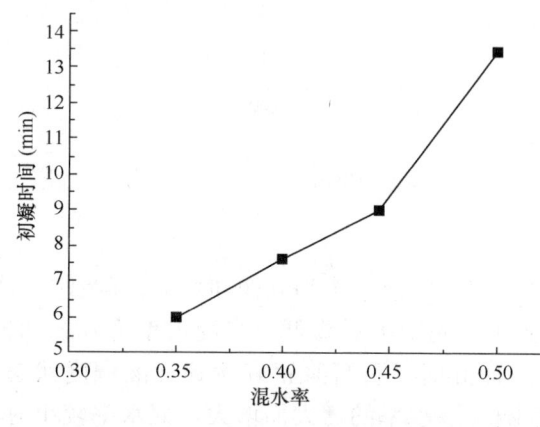

图 18-1 不同混水率下石膏的初凝时间

2. 混水率对石膏抗折强度的影响

不同混水率对石膏 2h 抗折强度的影响如图 18-3 所示。由图可以看出，随着混水率的增大，石膏的 2h 抗折强度直线下降，当混水率为 0.50 时，其抗折强度比混水率为 0.35

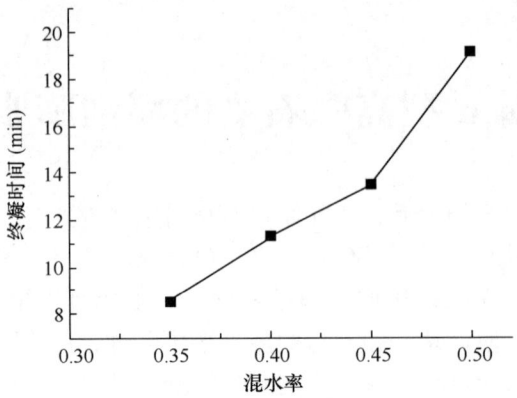

图 18-2　不同混水率下石膏的终凝时间

的石膏降低了将近30%。混水率越大，石膏浆的浓度越小，单位体积内硫酸钙晶须的成核数量就越少，而且硬化体的空隙量会大幅度增加，从而使强度急剧下降。

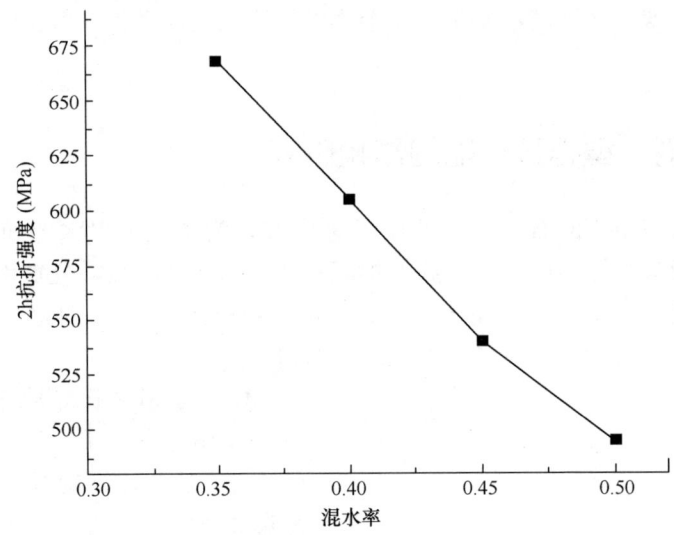

图 18-3　不同混水率对石膏抗折强度的影响

3. 混水率对石膏凝结膨胀率的影响

图 18-4 是不同混水率下石膏的 3h 凝结膨胀率，在混水率为 0.35 时，石膏浆刚好能搅拌得动，随着混水率的增大，石膏的凝结膨胀率先增大后降低，当混水率为 0.39 时，石膏的凝结膨胀率达到最大值，即 0.5536%，而此时，石膏浆正好达到标准稠度状态。当混水率低于标准稠度时，石膏的凝结膨胀率随着混水率的增大而增大，混水率较小时，由于水量少，石膏粉与水反应不充分，反而使石膏的凝结膨胀率很小。当混水率大于标准稠度时，石膏的凝结膨胀率随着含水量的增大急剧下降，从不同混水率与石膏凝结膨胀率的关系曲线可以看出，用水量过大会增加石膏粉硬化体的空隙率，石膏的凝结膨胀量就会有一部分填充了这些空隙，因此，石膏硬化体的凝结膨胀率随用水量的增加而降低。

图 18-5 是不同混水率在不同时间内石膏的凝结膨胀率情况。石膏浆在不同时间内变

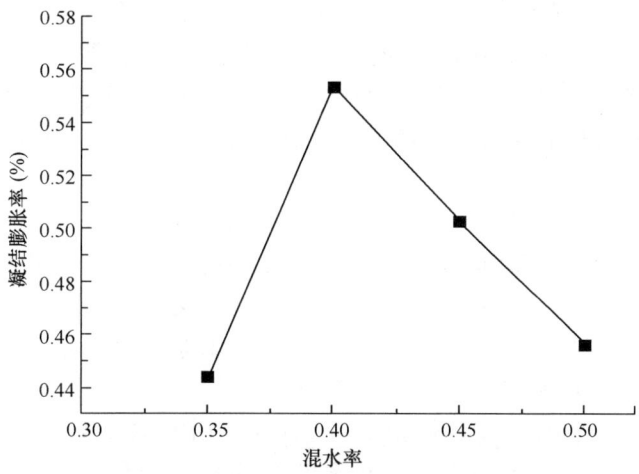

图 18-4　不同混水率对石膏凝结膨胀率的影响

化幅度不同，开始变化比较快，随着时间的延长越来越缓慢。同时，随着混水率的增大，石膏开始出现膨胀的时间也越发延长，在石膏粉与水接触35min以内，这4种不同混水率的石膏的凝结膨胀率由大至小顺序为：K1＞K2＞K3＞K4，当石膏水化进行35min以后，其膨胀数值出现了大幅度的变化，50min以后，其膨胀数值都变化得比较缓慢，最后4种型号石膏的凝结膨胀率由大至小顺序为：K2＞K3＞K4＞K1。

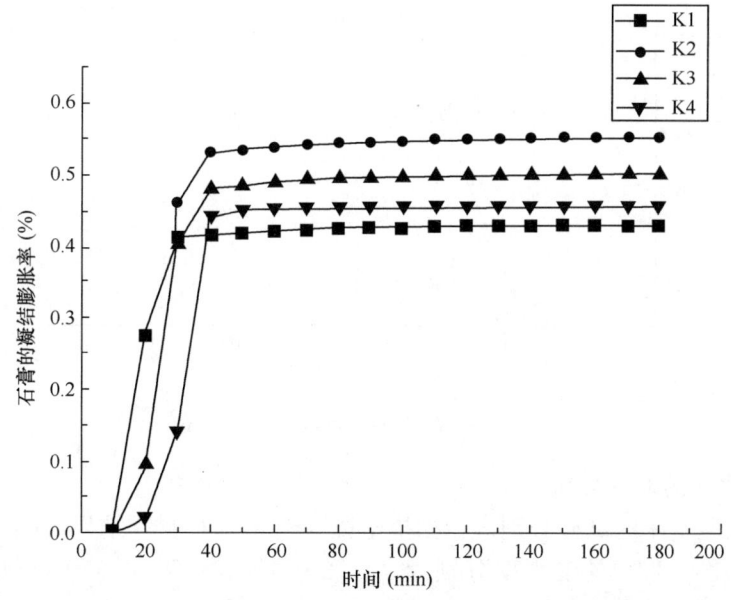

图 18-5　不同混水率在不同时间内石膏的凝结膨胀率

18.2　混水率对α型高强石膏凝结膨胀率的影响机理

随着混水率的增大，石膏的初、终凝时间逐渐延长，增长幅度越来越大，但强度越来越低;当混水率很小时,石膏粉与水接触不充分,严重影响石膏的水化率和凝结膨胀率。因为水少,水化不充分,颗粒间的空隙比较大,晶体搭接不紧密,这样石膏在膨胀时要先填充自身的空隙再向外膨胀,所以石膏的凝结膨胀率会很低。随着混水率的增大,石膏的水化率和凝结膨胀率都开始变大,但是当混水率约为0.4时,石膏的水化率和凝结膨胀率都达到最大值,也就是说在高强石膏处于标稠时,石膏的水化最充分,晶体结晶完好,而且晶体之间交叉搭接也很紧密,因此,石膏的凝结膨胀率也达到最大,随着混水率的进一步增加,石膏的凝结膨胀率反而直线下降。在混水率对石膏诸多性能的影响中,混水率与孔隙率是紧密相关的。水分过多时,一部分水分参与水化,另一部分水分在凝结过程中被蒸发掉,石膏块体的孔隙率变大,则高强石膏的凝结膨胀率随着混水率的增大越来越低。

1. 混水率对石膏水化率的影响

不同混水率对石膏水化率的影响如图18-6所示。由图18-6可以看出,从混水率0.35开始,随着混水率的增大,石膏的2h水化率增长很快,混水率小时,水化率也很小,水化很不充分;当混水率达到0.40时,石膏的水化率达到最大,即89.15%,随着混水率的继续增大,石膏的水化率稍有下降;当混水率降为0.45和0.50时,石膏的2h水化率都为88.88%,即随着混水率的进一步增大,石膏的水化率变化不大。

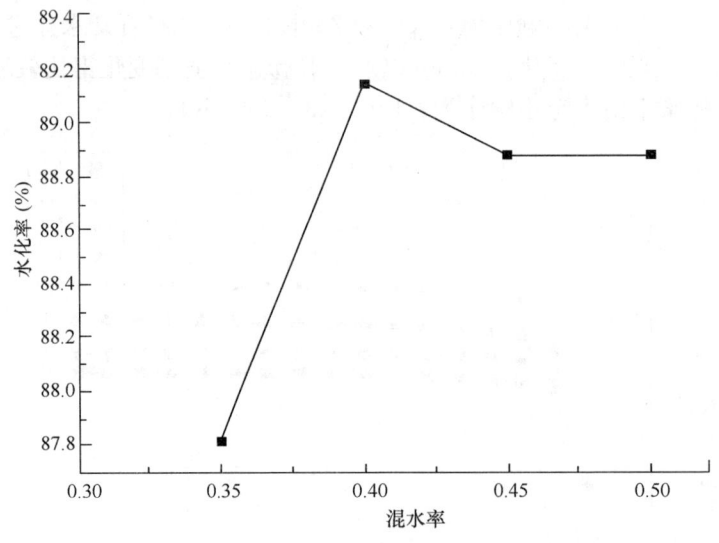

图18-6 不同混水率对石膏水化率的影响

2. 石膏硬化体的形貌分析

对4种不同混水率的试样分别进行扫描电镜(SEM)观测,结果如图18-7~图18-10所示,图18-7~图18-10是混水率分别为0.35、0.40、0.45、0.50的石膏硬化体形貌。从图中可以看出,样品水化产物均为板状或长棒状,但是在标准稠度左右时,石膏水化最充分,晶体交叉搭接致密,随着混水率的增大,即石膏空隙中的二水石膏晶体和自由水增多,石膏与水分接触充分,在养护中自由水挥发掉,导致石膏硬化体的孔径变大,晶体变细变长,内部结构疏松多孔。

图 18-7　混水率为 0.35 的石膏

图 18-8　混水率为 0.40 的石膏

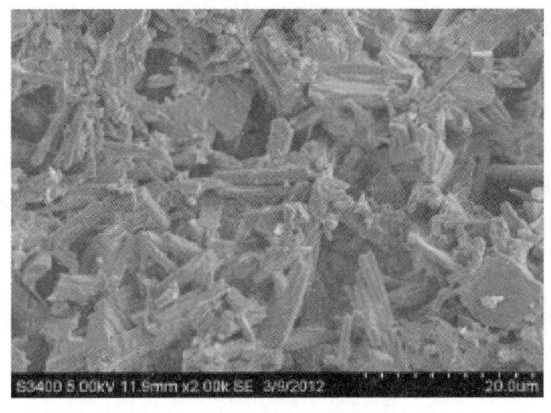

图 18-9　混水率为 0.45 的石膏

图 18-10　混水率为 0.50 的石膏

（1）同一种石膏，随着混水率（即水膏比）的不断增大，石膏的凝结时间显著增加，2h 抗折强度显著降低。

（2）当混水率为 0.40 时，石膏的水化最充分，水化率达到 89.15％，随着混水率的减小，石膏的水化程度急剧降低，当含水量大于标准稠度时，水化率又减小，但是变化不大。从硬化体形貌中也可以看出，石膏在标准稠度范围内晶体交叉搭接致密。

（3）在其他条件不变的情况下，当混水率小于标准稠度时，石膏凝结线性膨胀率随着混水率的增大而增大，反之，当混水率大于标准稠度时，石膏的凝结膨胀率随着混水率的增大而直线下降。

19 外加剂对 α 型高强石膏凝结膨胀性能的影响

在石膏的应用过程中，常常会加入多种外加剂来改善石膏的性能。减水剂可以保持石膏浆的流动度不变，大幅度降低石膏拌和用水量，从而提高成型后的强度和密实度；缓凝剂也是必要的外加剂之一，用来调整石膏浆的初、终凝时间和满足施工要求。

19.1 缓凝剂对 α 型高强石膏凝结膨胀性能的影响

1. 缓凝剂对 α 型高强石膏的性能影响研究

目前常用的石膏缓凝剂大致可分为 3 大类：无机盐类、有机酸类、有机大分子类缓凝剂。有研究资料表明，对于有机酸盐缓凝效果的排列顺序为 $H^+>Na^+>K^+$，有机酸中研究最多、效果最好的是柠檬酸，柠檬酸和其碱金属盐只需添加很小的量就能减缓石膏的凝结速度，但却给石膏硬化体强度带来了负面影响。不同缓凝剂的缓凝作用和缓凝机理有所不同，同一种缓凝剂对石膏的缓凝作用也可能是几种影响的叠加，并非通过单一的途径而达到优良的缓凝效果。所以，试验中我们使用了 5 种缓凝剂，将每种缓凝剂加入后对石膏的几种性能影响都做了具体的分析。

根据标准稠度用水量的测定方法得出：我们使用的高强石膏粉的混水率为 0.39，缓凝剂的添加对石膏需水量没有太大的影响，因此，在缓凝剂对高强石膏性能影响的试验研究中，所用的水膏比都是 0.39。

2. 加缓凝剂对石膏凝结时间的影响

考察所选的 5 种缓凝剂对高强石膏的缓凝作用，柠檬酸、焦磷酸钠和酒石酸 3 种缓凝剂对高强石膏初凝时间的影响如图 19-1 所示，对高强石膏终凝时间的影响如图 19-3 所示，石膏专用缓凝剂 1 和 2 对石膏的初、终凝时间的影响分别如图 19-2 和图 19-4 所示。

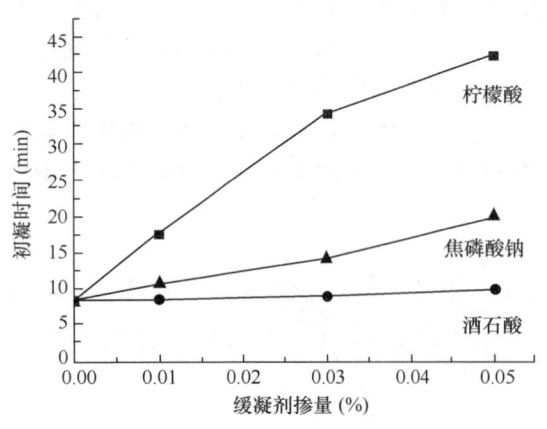

图 19-1　3 种不同缓凝剂掺入量与初凝时间关系曲线

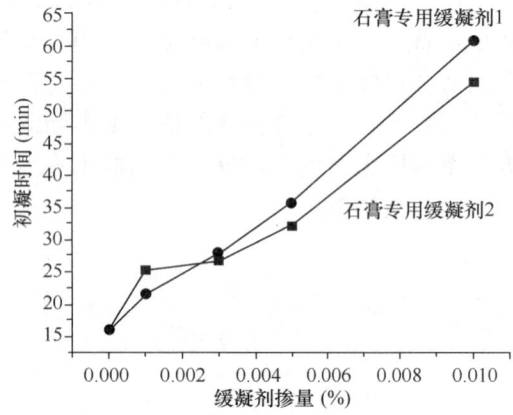

图 19-2　2 种不同石膏专用缓凝剂掺入量与初凝时间关系曲线

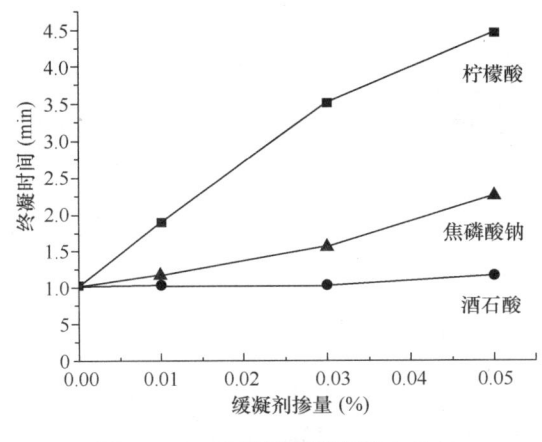

图 19-3　3 种不同缓凝剂掺入量与
终凝时间关系曲线

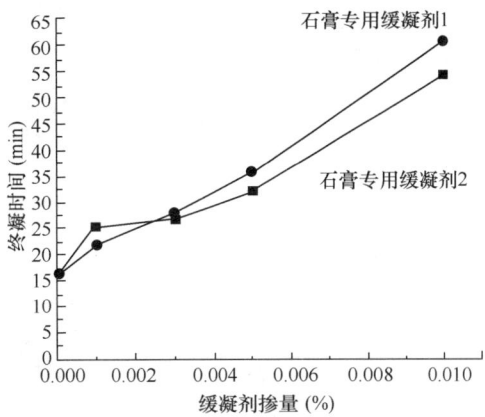

图 19-4　2 种不同石膏专用缓凝剂掺入量与
终凝时间关系曲线

从这 5 种缓凝剂的初、终凝时间曲线中可以看出如下特点。

(1) 从图 19-1、图 19-3 可以看出，柠檬酸、焦磷酸钠和酒石酸 3 种缓凝剂对石膏初、终凝时间的影响差别较大，其中柠檬酸的缓凝效果最明显，当掺入量增加到 0.05% 时，初凝时间由 8 分 26 秒增加至 42 分 21 秒，终凝时间由 10 分 10 秒增加至 44 分 40 秒，焦磷酸钠次之，酒石酸的缓凝效果最不明显。

(2) 从图 19-2、图 19-4 可以看出，石膏专用缓凝剂 1 和石膏专用缓凝剂 2 这两种缓凝剂的效果都很明显，在极少掺入量的情况下就能起到很好的作用，石膏专用缓凝剂 1 当掺入量增加到 0.01% 时，初凝时间由 13 分 50 秒增加至 51 分 20 秒，终凝时间由 16 分 10 秒增加至 60 分 45 秒，缓凝效率达 3.75 倍左右；石膏专用缓凝剂 2 当掺入量增加到 0.01% 时，初凝时间由 13 分 50 秒增加至 48 分 45 秒，终凝时间由 16 分 10 秒增加至 54 分 30 秒，缓凝效率达 3.4 倍左右。两种缓凝剂的效果差别不太明显，当掺入量低于 0.003% 时，石膏专用缓凝剂 2 的缓凝效果高于专用缓凝剂 1，在掺入量在 0.001% 时，达到最大值；当掺入量大于 0.003% 时，石膏专用缓凝剂 1 的缓凝效果高于专用缓凝剂 2。

(3) 从 5 种缓凝剂的初、终凝时间曲线来看，当掺入量小于 0.003% 时，缓凝剂的缓凝顺序为：石膏专用缓凝剂 2＞石膏专用缓凝剂 1＞柠檬酸＞焦磷酸钠＞酒石酸；当掺入量大于 0.003% 时，缓凝剂的缓凝顺序为：石膏专用缓凝剂 1＞石膏专用缓凝剂 2＞柠檬酸＞焦磷酸钠＞酒石酸；石膏的初、终凝时间间距会随着缓凝剂掺入量的增加而逐渐加大，不同的缓凝剂增加幅度不同，但是相差不是太大。

3. 掺加缓凝剂对石膏抗折强度的影响

考察所选的 5 种缓凝剂对高强石膏的 2h 抗折强度的影响规律，柠檬酸、焦磷酸钠和酒石酸 3 种缓凝剂对高强石膏 2h 抗折强度的影响如图 19-5 所示，石膏专用缓凝剂 1 和专用缓凝剂 2 对石膏的 2h 抗折强度的影响如图 19-6 所示。

从 5 种缓凝剂的 2h 抗折强度曲线中可以看出如下特点。

(1) 由图 19-5 可知，其中掺加柠檬酸的石膏样品强度随着柠檬酸掺入量的增加逐渐降低，由原来的 6.15MPa 降到 4.85MPa，降低幅度达 20%；焦磷酸钠和酒石酸也使样品强度有所降低，但降低幅度不大，酒石酸在含量低于 0.01% 时，石膏的 2h 抗折强度呈

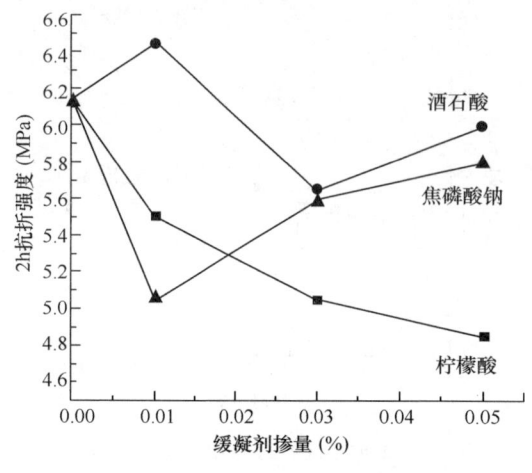

图 19-5 3 种不同缓凝剂掺入量与 2h 抗折强度的关系曲线

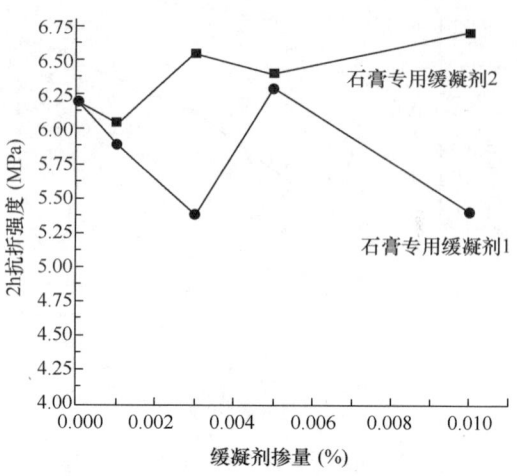

图 19-6 2 种不同缓凝剂掺入量与 2h 抗折强度的关系曲线

升高趋势,但随着掺入量的增加强度逐渐降低,而焦磷酸钠在含量低于 0.01% 时,石膏的 2h 抗折强度却急速下降,之后随着掺入量的增多强度缓慢上升,但是总比不加缓凝剂的原样低,从这 3 种缓凝剂的作用效果来看,通常缓凝效果越明显,对强度损失越大。

(2) 石膏专用缓凝剂 1 和石膏专用缓凝剂 2 是新开发的专门适用于石膏的缓凝剂,现阶段对其研究甚少,由图 19-6 可知,它们的掺入量对石膏的 2h 抗折强度影响规律性不太明显,石膏专用缓凝剂 2 在低掺入量的情况下,对应的石膏强度有所下降,但随着掺入量的增加,石膏的强度有升有降,总体上有增大的趋势。石膏专用缓凝剂 1 在掺入量低于 0.003% 时,石膏的 2h 抗折强度急速下降,达到强度的最低点,即 5.38MPa,在掺入量大于 0.003%、小于 0.005% 时,石膏的 2h 抗折强度反而升高,当掺入量大于 0.005% 时,石膏的抗折强度下降。但强度始终低于不添加任何外加剂的强度。添加专用缓凝剂 2 的石膏的抗折强度始终大于添加专用缓凝剂 1 的石膏的强度。

(3) 综合来看,不同的缓凝剂缓凝效果不同,对石膏的强度影响也不同,这 5 种缓凝剂相比较而言,石膏专用缓凝剂 2 不但缓凝效果良好,而且对石膏的 2h 抗折强度损失较小。

4. 掺加缓凝剂对石膏水化率的影响

O. Henmng 和 H. B. Fischer 用电导率的方法研究了石膏的水化进程,认为石膏的水化过程分为 5 个阶段:初始阶段、诱导阶段、加速阶段、减速阶段和结束阶段。石膏的水化过程同时也是石膏的硬化过程,即是石膏体的晶体生长、强度形成过程。有文献认为该过程包括以下 3 个阶段:第一阶段为石膏浆体形成凝聚结构,浆体的微粒之间存在一个水膜,粒子通过水膜以范德华力互相作用,因此试样具有的强度较低;第二阶段为结晶结构网的形成,由于晶核的生长以及晶体之间互相接触,形成了一个结晶结构网,因此试样具有较高的强度;第三阶段为结晶接触点的特性。在干燥条件下,结晶接触点相对稳定,结晶结构网的形成也稳定,这样试样的强度也保持不变。在潮湿的条件下时,结晶接触点就变得不稳定,结晶接触网的形成也不稳定,随之试样的强度就会下降。

有资料表明,硬化体结构的强度取决于液相中硬化体的过饱和动力学特性和过饱和度,即取决于原始材料的溶解度以及溶解的总速度:液相中总反应速度和过饱和度越低,则降低结构强度的应力就应该越大;相反地,液相中总溶解程度和过饱和度越高,则降低结构强度的应力就应该越小。

我们用水化率来表述石膏体的水化进程,在本试验中我们探讨了 5 种缓凝剂对高强石膏 2h 水化率的影响规律,柠檬酸、焦磷酸钠和酒石酸 3 种缓凝剂对高强石膏 2h 水化率的影响如图 19-7 所示,石膏专用缓凝剂 1 和石膏专用缓凝剂 2 对石膏 2h 水化率的影响如图 19-8 所示。

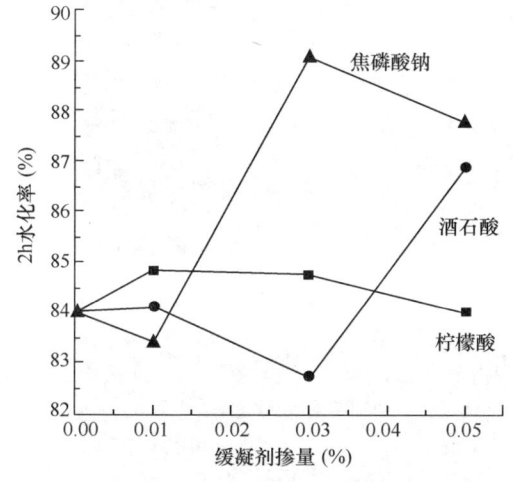

图 19-7 3 种不同缓凝剂掺入量与石膏的水化率关系曲线

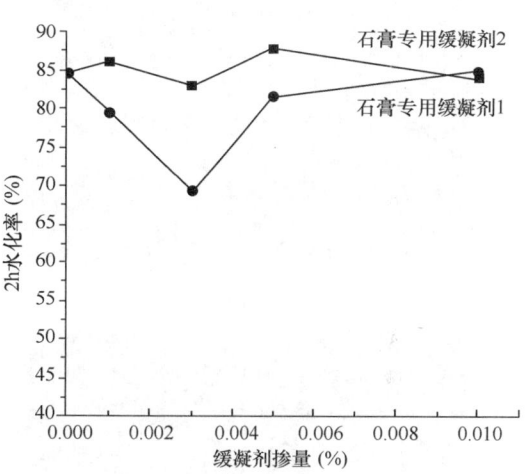

图 19-8 2 种不同缓凝剂掺入量与石膏的水化率关系曲线

从 5 种缓凝剂的 2h 水化率曲线中可以看出如下特点。

(1) 从图 19-7 可以看出,焦磷酸钠随着掺入量的增加对石膏 2h 水化率的影响是先降低又升高再降低,当含量在 0.01% 时达到最小值,含量在 0.03% 时达到最大值。柠檬酸随着掺入量的变化对石膏的 2h 水化率影响不是太明显。酒石酸在掺入量小于 0.03% 时,对石膏的水化率起降低作用,当掺入量大于 0.03% 时,随着酒石酸掺入量的增大,反而促进石膏的水化。

(2) 从图 19-8 可以看出,石膏专用缓凝剂 2 随着掺入量的增加对石膏水化率的影响不是很明显,石膏专用缓凝剂 1 在含量低于 0.003% 时,石膏的水化程度急剧下降,当掺量为 0.003% 时达到最低点,石膏的水化率降低约 20%,当掺入量为 0.003%、0.005% 时,石膏的水化率又急剧上升,之后随着掺入量的增大变化缓慢。总体来说,这两种缓凝剂对石膏的水化率有降低作用,但是幅度不大。

(3) 综观两图,缓凝剂对石膏的水化进程起促进作用,石膏专用缓凝剂 2 和柠檬酸随着掺入量的变化对石膏的水化率降低效果不明显。

5. 水化产物形貌分析

对高强石膏原样和分别掺有柠檬酸、酒石酸、焦磷酸钠、石膏专用缓凝剂 1 以及石膏专用缓凝剂 2 的石膏水化硬化体进行扫描电镜(SEM)观测,结果如图 19-9～图 19-15 所示。

图 19-9～图 19-12 分别是原样、掺入 0.05% 柠檬酸、掺入 0.05% 酒石酸和掺入 0.05% 焦磷酸钠的石膏的水化产物形貌,样品水化产物均为柱状或长棒状,其中原样样品

的晶体交叉搭接堆积较为致密,晶体宽度为 1~2μm,长度为 4~5μm。而加入缓凝剂以后样品的晶体尺寸显著增加,其中掺入 0.05% 的柠檬酸和掺入 0.05% 的酒石酸的样品尺寸增加较为明显,其宽度约为 3~5μm,平均长度约为 9~10μm,晶体之间依然呈现交叉搭接的形貌,但致密度显著降低。

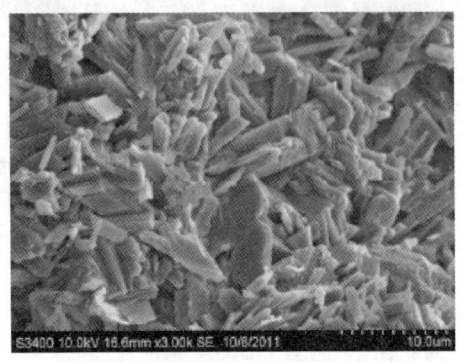

图 19-9　原样品石膏

图 19-10　掺入 0.05% 柠檬酸的石膏

图 19-11　掺入 0.05% 酒石酸的石膏

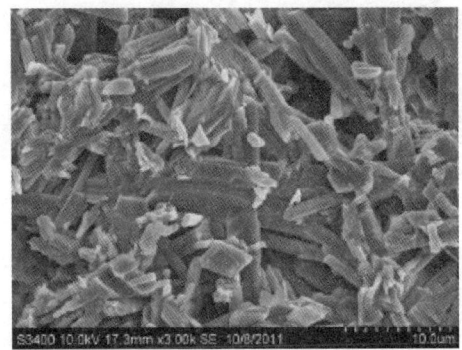

图 19-12　掺入 0.05% 焦磷酸钠的石膏

图 19-13~图 19-15 分别是原样、掺入 0.01% 专用缓凝剂 1 和掺入 0.01% 专用缓凝剂 2 的石膏的水化产物形貌。样品水化产物均为板状或长棒状,其中原样样品的晶体交叉搭接堆积较为致密,晶体宽度为 1~2μm,长度为 4~5μm。而加入石膏专用缓凝剂以后样品的晶体尺寸显著增加,相对原样来说变得较粗,晶体尺寸变大,多呈形貌不规则的长板状。

图 19-13　原样品石膏

图 19-14　掺入 0.01% 专用缓凝剂 1 的石膏

之所以出现上述现象，是由于石膏的水化硬化过程是石膏晶体从过饱和溶液中不断析晶长大的过程，石膏浆体初始过饱和度比较高，形成晶核的数量多，在结晶过程中能够形成交错搭接、晶粒共生的现象，容易形成结晶结构网，结构相对比较密实。缓凝剂的加入可以在一定程度上降低石膏浆体的过饱和度，降低或延缓石膏晶核析出数量，这为晶核的继续生长提供了空间，同时缓凝剂的加入会增加石膏浆体过饱和度的持续时间，其持续时间越长，晶粒便越有足够的水化产物继续长大。但晶核数量的降低也会在一定程度上降低硬化体的致密度，降低硬化体强度。

图 19-15　掺入 0.01% 专用缓凝剂 2 的石膏

6. 掺加缓凝剂对石膏凝结膨胀性能的影响

随着温度的升降，材料会有不同程度的热胀冷缩，石膏也不例外。热膨胀系数是石膏的主要热物理特性参数之一，也是其体积稳定性的重要表征参数。在约束条件下，石膏温差 ΔT 所引起的温度收缩应变是 ΔT 与热膨胀系数 α 的乘积（$\alpha \cdot \Delta T$）。由水化热引起的温差变形是导致石膏热膨胀的主要原因。

石膏凝结硬化过程产生约 1% 的体积膨胀。其他胶凝材料硬化过程中往往产生收缩，而石膏却略有膨胀，且不开裂，这是其他胶凝材料所不具有的特性。石膏凝结膨胀的原因：石膏是硫酸钙与水的化合物，称为二水石膏，即生石膏。我们使用的石膏是熟石膏，即半水石膏或无水石膏，是由生石膏加热 107～170℃ 或者将生石膏在 125℃、0.13MPa 压力的蒸压锅内蒸炼失水加工磨细而成。使用时加水，发生水化反应，石膏分子重新结合为二水石膏，并释放热量，约近 20% 的水进入新的分子中，多余水分蒸发，留有空隙形成小孔，总体积有微膨胀，膨胀率 0.5%～1%。

石膏粉与水混合后，发生放热化学反应：

$$CaSO_4 \cdot 0.5H_2O + 1.5H_2O \longrightarrow CaSO_4 \cdot 2H_2O + Q$$
　　　半水石膏　　　　　　　二水石膏

同时伴随着凝结膨胀的产生。其产生凝结膨胀的原因（机理）目前有以下两种解释：

（1）从晶型转变的理论来看，Powell 用差热分析、X 射线及热失重分析证明，在熟石膏的初凝期有二水石膏形成（直至 8%），也就是说在石膏浆制备的初级阶段，如搅拌石膏浆时，系统内已经有二水石膏的微晶存在了。由半水石膏晶体到二水石膏晶体的转变必然导致体积的膨胀，那么生成二水石膏晶体的多少和晶体的排序程度决定了系统内体积线膨胀的大小。

（2）从石膏粉溶解凝固理论来看，在模型制造过程中，当半水石膏与水混合时，石膏与水产生水化作用，同时产生一种放热反应，它随着时间的延长而升高，这是因为在半水石膏的饱和溶液中有晶核不断生成，最后晶核连续生成二水石膏晶体，并且随之放出水化热而产生膨胀。

考察所选的 5 种缓凝剂对高强石膏 3h 凝结膨胀率的影响规律，柠檬酸、焦磷酸钠和酒石酸 3 种缓凝剂对高强石膏 3h 凝结膨胀率的影响如图 19-16 所示，石膏专用缓凝剂 1

和专用缓凝剂2对石膏3h凝结膨胀率的影响如图19-17所示。

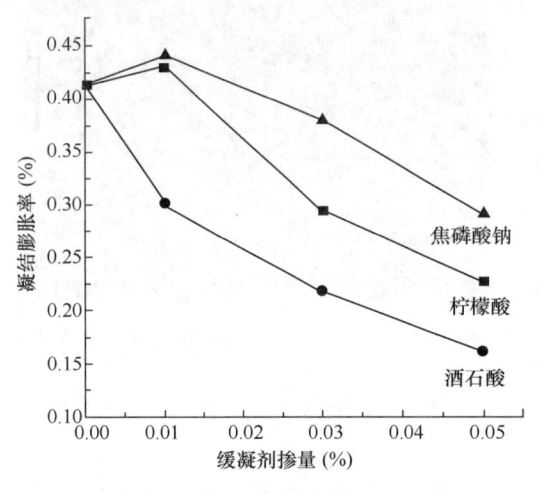

图19-16 3种不同缓凝剂掺入量与石膏的凝结膨胀率关系曲线图

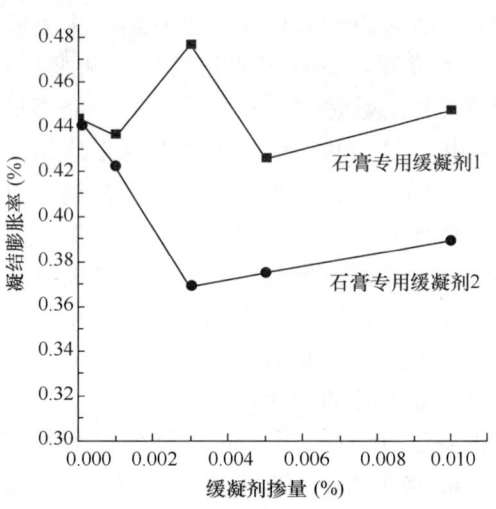

图19-17 2种不同缓凝剂掺入量与石膏的凝结膨胀率关系曲线图

从5种缓凝剂的3h凝结膨胀率曲线看有如下几个特点：

（1）由图19-16可知，随着柠檬酸和焦磷酸钠含量的增加，石膏的凝结膨胀率先增大后减小，当缓凝剂的掺入量在0.01％时达到最大值；其中酒石酸对石膏膨胀率降低效果最为明显，随着含量的增加石膏的凝结膨胀率显著降低，但下降速率逐渐缓慢，当含量达到0.05％时，石膏的凝结膨胀率减小了62.5％。3种缓凝剂对石膏凝结膨胀率的降低程度顺序为：酒石酸＞柠檬酸＞焦磷酸钠。

（2）由图19-17可知，随着石膏专用缓凝剂1含量的增加，石膏的凝结膨胀率先增大后减小，当缓凝剂的掺入量在0.003％时达到最大值。随着石膏专用缓凝剂2含量的增加石膏的凝结膨胀率先降低后增加，当缓凝剂的掺入量在0.003％时达到最小值。石膏专用缓凝剂2对石膏凝结膨胀率的降低程度一直大于石膏专用缓凝剂1对石膏凝结膨胀率的影响。

（3）综合两图考察，不同缓凝剂对石膏的凝结膨胀率降低程度不同，单从这几种缓凝剂的影响来看，缓凝剂对石膏的凝结膨胀率起降低作用，虽然缓凝剂严重降低了石膏的强度，但是起到了缓凝和减小膨胀的作用，所以掺入量要适中。

7. 缓凝剂对石膏凝结膨胀的影响机理

石膏的凝结膨胀在初凝之后和终凝之前开始出现，表明在石膏初凝之前诱导期是结晶准备阶段，晶核还没有长大形成相互搭接，在初凝以后晶体开始成长，终凝之后晶体大量搭接形成结构网，晶体开始成长时，石膏的凝结膨胀就开始出现。缓凝剂的加入会使石膏的初、终凝时间延长，早期水化率降低，从而使凝结膨胀出现得比较晚。

缓凝剂的添加对石膏的凝结膨胀有不同程度的减小作用，从石膏的抗折强度与凝结膨胀率的关系来看，缓凝剂对石膏的抗折强度损失越小，它对石膏的凝结膨胀率影响反而越大，进一步减小了石膏的凝结膨胀率。从缓凝剂对石膏水化率和凝结膨胀的影响关系得出，石膏的水化越充分，其凝结膨胀率就越大。主要原因可以从石膏硬化体晶体的形貌看出，石膏的水化硬化过程就是晶体的长大过程，缓凝剂的加入会增加石膏浆体过饱和度的持续时间，其持续时间越长，晶粒便越有足够的水化产物继续长大。但晶核数量的降低也会在一定程度上降低硬化体系的致密度，降低硬化体强度，从而影响石膏的凝结膨胀率。

柠檬酸是有机酸缓凝剂，其化学结构式：

$$\begin{array}{c} \text{O} \\ \parallel \\ \text{CH}_2-\text{C}-\text{OH} \\ | \\ \text{HOOC}-\text{C}-\text{OH} \\ | \\ \text{CH}_2-\text{C}-\text{OH} \\ \parallel \\ \text{O} \end{array}$$

从柠檬酸的化学结构式中可以看出，柠檬酸含有 3 个羧基和一个羟基，含有 α 羟基的柠檬酸对石膏的凝结膨胀率影响效果比较好。柠檬酸加入石膏后，柠檬酸中的羟基和羧基与石膏中的 Ca^{2+} 形成柠檬酸钙络合物，吸附在 $CaSO_4 \cdot 2H_2O$ 表面，阻碍其相互接触，延缓其形成，而且形成的晶核很小，使石膏的凝结膨胀率与原样相比很低。

焦磷酸钠作为缓凝剂加到石膏中后，会与溶液中的 Ca^{2+} 结合生成磷酸钙（一种难溶性盐）覆盖在 $CaSO_4 \cdot 2H_2O$ 和 $CaSO_4 \cdot 1/2H_2O$ 表面，使石膏的凝结时间增大，水化率和抗折强度受到影响，石膏水化后的晶体致密性降低，凝结膨胀率减小。

酒石酸会与溶液中游离的 Ca^{2+} 形成难溶物质覆盖在 $CaSO_4 \cdot 1/2H_2O$ 晶体表面，降低了石膏溶液的过饱和度，阻碍晶核的成长，使凝结时间延长，从而使石膏的凝结膨胀率减小，并且随着酒石酸量的增加，膨胀率越来越低。

石膏专用缓凝剂 1 和专用缓凝剂 2 在水中的溶解度很小，作为缓凝剂加入石膏中，会在半水石膏表面形成一种薄膜，阻碍石膏的溶解。而且这两种缓凝剂及其水化物会吸附在石膏颗粒表面，阻止晶核形成，也有可能破坏临界晶核的生成，使水化物晶体疏松，强度相应降低，但是对石膏凝结膨胀率的降低不是太明显。

缓凝剂的本质作用是推迟凝结时间，不同的缓凝剂、不同的凝结机理作用效果不同，柠檬酸、焦磷酸钠和酒石酸 3 种缓凝剂对石膏初、终凝时间的影响差别较大，其中柠檬酸的缓凝效果最明显，焦磷酸钠次之，酒石酸的缓凝效果最不明显。石膏专用缓凝剂 1 和专用缓凝剂 2 的缓凝效果要好于上面 3 种，其中石膏专用缓凝剂 1 的缓凝效果高于专用缓凝剂 2。

不同缓凝剂对石膏的抗折强度有不同程度的降低作用，通常缓凝效果越明显，强度损失越大。但随着掺入量的加大，降低的程度也各不相同。

缓凝剂对石膏的水化进程影响规律性不是太明显，焦磷酸钠随着掺入量的增加对石膏 2h 水化率的影响是先降低、又升高、再降低，酒石酸和柠檬酸钠一直呈降低水化率的趋势，石膏专用缓凝剂 1 和专用缓凝剂 2 却无规律性可言。加入缓凝剂以后样品的晶体尺寸显著增加，晶体之间呈现交叉搭接的形貌，但致密度显著降低。

柠檬酸、焦磷酸钠和酒石酸 3 种缓凝剂随着掺入量的增多对高强石膏 3h 凝结膨胀率都起到了一定的减小作用，且都是随着量的增大，消减作用更明显。石膏专用缓凝剂 1 和石膏专用缓凝剂 2 总体来说对石膏的凝结膨胀率都起到了减小的作用，但是规律性不是太明显。

19.2 减水剂对α型高强石膏凝结膨胀性能的影响

减水剂 SM 在石膏的水化过程中主要以 3 种形式存在。在水化初期，大部分的减水剂吸附在石膏晶体上，小部分存在于自由水（H_2O）中，它含有的功能团会促进晶体溶解，并有可能与 Ca^{2+} 发生反应被析出的石膏晶体带走。水化最后，自由水中的减水剂一部分吸附在石膏晶体表面，其余部分会留在自由水中。

用减水剂改变石膏的性能可以在混水率不变的条件下提高浆体的流动性，但是，使用减水剂大多数目的是在保持石膏浆体流动度的情况下减少水膏比，同时提高强度。试验中使用的石膏的水膏比为 0.39，扩散度为 175mm，在 SM 掺入量为 0.2%、0.4%、0.6% 以及 0.8% 时，调节石膏的混水率使其扩散在标准稠度范围内（180±5）mm。具体的 SM 掺入量与石膏的混水率情况见表 19-1。

表 19-1 不同减水剂对应的石膏混水率

试验标号	A7-0	A7-1	A7-2	A7-3	A7-4
SM 减水剂（%）	—	0.20	0.40	0.60	0.80
水膏比	0.39	0.34	0.33	0.32	0.315
扩散度（mm）	175	175	185	180	185

1. 掺加减水剂对石膏凝结时间的影响

减水剂 SM 对石膏的初、终凝时间影响如图 19-18、图 19-19 所示。由表 19-1 可以看出，在标准稠度条件下，随着减水剂掺入量的增加，水膏比反而下降，即石膏减水率随着减水剂 SM 的增加而提高，但随着 SM 掺入量的增加，减水率的升高趋势缓慢。这是因为减水剂为活性剂，在能有效减少溶液的表面张力时，有一个最合适的浓度，在这个临界浓度时，能充分有效地发挥减水作用，过量的添加反而益处不大。更为确切地说，SM 是一种直链结构的阴性离子表面活性剂，空间位阻很小，它的分散作用主要建立在 ζ 电位上的静电斥力，它吸附在石膏上使石膏界面上的双电荷分布发生变化，ζ 电极由正变负。随着 SM

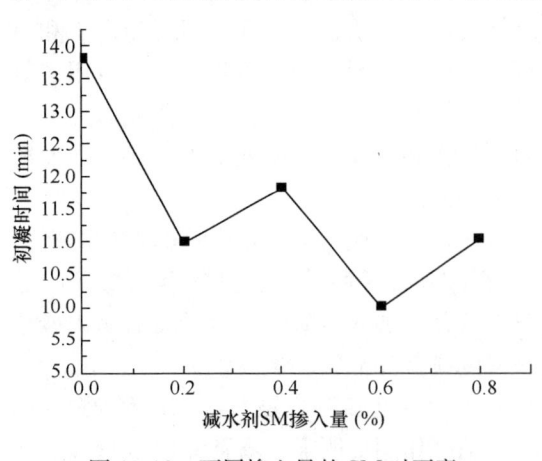

图 19-18 不同掺入量的 SM 对石膏初凝时间的影响

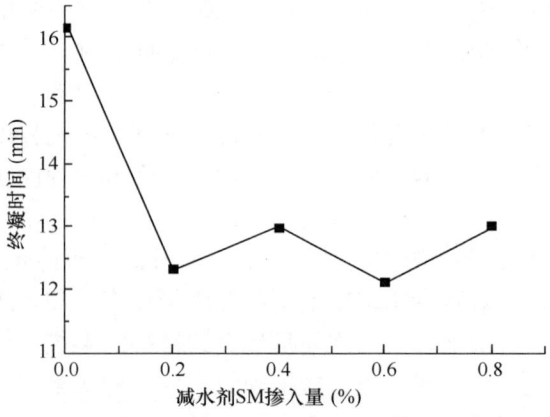

图 19-19 不同掺入量的 SM 对石膏终凝时间的影响

减水剂的增加，ζ电位绝对值增大，石膏颗粒间的斥力增大，分散性提高，但是随着SM掺入量达到一定值后，ζ电位不再增加，减水效率也不再进一步提高。

由图19-18、图19-19可以看出，在标准稠度条件下随着SM掺入量的增加（即水膏比逐渐减小），石膏的初、终凝时间呈缩短趋势，而初、终凝时间的间隔也在减小。减水剂有不同的促凝作用，原因是在标准稠度条件下随着SM掺入量的增多，水的添加量逐渐减少，再加上以静电斥力为基础的分散性是很不稳定的，随着$CaSO_4 \cdot 2H_2O$晶体的形成和吸附包裹在$CaSO_4 \cdot 2H_2O$晶体表面的ζ电位降低，体系的稳定性受到破坏，凝结速度加快。

2. 掺加减水剂对石膏抗折强度的影响

不同SM掺入量对石膏2h抗折强度的影响规律如图19-20所示。由图19-20可以看出，随着减水剂掺入量的增加，石膏的2h抗折强度先增大后减小，当掺入量为0.4%时，强度达到最大值。

由上述规律可以看出，减水剂的最佳掺入量主要取决于晶体表面的吸附量，也就是正好被充分利用的量。此时减水剂的分散作用发挥到极致，自由水彻底地从晶体中释放出来。添加过多不仅对石膏的性能作用有限，而且会带来不利影响。掺入量过多，不能被吸附的减水剂就会存在于自由水中，这些巨大的分子结构就会与吸附在晶体表面的减水剂产生排斥从而引起许多不良的现象，如泌水、低强度等。随着掺入量的增多，石膏的抗折强度先增大是因为减水剂的吸附对石膏的微观结构起到了改善作用，而随后强度出现下降现象正是因为过多的减水剂给石膏带来了不利影响。

3. 掺加减水剂对石膏水化率的影响

不同掺入量SM对石膏2h水化率的影响规律如图19-21所示。由图19-21可以看出，当SM掺入量小于0.2%时，石膏的水化率降低；当SM掺入量大于0.2%且小于0.4%时，石膏的2h水化率又急剧上升，上升幅度达3.5%；当掺入量大于0.4%且小于0.6%时，石膏的水化率又出现下降现象；当SM掺入量大于0.6%时，石膏的水化率反而上升。

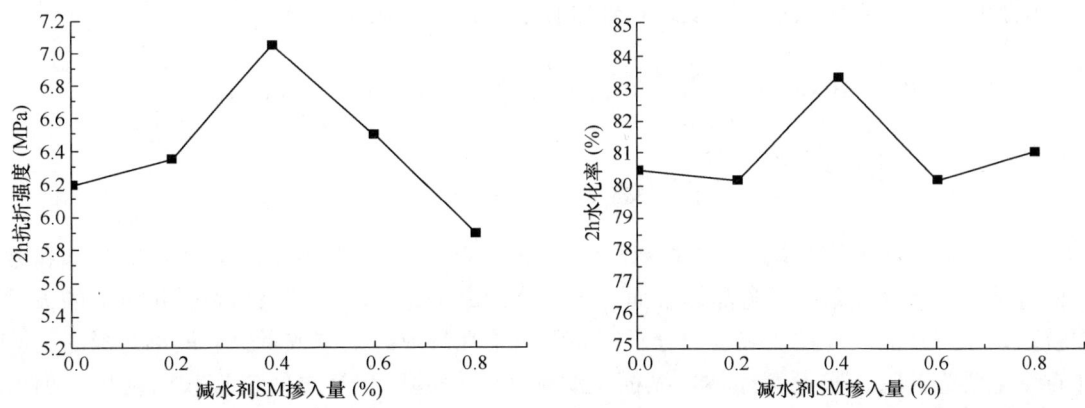

图19-20 不同掺入量的SM对石膏抗折强度的影响　　图19-21 不同掺入量的SM对石膏水化率的影响

出现这种现象是由于SM所带有的—OH、—COO—等官能团与Ca^{2+}发生了络合反应，它们吸附在半水石膏晶体上，使晶体溶解加快，溶液的饱和度加大，从而使

$CaSO_4 \cdot 2H_2O$晶核增多。在 SM 掺入量很少的情况下吸附不充分，对石膏的水化作用不大，还有可能降低水化率，但当 SM 掺入量为 0.6% 时，能够充分促进石膏的水化。当掺入量过多时，反而会阻止水化。

4. 掺加减水剂对石膏凝结膨胀性能的影响

不同掺入量 SM 对石膏 3h 凝结膨胀率的影响规律如图 19-22 所示。由图 19-22 可以看出，随着减水剂掺入量的增加，石膏的 3h 凝结膨胀率先降低后增大，当掺入量为 0.2% 时，膨胀率达

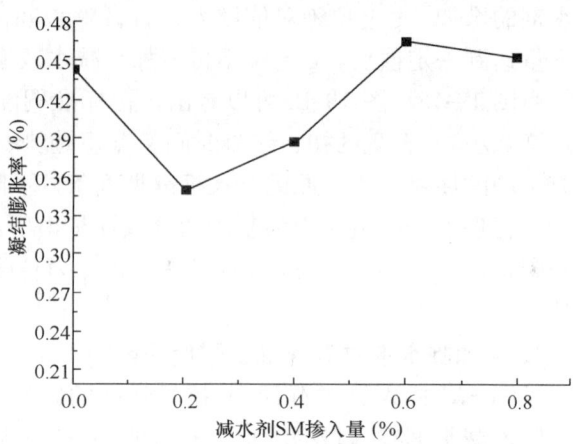

图 19-22　不同掺入量的 SM 对石膏凝结膨胀率的影响

到最小值，比原样减小了 21%。当掺入量为 0.6% 时，石膏的凝结膨胀率达到最大值，即 0.4645%。单方面考虑减水剂对石膏凝结膨胀率影响的最佳掺入量应该为 0.2% 左右，过多过少都会使石膏的膨胀率增大，但是我们在应用中还应该综合考虑石膏的其他性能。

5. 减水剂对石膏凝结膨胀的影响机理

在标准稠度下，随着减水剂 SM 掺入量的增加，石膏的水膏比逐渐减小，初、终凝时间逐渐减少，但减少幅度越来越缓慢。减水剂能够在保持标稠状态下降低石膏的需水量，这使得石膏在结晶结构网形成中，晶体生长间的距离被拉近，形成更加紧密的结构，使结构强度增加。但随着 SM 掺入量的加大，抗折强度下降，水化率降低。

SM 能够加速 $CaSO_4 \cdot 1/2H_2O$ 的水化，而且能使 α 石膏硬化体中的 $CaSO_4 \cdot 2H_2O$ 晶体增多，长径比减小，从而能够优化石膏硬化体的微观结构，因此，合适掺入量的减水剂能够改良 α 半水石膏，使其充分水化，有利于提高石膏的硬化体强度，降低石膏的凝结膨胀率。

试验中使用的 SM 减水剂属磺化三聚氰胺系，其分子式为：

$$HO\text{-}CH_2NH\text{-}\underset{\underset{CH_2NHSO_3Na}{|}}{\underset{N}{\overset{N}{\bigcirc}}}\text{-}NH\text{-}CH_2\text{-}O\text{-}CH_2NH\text{-}\underset{\underset{CH_2NHSO_3Na}{|}}{\underset{N}{\overset{N}{\bigcirc}}}\text{-}CHNH_2OH$$

SM 减水剂的分子结构是直链式的，而且分子链中含有磺酸基和芳香核，磺酸基和芳香核有利于减水剂吸附在石膏晶体表面，芳香核的电子也使减水剂吸附在带正电荷的极性颗粒上，在石膏晶体颗粒上减水剂分子链通常以柔性链或者平躺或者直立的形式吸附。原样石膏主要为针状二水石膏晶体，纵横交织地搭在一起，相互之间搭接较为疏松。加入 SM 减水剂后，晶体之间的搭接密实度明显增加，二水石膏的晶体发育更好，石膏材料的强度升高，凝结膨胀率降低。但是 SM 减水剂掺入量超过一定量后，由于大量酸性分子以化学吸附的形式吸附在晶体表面上，降低了晶体表面的自由能，导致晶体的粗化，使石膏的抗折强度明显降低，凝结膨胀率反而有所提高。

（1）在标准稠度条件下，随着 SM 掺入量的增加（即水膏比逐渐减小），石膏的初、终凝时间呈缩短趋势，且间隔也在减小。

（2）随着 SM 减水剂掺入量的增加，石膏的 2h 抗折强度先增大后减小，当 SM 掺入量为 0.4% 时，强度达到最大值。

（3）SM 在掺入量很少的情况下对石膏的水化作用不大，还有可能降低水化，但当 SM 掺入量为 0.6% 时，达到能够促进石膏水化更充分的最佳掺入量。当掺入量过多时，反而又会阻止水化。与原样相比，加入 SM 的石膏样品的晶体变细、变长，晶体结构得到细化，晶体之间的密实度得到明显的提高，接触点也增多，晶体之间的空隙变小。

（4）保持搅拌时间以及其他外部环境条件不变，当 SM 掺入量增加但保持石膏流动性不变时，石膏的凝结膨胀率先降低又增加，在掺入量为 0.2% 时，石膏的膨胀处于最小值。

参考文献

［1］ 尹连庆，徐峥，孙晶．脱硫石膏品质影响因素及其资源化利用［J］．电力环境保护，2008（1）：28-30．
［2］ 滕朝晖，王文战，赵云龙．工业副产石膏应用研究及问题解析［M］．北京：中国建材工业出版社，2020．
［3］ 赵云龙，徐洛屹．石膏干混建材生产及应用技术［M］．北京：中国建材工业出版社，2016．
［4］ 滕朝晖，冯秀艳，尹瑞龙．工业副产石膏概论［M］．北京：中国建材工业出版社，2022．
［5］ П. П. 布德尼克夫．石膏的研究与应用［M］．樊发家，曾宪靖，高康武，译．北京：中国工业出版社，1963．
［6］ 罗启全．铝合金石膏型精密铸造［M］．广州：广东科技出版社，2005．
［7］ 刘民荣．石膏及其复合材料的防水性能研究［D］．济南：济南大学，2011．
［8］ 冯秀艳，滕朝晖，国爱丽，等．石膏品位及其组成测试计算［C］．//2022第十届中国国际预拌砂浆生产应用技术研讨会论文集，83-89．
［9］ 杨再银．中国工业副产石膏利用现状及"十四五"展望［J］．硫酸工业，2021（7）：5．
［10］ 李逸晨．石膏行业的发展现状及趋势［J］．硫酸工业，2019（11）：8．
［11］ 陈燕，岳文海，董若兰．石膏建筑材料［M］．2版．北京：中国建材工业出版社，2012．

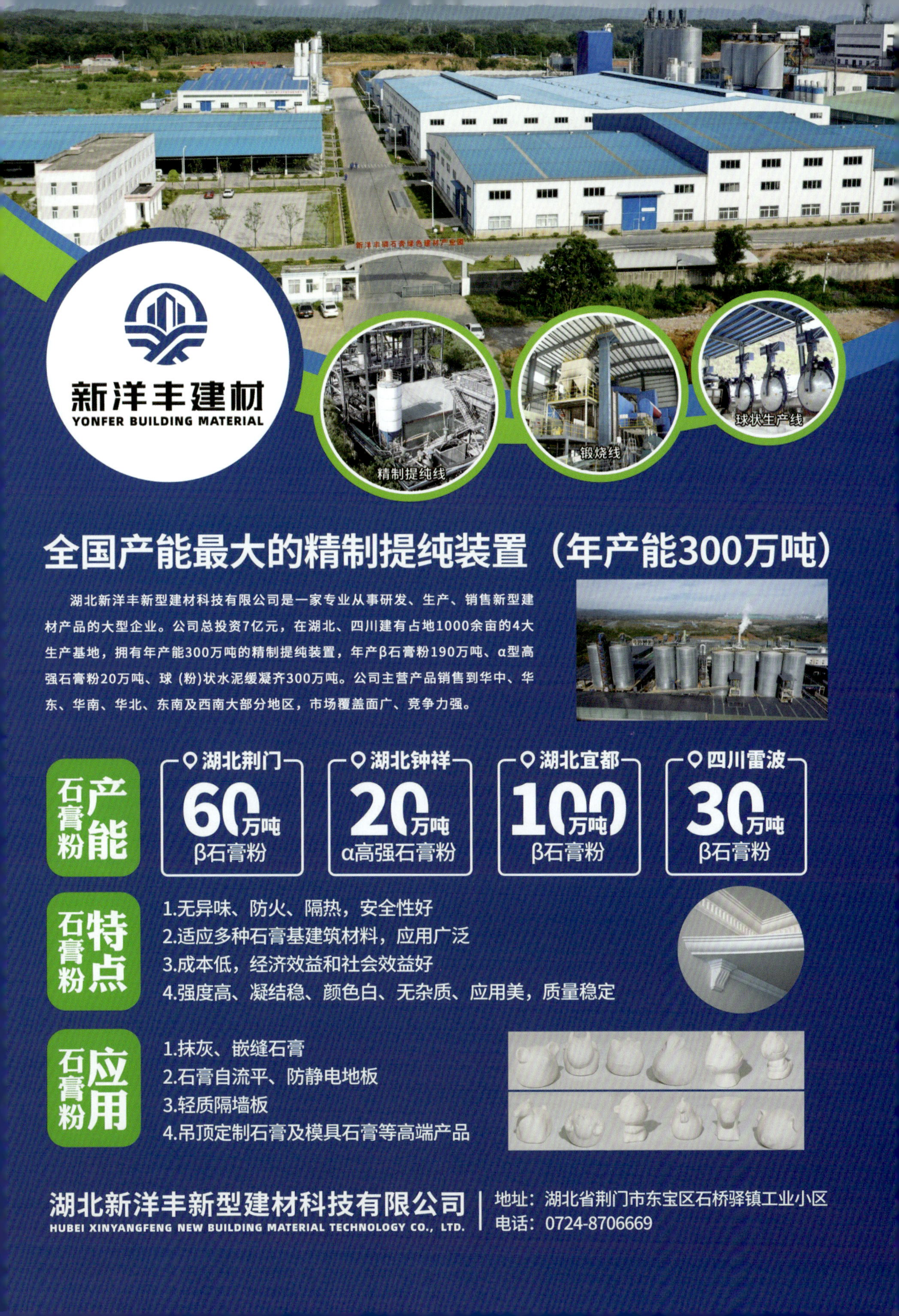

全国产能最大的精制提纯装置（年产能300万吨）

湖北新洋丰新型建材科技有限公司是一家专业从事研发、生产、销售新型建材产品的大型企业。公司总投资7亿元，在湖北、四川建有占地1000余亩的4大生产基地，拥有年产能300万吨的精制提纯装置，年产β石膏粉190万吨、α型高强石膏粉20万吨、球（粉）状水泥缓凝齐300万吨。公司主营产品销售到华中、华东、华南、华北、东南及西南大部分地区，市场覆盖面广、竞争力强。

石膏粉产能

湖北荆门	湖北钟祥	湖北宜都	四川雷波
60万吨 β石膏粉	20万吨 α高强石膏粉	100万吨 β石膏粉	30万吨 β石膏粉

石膏粉特点
1. 无异味、防火、隔热，安全性好
2. 适应多种石膏基建筑材料，应用广泛
3. 成本低，经济效益和社会效益好
4. 强度高、凝结稳、颜色白、无杂质、应用美，质量稳定

石膏粉应用
1. 抹灰、嵌缝石膏
2. 石膏自流平、防静电地板
3. 轻质隔墙板
4. 吊顶定制石膏及模具石膏等高端产品

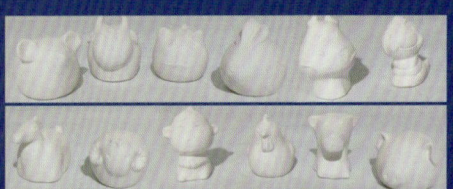

湖北新洋丰新型建材科技有限公司
HUBEI XINYANGFENG NEW BUILDING MATERIAL TECHNOLOGY CO., LTD.

地址：湖北省荆门市东宝区石桥驿镇工业小区
电话：0724-8706669

信发纸面石膏板

发展理念：

理念国际化　产业高端化

管理人性化　生产精细化

公司地址：山东省聊城市茌平区信发环保建材产业园
公司网址：http://www.xinfagroup.com.cn/
联系电话：400-167-8899

近年来，集团投资近百亿元发展环保建材产业，已形成年产200万吨建筑石膏粉、年产2.4亿平方米高品质纸面石膏板、年产1000万方加气砌块及墙板、年产2.4亿块蒸压砖等大型建材产业集团。另外，年产20万吨轻钢龙骨、年产40万吨轻质抹灰石膏+石膏基自流平项目即将投产运行。

轻质　高强　环保

至臻生活新高度

加气砌块生产线

转运中的石膏板

石膏粉厂外貌

深圳市冠亚技术科技有限公司

公司介绍

深圳冠亚公司成立于2004年，是一家专业从事高精度水分测定仪、微波水分仪、水分活度仪、密度计、容重器、石膏相组分析仪、pH分析仪、开口/闭口闪点仪、氯离子分析仪、建筑材料收缩膨胀测量采集系统与热失重试验机研制、开发、制造以及销售的高新技术集团公司。集团公司从1998年开始投入并致力于高端精密设备的研发，产品多次被央视新闻、地方媒体报道。目前公司申请的发明、实用专利达到70多项，已授权40多项技术专利，公司通过ISO9001质量管理体系认证、ISO14001环境管理体系认证，参与多项国家标准和行业检定规程起草，与吉林大学科技研究院联合成立了水分仪研发中心。

集团发展历程：

2004年冠亚在深圳成立

2009年长春分公司成立

2012年沈阳分公司成立

央视新闻联播对冠亚专用水分仪进行连续报道。

专业研发实验室成套精密检测设备

水分测定仪

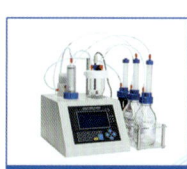
微量水分测定仪

结晶水水分测定仪

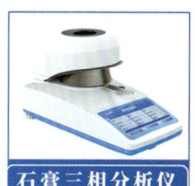
石膏三相分析仪

石膏品位分析仪

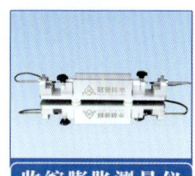
收缩膨胀测量仪

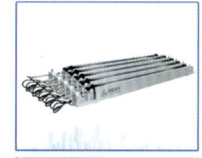
建筑材料收缩膨胀测量仪

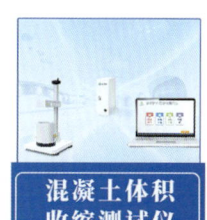
混凝土体积收缩测试仪

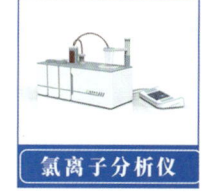
氯离子分析仪

薄层砂浆收缩膨胀测量仪

冠亚产品广泛应用于电厂、企业、建材院、研究院中的：水泥基自流平砂浆、天然石膏、保水率、外加剂、减水剂、修补砂浆、灌浆料、抹灰干混砂浆、混凝土、瓷砖胶、水泥基耐磨材料、建筑用找平砂浆、聚合物水泥砂浆、预拌砂浆、抹灰石膏、嵌缝石膏、建筑内外墙用腻子、石膏基自流平砂浆、粘结石膏、粉刷石膏、建筑石膏（脱硫石膏、磷石膏、钛石膏、高强石膏、柠檬酸中的结晶水、品位、三相/四相检测）等产品中，可以根据客户的要求提供量身定制的服务，产品目前已经在多个行业得到广泛应用与推广！

公司：深圳市冠亚技术科技有限公司

电话/微信：136 6262 8846/138 2372 3461

地址：深圳市南山区科技园区工业区　　网址：http://www.gyjishu.com

安徽东材材料科技有限公司

企业[简介]

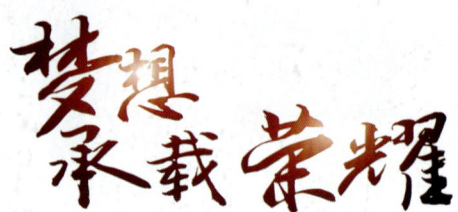

梦想承载荣耀

安徽东材材料科技有限公司，坐落于美丽富饶的历史文化名城——安徽省芜湖市戈江区高新经济开发区。公司始建于2009年是一家集研发、生产、销售、施工、服务于一体的高新科技企业，公司现有员工180多人，其中管理人员115人，专业技术及材料研发人员32人。年产各类胶凝材料100余万吨，年产值8亿余元。

多年来公司与**上海同济大学、安徽工业大学、合肥水泥研究院**等科研院所合作，针对全国各大矿山金属非金属尾矿渣，利用钢铁企业所排出得高炉矿渣，研发出多种技术含量较高的系列产品，其中主打产品**“高性能复合胶凝材料”、“高活性复合矿渣微粉”**，相继先后通过了ISO9001国家质量管理体系、ISO14001环境管理体系，国家建筑材料测试中心等多项认证，经过多年的实际应用得到用户一致好评。产品现已广泛应用于矿山、公路、水利、市政、军事等工程领域中，为提高企业工程建设质量、降低建设和养护成本提供更先进的环保材料、技术和方案，深受广大用户的欢迎和信赖。

地址：安徽芜湖戈江区芜湖高新技术产业开发区

业务介绍
COMPANY INTRODUCTION

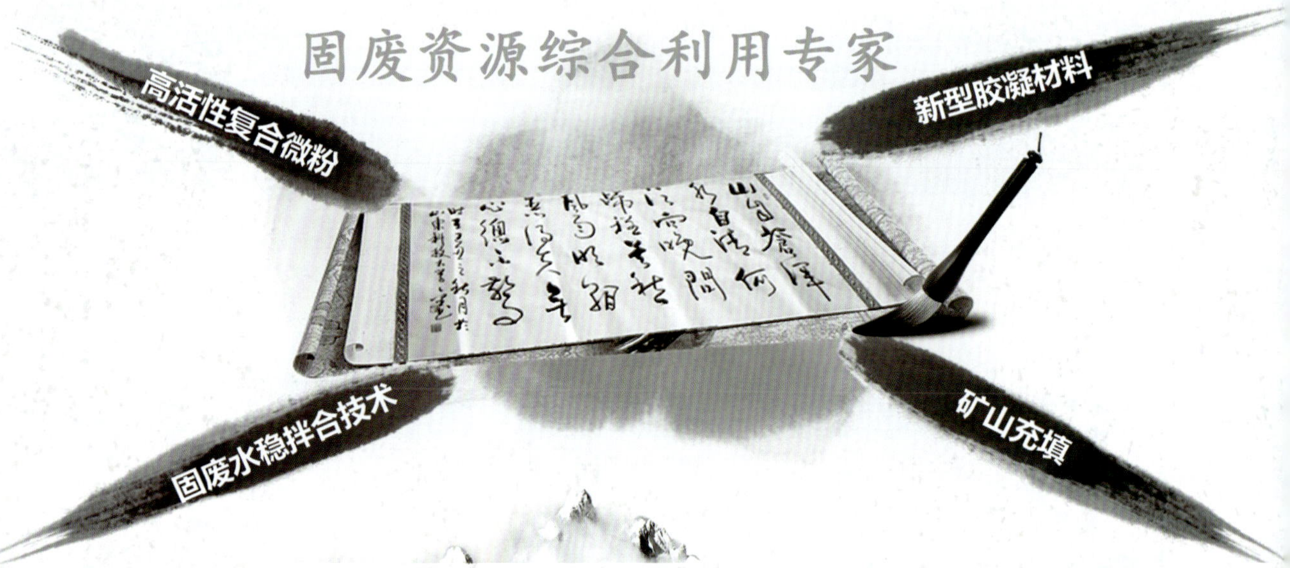
固废资源综合利用专家
高活性复合微粉
新型胶凝材料
固废水稳拌合技术
矿山充填

企业荣誉
COMPANY INTRODUCTION

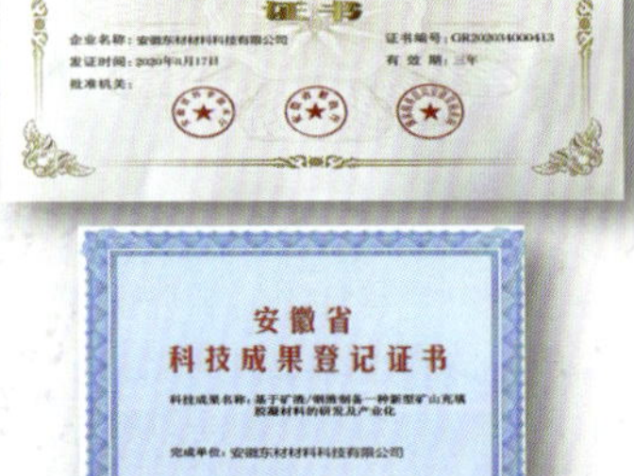
高新技术企业
证书
企业名称：安徽东材材料科技有限公司
发证时间：2020年8月17日
有效期：三年
批准机关：

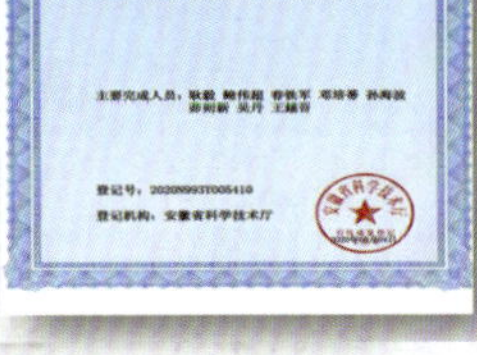
安徽省
科技成果登记证书
完成单位：安徽东材材料科技有限公司
登记机构：安徽省科学技术厅

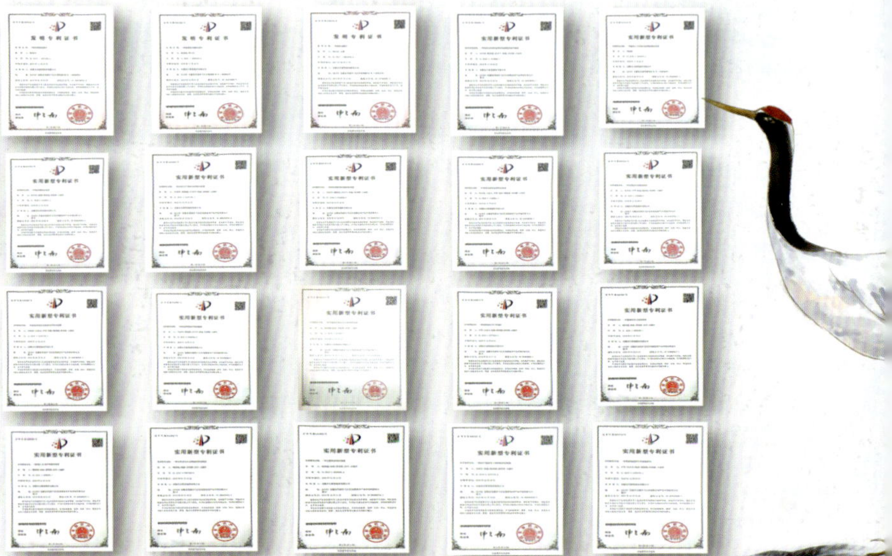

 浩宇建材

山东浩宇建材科技有限公司

C 公司简介
ompany Profile

山东浩宇建材科技有限公司成立于2015年，位于山东省滨州市邹平市，是一家致力于混凝土、砂浆外加剂的研发、生产、销售和技术服务于一体的新型建材公司，主要产品有聚羧酸高性能减水剂、缓凝剂、消泡剂、悬浮稳定剂等，出口美洲、中东、欧洲及东南亚等国际市场，为客户提供全方位的产品、技术和服务。

公司现有年产10万吨高压离心喷雾干燥和年产1万吨离心喷雾干燥成套设备各一套、10万吨聚羧酸减水剂生产线2条，生产资质齐全、技术力量雄厚，拥有一批高水平、经验丰富的科研人员。

★ 中国建材工业经济研究会低碳建筑分会副会长单位
★ 科技型中小企业　★ 专精特新中小企业　★ 高新技术企业

P 主要产品介绍
roduct intuoduction

1. 粉体减水剂 PC-801/PC-801P

水泥基聚羧酸减水剂粉粉体PC-801/PC-801P，是由多种有机高分子化合物聚合而成，经喷雾干燥工艺制备而成的新一代环保型外加剂，具有高减水、低泌水和保坍等优点，与不同的水泥具有良好的适应性，使混凝土和砂浆的早期和后期强度较快增长，尤其能明显增加后期强度，适用于高流动性、高强度需求的混凝土和砂浆等。

2. 石膏基专用减水剂 PC-301

石膏基专用减水剂PC-301，是基于新合成技术的新一代石膏基专用环保型高性能减水剂。其主要成分为聚羧酸盐，采用特殊干燥技术制成的流动性粉末。与天然石膏、脱硫石膏和磷石膏等各类石膏均有较好的适应性。

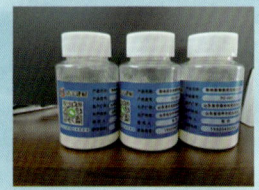
PC-801

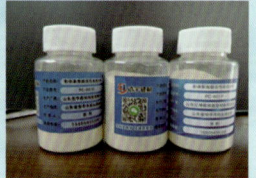
PC-801P

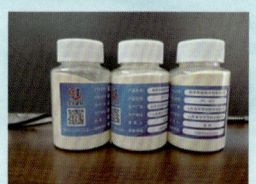
PC-301

PC-303

山东浩宇建材科技有限公司　地址：山东省滨州市邹平市　电话：15505435399

阿尔法石膏

使命：

让工业副产石膏替代天然石膏

理念：

做正确的事，速度很重要

业绩解千愁，变现很重要

最新环保节能专利：

余热回收利用器

阿尔法高强石膏生产工艺

企业简介：

　　山东阿尔法石膏有限公司创立于泰安市大汶口石膏工业园区，现位于泰山东麓。公司秉承"闻道有先后，术业有专攻"的学术思想，是一家致力于国内工业副产石膏的综合利用、加工、科研为一体的企业，让α型石膏更好地应用于模具业、陶瓷业、建筑业、油田、航空航天等领域。

一、石膏粉

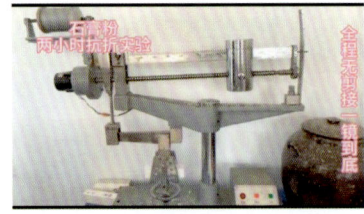 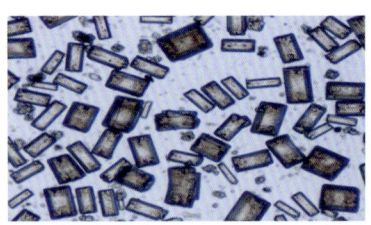 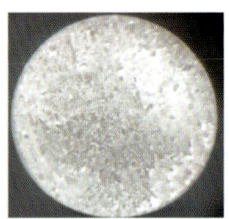

二、石膏生产装备

公司:山东阿尔法石膏有限公司

电话/微信：18853889626

地址：山东省泰安市岱岳区